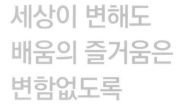

세상이 변해도
배움의 즐거움은
변함없도록

시대는 빠르게 변해도
배움의 즐거움은
변함없어야 하기에

어제의 비상은
남다른 교재부터
결이 다른 콘텐츠
전에 없던 교육 플랫폼까지

변함없는 혁신으로
교육 문화 환경의 새로운 전형을
실현해왔습니다.

비상은 오늘, 다시 한번
새로운 교육 문화 환경을 실현하기 위한
또 하나의 혁신을 시작합니다.

오늘의 내가 어제의 나를 초월하고
오늘의 교육이 어제의 교육을 초월하여
배움의 즐거움을 지속하는 혁신,

바로, 메타인지 기반 완전 학습을.

상상을 실현하는 교육 문화 기업 비상

메타인지 기반 완전 학습
초월을 뜻하는 meta와 생각을 뜻하는 인지가 결합한 메타인지는
자신이 알고 모르는 것을 스스로 구분하고 학습계획을 세우도록 하는
궁극의 학습 능력입니다. 비상의 메타인지 기반 완전 학습 시스템은
잠들어 있는 메타인지를 깨워 공부를 100% 내 것으로 만들도록 합니다.

한끝 내공의 힘 오투 원자 개념+유형 만렙 All that 중학영어 최고득점 수학

비상교재 강의
온리원 중등에 다 있다!

오투, 개념플러스유형 등 교재 강의 듣기

비상교재 강의 7일
무제한 수강

QR 찍고
무료체험
신청!

우리 학교 교과서 맞춤 강의 듣기

학교 시험 특강
0원 무료 수강

QR 찍고
시험 특강
듣기!

과목·유형별 특강 듣고 만점 자료 다운 받기

수행평가 자료 30회
이용권

무료체험
신청하고
다운!

콕 강의 30회
무료 쿠폰

※ 박스 안을 연필 또는 샤프 펜슬로
칠하면 번호가 보입니다.

콕 쿠폰
등록하고
바로 수강!

유의 사항

· 강의 수강 및 수행평가 자료를 받기 위해 먼저 온리원 중등 무료체험을 신청해 주시기 바랍니다.
 (휴대폰 번호 당 1회 참여 가능)
· 온리원 중등 무료체험 신청 후 체험 안내 해피콜이 진행됩니다.(체험기기 배송비&반납비 무료)
· 콕 강의 쿠폰은 QR코드를 통해 등록 가능하며 ID 당 1회만 가능합니다.
· 온리원 중등 무료체험 이벤트는 체험 신청 후 인증 시(로그인 시) 혜택 제공되며 경품은 매월 변경됩니다.
· 콕 강의 쿠폰 등록 시 혜택이 제공되며 경품은 두 달마다 변경됩니다.
· 이벤트는 사전 예고 없이 변경 또는 중단될 수 있습니다.

문의 1588-6563 | www.only1.co.kr

visang

ON1 META

검증된 성적 향상의 이유
중등 1위* 비상교육 온리원

*2014~2022 국가브랜드 [중고등 교재] 부문

10명 중 8명
내신 최상위권

최상위
성적
81.23%

*2023년 2학기 기말고사 기준 전체 성적장학생 중,
모범, 으뜸, 우수상 수상자(평균 93점 이상) 비율 81.23%

특목고 합격생
2년 만에 167% 달성

*특목고 합격생 수 2022학년도 대비
2024학년도 167.4%

성적 장학생
1년 만에 2배 증가

역대최대!

2022년
3,499명*

2023년
6,888명*

*22-1학기: 21년 1학기 중간 - 22년 1학기 중간 누적
23-1학기: 21년 1학기 중간 - 23년 1학기 중간 누적

눈으로 확인하는 공부
메타인지 시스템

공부 빈틈을 찾아 채우고
장기 기억화 하는 메타인지 학습

최강 선생님 노하우 집약
내신 전문 강의

검증된 베스트셀러 교재로
인기 선생님이 진행하는 독점 강좌

꾸준히 가능한 완전 학습
리얼타임 메타코칭

학습의 시작부터 끝까지
출결, 성취 기반 맞춤 피드백 제시

문의 1588-6563 | www.only1.co.kr

내신 성적을 쑥쑥~ 올리는!!

내공의 힘

중등과학
3·1

STRUCTURE 구성과 특징

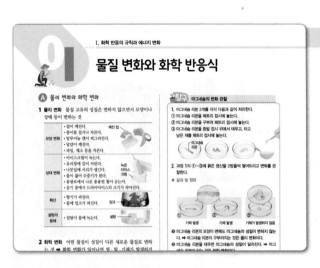

내공 ① 단계 | 차근차근 내용 짚기

핵심 개념만 뽑아 단기간에 공략! 꼭 알아두어야 할 교과 내용을 도표와 시각 자료로 이해하기 쉽게 정리했어요.

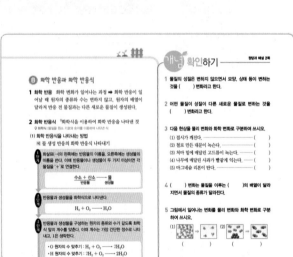

내공 ② 단계 | 개념 확인하기

핵심을 잘 짚고, 잘 이해했는지 확인하는 단계! 쪽지시험 보는 마음으로 도전~ 만약 모르는 게 있으면 1단계로 다시 가서 내공을 더 쌓으세요.

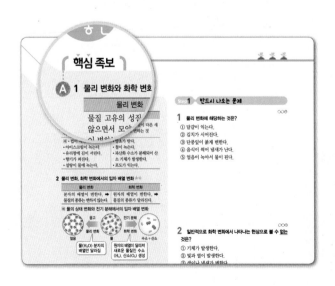

내공 ③ 단계 | 핵심 족보

학교 기출 문제를 분석하여 정리한 핵심 족보! 문제를 공략하기 전에 기출 빈도가 높은 내용을 다시 한번 점검해 보세요.

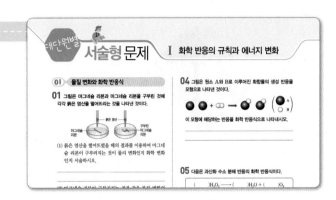

내공 점검 | 내공 ⑤ 단계

마지막 최종 점검 단계! 지금까지 쌓은 내공을
모아모아 내 실력을 체크해 보세요. 실전처럼
연습하고 부족한 부분을 보충하면 실제 시험도
문제없어요.

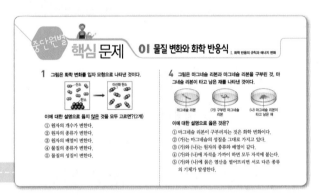

내공 쌓는 족집게 문제 | 내공 ④ 단계

내신에 강해지는 길은 기출 문제를 많이 풀어
보는 것! 학교 기출 문제를 분석하여 적중률 높
은 문제를 구성했어요. 100점으로 가는 마지막
관문인 서술형 문제까지 잡으면 내신 준비 OK!

CONTENTS 차례

IV

자극과 반응

내공 점검

CONTENTS

내공과
내 교과서 **단원 비교**

Textbook

01 물질 변화와 화학 반응식

Ⓐ 물리 변화와 화학 변화

1 물리 변화 물질 고유의 성질은 변하지 않으면서 모양이나 상태 등이 변하는 것

모양 변화	• 컵이 깨진다.　깨진 컵 • 종이를 접거나 자른다. • 알루미늄 캔이 찌그러진다. • 달걀이 깨진다. • 과일, 채소 등을 자른다.
상태 변화	• 아이스크림이 녹는다. • 유리창에 김이 서린다. • 나뭇잎에 서리가 생긴다.　녹은 아이스크림 • 물이 끓어 수증기가 된다. • 용광로에서 나온 용융된 철이 굳는다. • 공기 중에서 드라이아이스의 크기가 작아진다.
확산	• 향기가 퍼진다. • 물에 잉크가 퍼진다.　잉크
설탕의 용해	• 설탕이 물에 녹는다.　설탕

2 화학 변화 어떤 물질이 성질이 다른 새로운 물질로 변하는 것 ➡ 화학 변화가 일어나면 열·빛, 기체가 발생하거나 앙금이 생성되기도 하며, 색깔, 냄새, 맛 등이 변하기도 한다.

열과 빛 발생	• 숯, 양초, 종이 등 물질이 탄다. • 가스레인지에서 메테인이 연소한다.
기체 발생	• 발포정을 물에 넣는다. • 달걀 껍데기와 식초가 반응한다. • 과산화 수소수를 상처 부위에 바른다. • 베이킹파우더를 넣은 밀가루 반죽을 따뜻한 곳에 두면 반죽이 부풀어 오른다.　발포정 • 물을 전기 분해한다.
앙금 생성	아이오딘화 칼륨 수용액과 질산 납 수용액이 반응하면 노란색 앙금이 생성된다.　앙금
색, 냄새, 맛 등의 변화	• 철이 녹슨다. • 은수저가 검게 변한다. • 과일이 익는다. • 김치가 시어진다. • 깎아 놓은 과일의 색이 변한다.　녹슨 못 • 음식물이 부패한다. • 프라이팬에서 달걀, 고기가 익는다. • 설탕을 오래 가열하면 갈색으로 변한다. • 가을에 단풍잎이 붉은색으로 변한다.

탐구 마그네슘의 변화 관찰

1. 마그네슘 리본 3개를 각각 다음과 같이 처리한다.
① 마그네슘 리본을 페트리 접시에 놓는다.
② 마그네슘 리본을 구부려 페트리 접시에 놓는다.
③ 마그네슘 리본을 증발 접시 위에서 태우고, 타고 남은 재를 페트리 접시에 놓는다.

2. 과정 1의 ①~③에 묽은 염산을 2방울씩 떨어뜨리고 변화를 관찰한다.

✚ 결과 및 정리

①	②	③
기체 발생	기체 발생	기체가 발생하지 않음

❶ 마그네슘 리본의 모양이 변해도 마그네슘의 성질이 변하지 않는다. ➡ 마그네슘 리본이 구부러지는 것은 물리 변화이다.
❷ 마그네슘 리본을 태우면 마그네슘의 성질이 달라진다. ➡ 마그네슘 리본이 타는 것은 화학 변화이다.

3 물질 변화에서의 입자 배열 변화

물리 변화	분자의 배열만 달라질 뿐 물질을 이루는 원자의 종류와 수, 배열은 변하지 않으므로 물질의 종류는 달라지지 않는다.
화학 변화	물질을 이루는 원자의 종류와 수는 변하지 않지만, 원자의 배열이 달라지면서 물질의 종류가 달라진다.

[물의 상태 변화와 전기 분해에서 입자의 배열 변화]

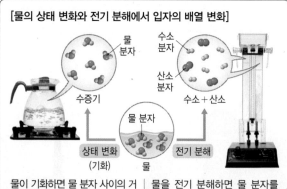

물이 기화하면 물 분자 사이의 거리가 멀어지지만 분자의 종류는 달라지지 않는다. ➡ 물질의 성질이 변하지 않는 물리 변화이다.

물을 전기 분해하면 물 분자를 구성하는 원자의 배열이 달라져 수소 분자와 산소 분자가 생성된다. ➡ 성질이 다른 새로운 물질이 생성되는 화학 변화이다.

B 화학 반응과 화학 반응식

1 화학 반응 화학 변화가 일어나는 과정 ➡ 화학 반응이 일어날 때 원자의 종류와 수는 변하지 않고, 원자의 배열이 달라져 반응 전 물질과는 다른 새로운 물질이 생성된다.

2 화학 반응식 ⚲화학식을 이용하여 화학 반응을 나타낸 것
⚲화학식: 물질을 원소 기호와 숫자를 이용하여 나타낸 식

(1) 화학 반응식을 나타내는 방법
예 물 생성 반응의 화학 반응식 나타내기

1단계 화살표(→)의 왼쪽에는 반응물의 이름을, 오른쪽에는 생성물의 이름을 쓴다. 이때 반응물이나 생성물이 두 가지 이상이면 각 물질을 '+'로 연결한다.

$$\underset{\text{반응물}}{\text{수소 + 산소}} \longrightarrow \underset{\text{생성물}}{\text{물}}$$

2단계 반응물과 생성물을 화학식으로 나타낸다.

$$H_2 + O_2 \longrightarrow H_2O$$

3단계 반응물과 생성물을 구성하는 원자의 종류와 수가 같도록 화학식 앞의 계수를 맞춘다. 이때 계수는 가장 간단한 정수로 나타내고, 1은 생략한다.

- O 원자의 수 맞추기: $H_2 + O_2 \longrightarrow 2H_2O$
- H 원자의 수 맞추기: $2H_2 + O_2 \longrightarrow 2H_2O$

(2) 여러 가지 반응의 화학 반응식
- 마그네슘 연소 반응: $2Mg + O_2 \longrightarrow 2MgO$
- 메테인 연소 반응: $CH_4 + 2O_2 \longrightarrow 2H_2O + CO_2$
- 과산화 수소 분해 반응: $2H_2O_2 \longrightarrow 2H_2O + O_2$
- 탄산수소 나트륨 분해 반응:
$$2NaHCO_3 \longrightarrow Na_2CO_3 + CO_2 + H_2O$$
- 탄산 나트륨과 염화 칼슘의 반응:
$$Na_2CO_3 + CaCl_2 \longrightarrow CaCO_3 + 2NaCl$$

3 화학 반응식으로 알 수 있는 것 반응물과 생성물의 종류, 반응하거나 생성되는 물질의 입자 수의 비
예 암모니아 생성 반응

화학 반응식	N_2	+	$3H_2$		$\longrightarrow$	$2NH_3$
물질의 종류	질소		수소			암모니아
입자 모형	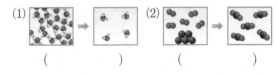					
계수비	1	:	3	:		2
분자 수의 비	1	:	3	:		2
	➡ N_2 1개와 H_2 3개가 반응하여 NH_3 2개가 생성된다.					
원자의 종류와 수	N 2개 + H 6개 $\longrightarrow$ N 2개, H 6개					
	➡ 반응 전후 원자의 종류와 수는 같다.					

1 물질의 성질은 변하지 않으면서 모양, 상태 등이 변하는 것을 ( ) 변화라고 한다.

2 어떤 물질이 성질이 다른 새로운 물질로 변하는 것을 ( ) 변화라고 한다.

3 다음 현상을 물리 변화와 화학 변화로 구분하여 쓰시오.
(1) 접시가 깨진다. ················· ( )
(2) 철로 만든 대문이 녹슨다. ············· ( )
(3) 처마 밑에 매달린 고드름이 녹는다. ······ ( )
(4) 나무에 매달린 사과가 빨갛게 익는다. ····· ( )
(5) 마그네슘 리본이 탄다. ·············· ( )

4 ( ) 변화는 물질을 이루는 ( )의 배열이 달라지면서 물질의 종류가 달라진다.

5 그림에서 일어나는 변화를 물리 변화와 화학 변화로 구분하여 쓰시오.

(1) ➡ ( ) (2) ➡ ( )

6 ( )은 화학식과 기호를 사용하여 화학 반응을 나타낸 식이다.

7 화학 반응식을 나타낼 때 반응물과 생성물을 이루는 원자의 ( )와 수가 같도록 화학식 앞의 ( )를 맞춘다.

8 다음은 메테인이 연소하여 물과 이산화 탄소가 생성되는 반응의 화학 반응식이다. 빈칸에 알맞은 화학식을 각각 쓰시오.

$$CH_4 + 2(\quad) \longrightarrow 2H_2O + (\quad)$$

9 빈칸에 알맞은 계수를 넣어 화학 반응식을 완성하시오. (단, 계수가 1인 경우 생략한다.)

$$(\quad)H_2 + (\quad)O_2 \longrightarrow (\quad)H_2O$$

10 화학 반응식에서 물질의 ( )으로 반응물과 생성물의 종류를 알 수 있고, ( )로 반응하거나 생성되는 물질의 입자 수의 비를 알 수 있다.

족집게 문제

핵심 족보

A 1 물리 변화와 화학 변화 ★★★

물리 변화	화학 변화
물질 고유의 성질은 변하지 않으면서 모양이나 상태 등이 변하는 것	어떤 물질이 성질이 다른 새로운 물질로 변하는 것
예 • 컵이 깨진다. • 아이스크림이 녹는다. • 유리창에 김이 서린다. • 향기가 퍼진다. • 설탕이 물에 녹는다.	• 양초가 탄다. • 철이 녹슨다. • 과산화 수소가 분해되어 산소 기체가 발생한다. • 포도가 익는다.

2 물리 변화, 화학 변화에서의 입자 배열 변화 ★★

물리 변화	화학 변화
분자의 배열이 변한다. ➡ 물질의 종류는 변하지 않는다.	원자의 배열이 변한다. ➡ 물질의 종류가 달라진다.

예 물의 상태 변화와 전기 분해에서의 입자 배열 변화

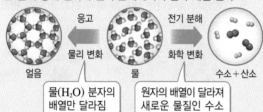

물(H₂O) 분자의 배열만 달라짐

원자의 배열이 달라져 새로운 물질인 수소(H₂), 산소(O₂) 생성

B 3 화학 반응식 나타내기 ★★★

예 물 생성 반응
❶ 반응물과 생성물을 이름으로 나타내기
➡ 수소 + 산소 ⟶ 물
❷ 반응물과 생성물을 화학식으로 나타내기
➡ $H_2 + O_2 \longrightarrow H_2O$
❸ 반응 전후 원자의 종류와 수가 같도록 계수 맞추기
➡ $2H_2 + O_2 \longrightarrow 2H_2O$ (∵ 1은 생략한다.)

4 화학 반응식으로 알 수 있는 것 ★★★

화학 반응식	$2H_2$	$+$	O_2	$\longrightarrow$	$2H_2O$
물질의 종류	수소		산소		물
분자의 종류	수소 분자		산소 분자		물 분자
계수비	2	:	1	:	2
분자 수의 비	2	:	1	:	2
원자의 종류와 수	수소 원자 4개		산소 원자 2개		수소 원자 4개, 산소 원자 2개
	반응 전후 원자의 종류와 수 같다.				

Step 1 반드시 나오는 문제

1 물리 변화에 해당하는 것은?

① 달걀이 익는다.
② 김치가 시어진다.
③ 단풍잎이 붉게 변한다.
④ 음식이 썩어 냄새가 난다.
⑤ 얼음이 녹아서 물이 된다.

2 일반적으로 화학 변화에서 나타나는 현상으로 볼 수 없는 것은?

① 기체가 발생한다.
② 빛과 열이 발생한다.
③ 색이나 냄새가 변한다.
④ 물질의 상태가 변한다.
⑤ 앙금이 생성되어 가라앉는다.

3 화학 변화에 해당하는 것을 보기에서 모두 고른 것은?

• 보기 •
ㄱ. 쇠못이 붉게 녹슨다.
ㄴ. 나무가 타서 재가 된다.
ㄷ. 잉크가 물속에서 퍼져 나간다.
ㄹ. 깎아 놓은 사과의 색이 변한다.
ㅁ. 용광로에서 나온 용융된 철이 굳는다.
ㅂ. 상처에 과산화 수소수를 바르면 거품이 생긴다.

① ㄱ, ㄷ, ㅂ 　　② ㄱ, ㄹ, ㅁ
③ ㄴ, ㄷ, ㅂ 　　④ ㄱ, ㄴ, ㄹ, ㅂ
⑤ ㄴ, ㄷ, ㄹ, ㅁ

4 그림 (가)~(다)는 마그네슘 리본, 구부린 마그네슘 리본, 마그네슘 리본이 타고 남은 재에 묽은 염산을 2방울씩 떨어뜨리고 변화를 관찰하는 실험을 나타낸 것이다.

이에 대한 설명으로 옳지 **않은** 것은?

① (가)와 (나)에서 물질의 종류가 변한다.
② (다)에서 기체가 발생하지 않는다.
③ 마그네슘 리본을 구부리면 원자의 종류가 변한다.
④ 마그네슘 리본을 태우면 물질의 성질이 변한다.
⑤ 마그네슘 리본이 타는 것은 화학 변화이다.

5 화학 변화가 일어날 때 변하지 <u>않는</u> 것을 모두 고르면? (2개)

① 원자의 개수　　　② 원자의 배열
③ 원자의 종류　　　④ 분자의 종류
⑤ 물질의 성질

6 그림은 물의 두 가지 변화를 모형으로 나타낸 것이다.

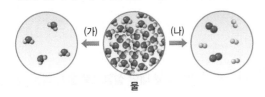

변화 (가)와 (나)에 대한 설명으로 옳은 것은?

① (가)는 화학 변화이다.
② (나)는 물리 변화이다.
③ (가)에서 분자를 이루는 원자의 배열이 변한다.
④ (나)에서 새로운 물질이 생성된다.
⑤ (가)와 (나)에서 생성된 물질은 모두 물의 성질을 그대로 가지고 있다.

7 다음 화학 반응식의 ㉠~㉢에 해당하는 계수를 옳게 짝 지은 것은? (단, 계수 1도 표현한다.)

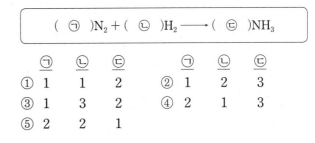

	㉠	㉡	㉢		㉠	㉡	㉢
①	1	1	2	②	1	2	3
③	1	3	2	④	2	1	3
⑤	2	2	1				

8 그림은 과산화 수소가 분해되는 반응을 모형으로 나타낸 것이다.

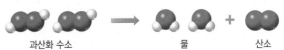

과산화 수소　　　　　　　물　　　산소

이 반응을 화학 반응식으로 옳게 나타낸 것은?

① $H_2O_2 \longrightarrow H_2 + O_2$
② $H_2O_2 \longrightarrow 2H + 2O$
③ $H_2O_2 \longrightarrow 4HO + 2O$
④ $2H_2O_2 \longrightarrow 2H_2O + O_2$
⑤ $2H_2O_2 \longrightarrow 2H_2O + 2O$

9 메테인 연소 반응의 화학 반응식으로 옳은 것은?

① $CH_4 + O_2 \longrightarrow H_2O + CO_2$
② $CH_4 + 2O_2 \longrightarrow 2H_2O + CO_2$
③ $CH_4 + 4O_2 \longrightarrow 4H_2O + 2CO$
④ $2CH_4 + O_2 \longrightarrow H_2O + 2CO_2$
⑤ $2CH_4 + 2O_2 \longrightarrow 2H_2O + 2CO_2$

10 다음 화학 반응식에서 ㉠~㉢에 해당하는 계수를 모두 더한 값은? (단, 1도 포함하여 더한다.)

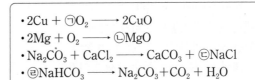

- $2Cu + ㉠O_2 \longrightarrow 2CuO$
- $2Mg + O_2 \longrightarrow ㉡MgO$
- $Na_2CO_3 + CaCl_2 \longrightarrow CaCO_3 + ㉢NaCl$
- $㉣NaHCO_3 \longrightarrow Na_2CO_3 + CO_2 + H_2O$

① 4　　② 7　　③ 8　　④ 9　　⑤ 10

11 그림은 질소와 수소가 반응하여 암모니아가 생성되는 반응을 모형으로 나타낸 것이다.

이에 대한 설명으로 옳은 것은?

① 생성물의 화학식은 HN_3이다.
② 반응물의 화학식은 2N, 6H이다.
③ 반응 전후 분자의 수는 변하지 않는다.
④ 반응이 진행되면 분자의 종류가 달라진다.
⑤ 반응하거나 생성되는 물질의 분자 수의 비는 질소 : 암모니아 = 1 : 4이다.

12 다음은 물이 생성되는 반응의 화학 반응식이다.

$$2H_2 + O_2 \longrightarrow 2H_2O$$

이에 대한 설명으로 옳은 것을 모두 고르면?(2개)

① 반응 전후 원자의 종류가 달라진다.
② 반응 전 분자의 수가 반응 후 분자의 수보다 많다.
③ 반응하거나 생성되는 물질의 원자 수의 비는 수소 : 산소 : 물 = 2 : 1 : 2이다.
④ 물 분자 2개가 생성되려면 수소 분자가 최소 4개 필요하다.
⑤ 산소 분자 3개가 모두 반응하여 물이 생성되려면 수소 분자가 최소 6개 필요하다.

Step **2** 자주 나오는 문제

13 물질 변화의 종류가 나머지 넷과 다른 것은?

① 알루미늄 캔이 찌그러진다.
② 따뜻한 빵에 올려놓은 버터가 녹는다.
③ 설탕을 오래 가열하면 갈색으로 변한다.
④ 향수병의 뚜껑을 열면 향수 냄새가 퍼진다.
⑤ 아이스크림 포장 용기 속 드라이아이스가 시간이 지나면 사라진다.

14 그림은 물질 변화를 모형으로 나타낸 것이다.

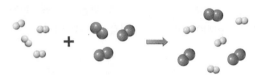

이에 대한 설명으로 옳지 않은 것은?

① 원자의 수는 일정하다.
② 원자의 배열이 달라진다.
③ 물리 변화를 나타낸 모형이다.
④ 반응 전후 물질의 성질은 변하지 않는다.
⑤ 각설탕이 물에 녹는 것은 위 모형과 같은 종류의 변화이다.

15 다음은 메탄올(CH_3OH) 연소 반응의 화학 반응식이다.

$$2CH_3OH + \boxed{\;\text{㉠}\;} \longrightarrow \boxed{\;\text{㉡}\;} + 4H_2O$$

㉠, ㉡에 들어갈 화학식과 계수를 옳게 짝 지은 것은?

	㉠	㉡		㉠	㉡
①	$2H_2$	$2CO$	②	$2H_2$	$2CO_2$
③	$2O_2$	$2CO_2$	④	$3O_2$	$2CO_2$
⑤	CO_2	$3O_2$			

16 화학 반응식을 잘못 나타낸 것은?

① $C + O_2 \longrightarrow CO_2$
② $Fe + S \longrightarrow FeS$
③ $2Na + Cl_2 \longrightarrow 2NaCl$
④ $4Fe + 3O_2 \longrightarrow 2Fe_2O_2$
⑤ $CaCO_3 + 2HCl \longrightarrow CaCl_2 + H_2O + CO_2$

17 다음 화학 반응식에 대한 설명으로 옳지 않은 것은?

$$H_2 + Cl_2 \longrightarrow 2HCl$$

① 생성물은 수소 원자와 염소 원자이다.
② 반응물을 이루는 원자의 종류는 2가지이다.
③ 반응물과 생성물을 이루는 원자 수의 합은 같다.
④ 두 종류의 반응물은 1 : 1의 분자 수의 비로 반응한다.
⑤ 반응물과 생성물의 분자 수는 같다.

Step 3 만점! 도전 문제

18 다음 물질 변화에 대한 설명으로 옳은 것은?

> 프라이팬에서 달걀이 익는다.

① 원자의 수가 변한다.
② 원자의 종류가 변한다.
③ 달걀의 색과 맛이 달라진다.
④ 달걀의 성질은 변하지 않는다.
⑤ 달걀이 액체에서 고체로 응고되는 물리 변화이다.

21 그림은 물질 변화를 모형으로 나타낸 것이다.

이 변화가 물리 변화인지 화학 변화인지 쓰고, 그렇게 생각한 까닭을 다음 용어를 모두 포함하여 서술하시오.

> 원자, 분자, 배열, 성질

_____

_____

[19~20] 그림은 물질 A와 B가 반응하여 생성된 물질 C와 남은 물질을 모형으로 나타낸 것이다.

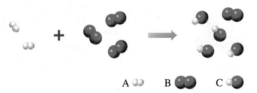

A ⬤⬤ B ⬤⬤ C ⬤⬤

19 이 반응의 화학 반응식으로 옳은 것은?

① $A + B \longrightarrow 2C$
② $A + 2B \longrightarrow 2C$
③ $2A + 3B \longrightarrow 4C$
④ $2A + 2B \longrightarrow 2C + B$
⑤ $2A + 3B \longrightarrow 4C + B$

22 액화 석유 가스(LPG)의 성분 중 하나인 프로페인(C_3H_8)을 연소시키면 물과 이산화 탄소가 생성된다. 이 반응을 화학 반응식으로 나타내시오.

_____

_____

23 그림은 메테인(CH_4) 연소 반응의 반응물을 모형으로 나타낸 것이다.

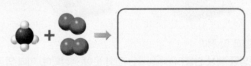

(1) 생성물의 분자 모형을 그리시오. (단, 각 물질의 개수도 포함하여 나타내시오.)

(2) 메테인 분자 2개를 모두 연소시키기 위해 필요한 최소한의 산소 분자 수와 이때 생성되는 이산화 탄소 분자 수를 풀이 과정과 함께 서술하시오.

_____

_____

20 이 반응에 대한 설명으로 옳은 것을 모두 고르면?(2개)

① 생성물의 종류는 2가지이다.
② 반응 후 원자의 종류가 많아진다.
③ 반응 전후 물질의 입자 수는 변하지 않는다.
④ 화학 반응식의 계수비는 물질의 입자 수의 비와 같다.
⑤ 물질 C는 A와 B의 성질을 모두 가지고 있다.

02 질량 보존 법칙, 일정 성분비 법칙

A 질량 보존 법칙

1 질량 보존 법칙(1772년, 라부아지에) 화학 반응에서 반응 전후에 물질의 총질량은 변하지 않는다.

> 반응물의 총질량 = 생성물의 총질량

📄 수소 기체 2 g과 산소 기체 16 g이 반응하면 물 18 g이 생성된다.

탐구 화학 반응에서의 질량 변화 측정

[앙금 생성 반응에서의 질량 변화]
1. 염화 나트륨 수용액과 질산 은 수용액이 각각 담긴 유리병 2개의 총질량을 측정한다.
2. 한 유리병 속 수용액을 다른 유리병에 부어 두 수용액을 섞은 후, 반응이 끝나면 유리병 2개의 총질량을 측정한다.

[기체 발생 반응에서의 질량 변화]
1. 탄산 칼슘이 소량 들어 있는 플라스틱 병에 묽은 염산이 담긴 유리병을 넣은 후, 플라스틱 병의 뚜껑을 닫고 총질량을 측정한다.
2. 플라스틱 병을 기울여 탄산 칼슘과 묽은 염산이 반응하게 한 후, 반응이 끝나면 플라스틱 병의 총질량을 측정한다.

+ 결과 및 정리
❶ **[앙금 생성 반응]** 흰색 앙금인 염화 은이 생성되며, 이때 앙금이 생성되기 전의 총질량과 앙금이 생성된 후의 총질량은 같다.
❷ **[기체 발생 반응]** 이산화 탄소 기체가 발생하며, 이때 기체가 발생하기 전의 총질량과 기체가 발생한 후의 총질량은 같다.

2 질량 보존 법칙이 성립하는 까닭 화학 반응이 일어날 때 물질을 구성하는 원자의 배열이 달라져도 원자의 종류와 수가 변하지 않기 때문이다. ➡ 질량 보존 법칙은 물리 변화와 화학 변화에서 모두 성립한다.

---

(1) 앙금 생성 반응에서의 질량 보존 법칙

📄 • 염화 나트륨과 질산 은의 반응

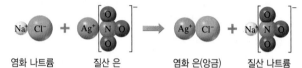

염화 나트륨   질산 은   염화 은(앙금)   질산 나트륨

➡ (염화 나트륨＋질산 은)의 질량
= (염화 은＋질산 나트륨)의 질량

• 탄산 나트륨과 염화 칼슘의 반응

탄산 나트륨   염화 칼슘   탄산 칼슘(앙금)   염화 나트륨

➡ (탄산 나트륨＋염화 칼슘)의 질량
= (탄산 칼슘＋염화 나트륨)의 질량

(2) 기체 발생 반응에서의 질량 보존 법칙

📄 탄산 칼슘과 염화 수소의 반응

탄산 칼슘   염화 수소   이산화 탄소(기체)   물

➡ (탄산 칼슘＋염화 수소)의 질량＝
(염화 칼슘＋이산화 탄소＋물)의 질량

(3) 연소 반응에서의 질량 보존 법칙

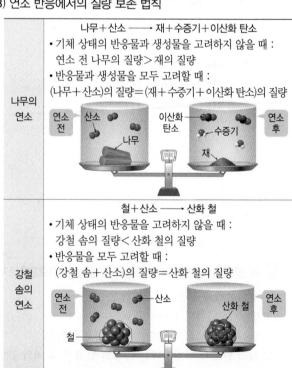

	나무＋산소 ──→ 재＋수증기＋이산화 탄소
나무의 연소	• 기체 상태의 반응물과 생성물을 고려하지 않을 때 : 연소 전 나무의 질량 > 재의 질량 • 반응물과 생성물을 모두 고려할 때 : (나무＋산소)의 질량＝(재＋수증기＋이산화 탄소)의 질량
	철＋산소 ──→ 산화 철
강철 솜의 연소	• 기체 상태의 반응물을 고려하지 않을 때 : 강철 솜의 질량 < 산화 철의 질량 • 반응물을 모두 고려할 때 : (강철 솜＋산소)의 질량＝산화 철의 질량

B 일정 성분비 법칙

1 일정 성분비 법칙(1799년, 프루스트) 화합물을 구성하는 성분 원소 사이에는 일정한 질량비가 성립한다.

탐구 화합물을 구성하는 성분 원소 사이의 질량 관계

표는 구리의 질량을 달리하여 가열하였을 때 반응한 구리와 생성된 산화 구리(Ⅱ)의 질량이다.

구리의 질량(g)	0.4	0.8	1.2	1.6	2.0
산화 구리(Ⅱ)의 질량(g)	0.5	1.0	1.5	2.0	2.5

+ 결과 및 정리
❶ 구리와 반응한 산소의 질량
= 산화 구리(Ⅱ)의 질량
− 구리의 질량
❷ 반응한 구리와 산소의 질량비는 4 : 1이다. ➡ 산화 구리(Ⅱ)를 구성하는 구리와 산소의 질량비는 4 : 1이다.

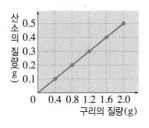

2 일정 성분비 법칙이 성립하는 까닭 물질을 구성하는 원자가 항상 일정한 개수비로 결합하여 화합물을 생성하며, 원자는 각각 일정한 질량이 있기 때문이다.

화합물	물	암모니아
성분 원소	수소 : 산소	질소 : 수소
원자의 개수비	2 : 1	1 : 3
원자 1개의 질량비	1 : 16	14 : 1
화합물을 구성하는 원소의 질량비	2 : 16 = 1 : 8	14 : 3

화합물	과산화 수소	이산화 탄소
성분 원소	수소 : 산소	탄소 : 산소
원자의 개수비	1 : 1	1 : 2
원자 1개의 질량비	1 : 16	12 : 16
화합물을 구성하는 원소의 질량비	1 : 16	12 : 32 = 3 : 8

[모형을 이용한 일정 성분비 법칙의 이해]

모형	B + 2N → BN₂			

모형의 개수 구하기	이용한 모형(개)		만들 수 있는 BN₂(개)	남은 모형의 종류와 수(개)
	B	N		
	10	10	최대 5	B, 5
	10	30	최대 10	N, 10

질량비 구하기	B 1개(g)	N 1개(g)	BN₂에서 B와 N의 질량비
	4	1	B : N = 1 × 4 g : 2 × 1 g = 2 : 1

1 화학 반응이 일어날 때 반응물의 총질량과 생성물의 총질량은 같은데, 이를 ( ) 법칙이라고 한다.

2 화학 반응 전과 후에 물질의 총질량이 변하지 않는 까닭은 물질을 구성하는 ( )의 종류와 수가 변하지 않기 때문이다.

3 그림과 같이 탄산 칼슘과 묽은 염산을 반응시킬 때 (가)~(다)의 질량을 등호 또는 부등호로 비교하시오.

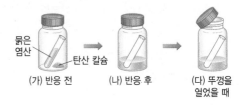

(가) 반응 전   (나) 반응 후   (다) 뚜껑을 열었을 때

4 나무가 연소할 때 연소 전 [나무 + ( )]의 질량은 연소 후 [재 + 이산화 탄소 + ( )]의 질량과 같다.

5 탄소 12 g을 완전히 연소시켰더니 이산화 탄소 44 g이 생성되었다. 이때 탄소와 반응한 물질의 종류와 질량(g)을 쓰시오.

6 화합물을 구성하는 성분 원소 사이에는 일정한 질량비가 성립하는데, 이를 ( ) 법칙이라고 한다.

7 일정 성분비 법칙이 성립하는 까닭은 화합물을 구성하는 원자가 항상 일정한 ( )로 결합하기 때문이다.

8 물을 구성하는 수소와 산소의 질량비는 1 : 8이다. 4 g의 수소를 완전히 반응시켜 물을 합성할 때 필요한 산소의 최소 질량(g)을 구하시오.

9 마그네슘 30 g을 공기 중에서 완전히 연소시키면 산화 마그네슘 50 g이 생성된다. 산화 마그네슘을 구성하는 마그네슘과 산소의 질량비를 구하시오.

10 볼트(B) 9개와 너트(N) 3개로 오른쪽 그림과 같은 화합물 모형을 최대 몇 개 만들 수 있는지 구하시오.

BN₃

핵심 족보

A 1 질량 보존 법칙 ★★★

화학 반응에서 반응 전후에 물질의 총질량은 변하지 않는다.

앙금 생성 반응	기체 발생 반응
(염화 나트륨＋질산 은)의 질량＝(염화 은＋질산 나트륨)의 질량	(탄산 칼슘＋염화 수소)의 질량＝(염화 칼슘＋물＋이산화 탄소)의 질량

2 질량 보존 법칙이 성립하는 까닭 ★★★

화학 반응이 일어날 때 물질을 이루는 원자의 종류와 수가 변하지 않으므로 질량이 변하지 않는다.

예 • 염화 나트륨과 질산 은의 반응

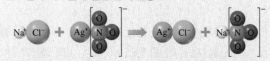

| 염화 나트륨 | 질산 은 | 염화 은 | 질산 나트륨 |

➡ 반응 전후 원자의 종류와 수가 (나트륨 1개＋염소 1개＋은 1개＋질소 1개＋산소 3개)로 같다.
• 나무의 연소 : (나무＋산소)의 질량＝(재＋수증기＋이산화 탄소)의 질량 ➡ 공기 중으로 날아간 수증기와 이산화 탄소를 고려하지 않으면 질량이 감소한다.
• 강철 솜의 연소 : (강철 솜＋산소)의 질량＝산화 철의 질량 ➡ 반응한 산소의 질량을 고려하지 않으면 질량이 증가한다.

B 3 일정 성분비 법칙 ★★★

• 화합물을 구성하는 성분 원소 사이에는 일정한 질량비가 성립한다.
예 산화 구리(Ⅱ)를 구성하는 구리와 산소의 질량비는 4 : 1이다.
• 일정 성분비 법칙은 혼합물에서는 성립하지 않는다.

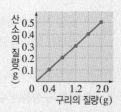

4 일정 성분비 법칙이 성립하는 까닭 ★★★

화합물이 생성될 때 원자가 항상 일정한 개수비로 결합하고 원자는 각각 일정한 질량을 가지고 있으므로, 화합물을 구성하는 성분 원소 사이에 일정한 질량비가 성립한다.
예 원자의 상대적 질량 : 수소 1, 산소 16, 마그네슘 24

화합물	산화 마그네슘(MgO)	물(H_2O)
성분 원소	마그네슘 : 산소	수소 : 산소
원자의 개수비	1 : 1	2 : 1
성분 원소의 질량비	1×24 : 1×16 =3 : 2	2×1 : 1×16 =1 : 8

---

1 그림은 염화 나트륨 수용액과 질산 은 수용액의 반응에서 질량 변화를 알아보는 실험을 나타낸 것이다.

이에 대한 설명으로 옳은 것을 모두 고르면?(2개)

① 반응물은 염화 나트륨과 질산 은이다.
② 흰색 앙금인 질산 나트륨이 생성된다.
③ 기체가 발생하므로 밀폐된 용기에서 실험해야 한다.
④ 앙금이 가라앉으므로 반응 전보다 질량이 증가한다.
⑤ 반응 전 물질의 총질량과 반응 후 생성된 물질의 총질량이 같다.

2 그림과 같이 달걀 껍데기가 들어 있는 플라스틱 병에 묽은 염산이 들어 있는 시험관을 넣고 뚜껑을 닫아 질량을 측정한 후, 병을 기울여 달걀 껍데기와 묽은 염산을 반응시키고 다시 질량을 측정하였다.

이에 대한 설명으로 옳지 <u>않은</u> 것은?

① 반응 전과 후의 질량은 같다.
② 반응 전과 후에 원자의 종류와 수는 변하지 않는다.
③ 달걀 껍데기와 묽은 염산이 반응하면 기체가 발생한다.
④ 달걀 껍데기와 묽은 염산을 반응시킨 후 뚜껑을 열어도 질량은 일정하다.
⑤ 기체가 발생하는 반응에서도 질량 보존 법칙이 성립함을 확인할 수 있다.

3 화학 반응에서 질량 보존 법칙이 성립하는 까닭은?

① 반응 전후 원자의 종류와 개수가 같기 때문
② 반응 전후 분자의 종류와 개수가 같기 때문
③ 반응이 일어날 때 원자의 개수만 변하고 종류는 변하지 않기 때문
④ 반응이 일어날 때 원자의 종류만 변하고 개수는 변하지 않기 때문
⑤ 반응이 일어날 때 분자의 종류만 변하고 개수는 변하지 않기 때문

4 그림과 같이 플라스틱 병에 탄산 칼슘 5 g과 묽은 염산 10 g을 넣고 반응시키면서 질량을 측정하였다.

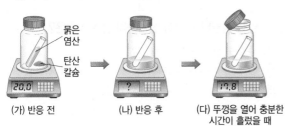

(가) 반응 전 (나) 반응 후 (다) 뚜껑을 열어 충분한 시간이 흘렀을 때

(나)의 질량과 생성된 기체의 질량을 옳게 짝 지은 것은?

	(나)	생성된 기체		(나)	생성된 기체
①	17.8 g	2.2 g	②	17.8 g	17.8 g
③	20.0 g	2.2 g	④	20.0 g	17.8 g
⑤	20.0 g	22.2 g			

5 그림과 같이 질량이 같은 강철 솜 (가)와 (나)를 막대저울의 양쪽에 매달아 저울이 수평을 이루게 한 후, 강철 솜 (나)를 충분히 연소시켰다.

이에 대한 설명으로 옳은 것은?

① 연소 후 (가)와 (나)는 성질이 다르다.
② 연소 후 (가)와 (나)를 이루는 원자의 종류와 수는 같다.
③ (나)를 가열하면 생성된 기체가 공기 중으로 날아가 저울이 (가) 쪽으로 기울어진다.
④ 충분한 시간이 흐르면 저울이 다시 수평이 된다.
⑤ 강철 솜 대신 나무 조각으로 실험해도 저울이 기울어지는 방향이 같다.

6 오른쪽 그래프는 구리를 연소시켜 산화 구리(Ⅱ)가 생성될 때의 질량 관계를 나타낸 것이다. 구리를 연소시켜 생성된 산화 구리(Ⅱ) 40 g에 들어 있는 산소의 질량은?

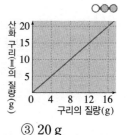

① 4 g ② 8 g ③ 20 g
④ 32 g ⑤ 36 g

7 오른쪽 그래프는 마그네슘을 연소시킬 때 반응하는 마그네슘과 산소의 질량 관계를 나타낸 것이다. 마그네슘 21 g을 완전히 연소시킬 때 생성되는 산화 마그네슘의 질량은?

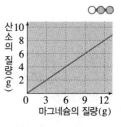

① 7 g ② 14 g ③ 28 g
④ 35 g ⑤ 42 g

8 일정 성분비 법칙이 성립하는 까닭으로 옳은 것을 모두 고르면?(2개)

① 반응 전후 원자의 종류가 같기 때문
② 반응 전후 물질의 총질량이 보존되기 때문
③ 화합물을 구성하는 분자의 종류가 다르기 때문
④ 원자는 종류에 따라 각각 일정한 질량이 있기 때문
⑤ 화합물을 구성하는 원자는 항상 일정한 개수비로 결합하기 때문

9 오른쪽 그림은 암모니아(NH_3)의 분자 모형이다. 질소 42 g을 모두 반응시켜 암모니아를 만들기 위해 필요한 수소의 최소 질량은? (단, 원자 1개의 질량비는 수소 : 질소=1 : 14이다.)

① 3 g ② 6 g ③ 9 g
④ 12 g ⑤ 15 g

10 표는 기체 A와 B가 반응하여 액체 C가 생성될 때 반응하는 두 기체의 질량 관계를 나타낸 것이다.

실험	혼합한 기체의 질량(g)		반응 후 남은 기체의 종류와 질량(g)
	A	B	
1	0.2	2.0	B, 0.4
2	0.4	2.4	(가)
3	0.6	3.2	A, 0.2

(가)에 해당하는 것으로 옳은 것은?

① A, 0.1 ② A, 0.2 ③ B, 0.1
④ B, 0.2 ⑤ B, 0.4

11 그림과 같이 볼트(B)와 너트(N)로 화합물 모형 BN_2를 만들었다.

B + 2N → BN_2

볼트 3개와 너트 10개를 사용하여 최대로 만들 수 있는 BN_2의 개수와 BN_2를 구성하는 볼트와 너트의 질량비를 옳게 짝 지은 것은? (단, 볼트 1개의 질량은 6 g이고, 너트 1개의 질량은 2 g이다.)

	BN_2의 개수	질량비(B : N)
①	3개	1 : 2
②	3개	3 : 2
③	4개	1 : 2
④	4개	3 : 2
⑤	5개	2 : 3

Step 2 자주 나오는 문제

12 질량 보존 법칙에 대한 설명으로 옳은 것은?

① 프랑스의 과학자 프루스트가 처음 제안하였다.
② 물리 변화와 화학 변화에서 모두 성립한다.
③ 기체가 발생하는 반응은 밀폐된 공간에서 일어날 때만 질량 보존 법칙이 성립한다.
④ 앙금이 생성되는 반응은 생성된 앙금의 질량만큼 생성물의 총질량이 증가한다.
⑤ 금속이 연소되는 반응이 열린 공간에서 일어나면 물질의 질량이 증가해 질량 보존 법칙이 성립하지 않는다.

13 다음은 탄산수소 나트륨 분해 반응의 화학 반응식이다.

$$2NaHCO_3 \longrightarrow Na_2CO_3 + \boxed{ㄱ} + H_2O$$

탄산수소 나트륨 84 g을 가열하여 완전히 분해시켰더니 탄산 나트륨 53 g과 물 9 g이 생성되었다. 생성물 ㄱ의 화학식과 질량으로 옳은 것은?

① CO_2, 20 g ② CO_2, 22 g
③ Na_2O, 42 g ④ NaOH, 20 g
⑤ NaOH, 22 g

14 일정 성분비 법칙이 성립하지 않는 반응은?

① 수소+산소 ── 물
② 철+황 ── 황화 철
③ 탄소+산소 ── 이산화 탄소
④ 마그네슘+산소 ── 산화 마그네슘
⑤ 염화 나트륨+물 ── 염화 나트륨 수용액

[15~16] 그림은 수소와 산소가 반응하여 물이 생성되는 반응을 모형으로 나타낸 것이다.

수소 산소 물

15 물을 구성하는 수소와 산소의 질량비(수소 : 산소)는? (단, 원자 1개의 질량비는 수소 : 산소=1 : 16이다.)

① 1 : 2 ② 1 : 8 ③ 1 : 16
④ 2 : 1 ⑤ 8 : 1

16 산소 32 g을 충분한 양의 수소와 완전히 반응시킬 때 생성되는 물의 질량은?

① 16 g ② 32 g ③ 36 g
④ 40 g ⑤ 64 g

Step 3 만점! 도전 문제

17 그림은 물과 산소가 반응하여 과산화 수소가 생성되는 반응을 모형으로 나타낸 것이다.

물 | 산소 | 과산화 수소

물 36 g과 산소 32 g이 모두 반응하여 생성된 과산화 수소에 들어 있는 수소의 질량은? (단, 원자 1개의 질량비는 수소 : 산소=1 : 16이다.)

① 4 g ② 8 g ③ 10 g
④ 12 g ⑤ 16 g

[18~19] 표는 볼트와 너트를 이용하여 화합물 X를 만들 때 볼트와 너트, 최대로 만들 수 있는 화합물 X의 개수 관계를 나타낸 것이다.

볼트(개)	너트(개)	화합물 X(개)	남은 모형의 종류와 수(개)
2	4	1	너트 1
5	6	2	볼트 1

18 화합물 X의 모형으로 옳은 것은?

① ② ③ ④ ⑤

19 볼트 5개의 질량이 20 g이고, 너트 10개의 질량이 20 g이다. 볼트 5개와 너트 10개를 사용하여 만들 수 있는 화합물 X의 최대 질량(g)은?

① 14 g ② 24 g ③ 28 g
④ 44 g ⑤ 56 g

20 그림은 탄산 나트륨과 염화 칼슘의 반응을 모형으로 나타낸 것이다.

탄산 나트륨 | 염화 칼슘 | 탄산 칼슘 | 염화 나트륨

이 반응의 화학 반응식을 쓰고, 이를 근거로 반응 전후에 질량이 보존되는 까닭을 서술하시오.

21 그림은 나무의 질량을 측정한 후, 나무를 연소하여 생성된 재의 질량을 측정하는 실험을 나타낸 것이다.

(가) | (나)

(1) (가)와 (나)의 질량을 비교하고, 그 까닭을 서술하시오.

(2) 나무의 연소 반응에서의 질량 관계를 질량 보존 법칙을 적용하여 서술하시오.

22 표는 구리의 질량을 달리하여 연소시킬 때 반응한 구리와 생성된 산화 구리(II)의 질량 관계를 나타낸 것이다.

구리의 질량(g)	2.0	4.0	6.0	8.0
산화 구리(II)의 질량(g)	2.5	5.0	7.5	10.0

구리 3.2 g을 완전히 연소시킬 때 필요한 산소의 최소 질량과 이때 생성되는 산화 구리(II)의 질량을 구하고, 풀이 과정을 서술하시오.

03 기체 반응 법칙 / 화학 반응에서의 에너지 출입

Ⓐ 기체 반응 법칙

1 기체 반응 법칙(1808년, 게이뤼삭) 일정한 온도와 압력에서 기체가 반응하여 새로운 기체를 생성할 때 각 기체의 부피 사이에는 간단한 정수비가 성립한다.

2 화학 반응식과 기체의 부피 관계

(1) 반응물과 생성물이 모두 기체인 반응에서 기체의 부피비는 분자 수의 비와 같고, 화학 반응식의 계수비와도 같다.

> 화학 반응식의 계수비＝부피비＝분자 수의 비

> **[기체 사이의 반응에서 부피비와 분자 수의 비가 같은 까닭]**
> 온도와 압력이 같을 때 모든 기체는 종류에 관계없이 같은 부피 속에 같은 수의 분자가 들어 있다. 따라서 기체의 부피비와 분자 수의 비가 같다.
>
>
>
> 수소   산소   이산화 탄소

(2) 여러 가지 화학 반응에서 기체 반응 법칙

① 수증기 생성 반응

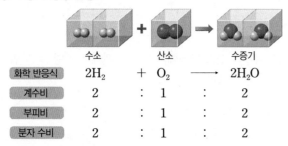

수소   산소   수증기

화학 반응식	$2H_2$	$+$	O_2	$\longrightarrow$	$2H_2O$
계수비	2	:	1	:	2
부피비	2	:	1	:	2
분자 수비	2	:	1	:	2

② 암모니아 생성 반응

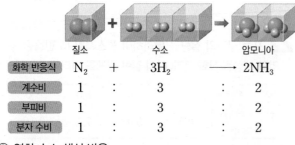

질소   수소   암모니아

화학 반응식	N_2	$+$	$3H_2$	$\longrightarrow$	$2NH_3$
계수비	1	:	3	:	2
부피비	1	:	3	:	2
분자 수비	1	:	3	:	2

③ 염화 수소 생성 반응

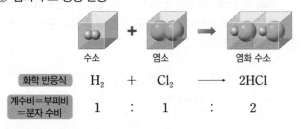

수소   염소   염화 수소

화학 반응식	H_2	$+$	Cl_2	$\longrightarrow$	$2HCl$
계수비＝부피비 ＝분자 수비	1	:	1	:	2

탐구 기체 반응에서의 부피 관계

1. 기체 반응 실험 장치에 수소 기체 10 mL를 넣는다.
2. 과정 1의 장치에 산소 기체 5 mL를 넣고 더 이상 반응이 일어나지 않을 때까지 점화기를 누른다.
3. 수소 기체를 20 mL로 하여 과정 **2**를 반복한다.

주입한 기체

점화기

＋ **결과 및 정리**

반응 전 부피(mL)		반응 후 남은 기체의 종류와 부피(mL)	반응한 기체의 부피비
수소	산소		
10	5	0	수소 : 산소 ＝2 : 1
20	5	수소, 10	

수증기 생성 반응에서 수소 기체와 산소 기체는 2 : 1의 부피비로 반응한다.

> **[화학 반응의 규칙을 모두 설명해 보기]**
>
>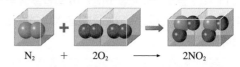
>
> N_2　＋　$2O_2$　$\longrightarrow$　$2NO_2$
>
> • 질소 28 g과 산소 64 g이 모두 반응하면 이산화 질소 92 g이 생성된다. ➡ 질량 보존 법칙
> • 이산화 질소가 생성될 때 질소 원자와 산소 원자는 1 : 2의 개수비로 결합한다. 원자의 상대적 질량은 질소 14, 산소 16이므로, 이산화 질소를 구성하는 질소와 산소의 질량비는 $1 \times 14 : 2 \times 16 = 7 : 16$이다. ➡ 일정 성분비 법칙
> • 온도와 압력이 일정할 때 반응하거나 생성되는 기체의 부피비는 질소 : 산소 : 이산화 질소＝1 : 2 : 2이다. ➡ 기체 반응 법칙

Ⓑ 화학 반응에서의 에너지 출입

1 발열 반응 화학 반응이 일어날 때 에너지를 방출하는 반응 ➡ 발열 반응이 일어나면 주변의 온도가 높아진다.

(1) 발열 반응의 예 : 연소 반응, 산화 칼슘과 물의 반응, 염화 칼슘과 물의 반응, 산이나 염기와 물의 반응, 산과 염기의 중화 반응, 철 가루와 산소의 반응, 금속이 녹스는 반응, 금속과 산의 반응, 동물의 호흡 등

(2) 발열 반응에서의 에너지 출입을 활용한 기구 예

▲ 난방 및 조리 : 연료의 연소 반응 이용　▲ 손난로 : 철 가루와 산소의 반응 이용　▲ 발열 컵 : 산화 칼슘과 물의 반응 이용

2 흡열 반응 화학 반응이 일어날 때 에너지를 흡수하는 반응 ➡ 흡열 반응이 일어나면 주변의 온도가 낮아진다.

(1) 흡열 반응의 예

① 열에너지 흡수 : 소금과 물의 반응, 질산 암모늄과 물의 반응, 수산화 바륨과 염화 암모늄의 반응, 탄산수소 나트륨의 열분해 등

② 전기 에너지 흡수 : 물의 전기 분해 등

③ 빛에너지 흡수 : 식물의 광합성 등

[수산화 바륨과 염화 암모늄의 반응에서의 온도 변화]

나무판 위를 물로 적신 다음 그 위에 수산화 바륨과 염화 암모늄을 넣은 비커를 올려놓는다. 유리 막대로 두 물질을 섞어 반응시키면, 온도가 낮아지면서 나무판과 삼각 플라스크 사이의 물이 얼어 나무판이 비커에 달라붙는다. 따라서 반응 후 비커를 들면 나무판이 함께 들린다.

(2) 흡열 반응에서의 에너지 출입을 활용한 기구 예 : 질산 암모늄과 물이 반응할 때 주변의 온도가 낮아지므로, 이를 이용하여 냉찜질 주머니를 만든다.

탐구 온열 장치, 냉각 장치 만들기

[온열 장치(손난로) 만들기]

1. 부직포 주머니에 철 가루, 숯가루, 소금, 질석을 한 숟가락씩 넣은 다음 물을 한 숟가락 넣는다.

2. 열 봉합기로 주머니의 입구를 밀봉한 후, 부직포 주머니를 흔들거나 주무른다.

✚ 결과 및 정리

손난로가 따뜻해진다. ➡ 손난로에 들어 있는 철 가루와 공기 중의 산소가 반응하여 산화 철이 생성될 때 에너지를 방출하므로 주변의 온도가 높아진다.

[냉각 장치(손 냉장고) 만들기]

1. 한약용 투명 봉지에 질산 암모늄을 30 g 정도 넣은 다음, 물을 20 mL 정도 넣은 지퍼 백을 넣고 열 봉합기로 봉지의 입구를 밀봉한다.

2. 지퍼 백을 손으로 눌러 물이 나오게 하여 물과 질산 암모늄이 섞이게 한다.

✚ 결과 및 정리

손 냉장고가 차가워진다. ➡ 손 냉장고에 들어 있는 질산 암모늄과 물이 반응할 때 에너지를 흡수하므로 주변의 온도가 낮아진다.

1 일정한 온도와 압력에서 기체가 반응하여 새로운 기체가 생성될 때 각 기체의 부피 사이에는 간단한 정수비가 성립하는데, 이를 (　　　) 법칙이라고 한다.

2 질소 기체 10 mL와 수소 기체 30 mL를 반응시켰더니 모두 반응하여 암모니아 기체 20 mL가 생성되었다. 이 반응에서 질소, 수소, 암모니아의 부피비를 구하시오.

3 반응물과 생성물이 모두 기체인 반응에서 기체의 부피비는 분자 수비와 같고, 화학 반응식의 (　　　)와 같다.

4 그림은 수소 기체와 산소 기체가 반응하여 수증기가 생성될 때 반응물과 생성물 사이의 부피 관계를 나타낸 것이다. 수소, 산소, 수증기의 분자 수비를 구하시오.

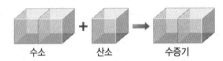

수소　　　　산소　　　　수증기

5 다음은 염화 수소가 생성되는 반응의 화학 반응식이다.

$$H_2 + Cl_2 \longrightarrow 2HCl$$

일정한 온도와 압력에서 수소 기체 20 mL와 염소 기체 10 mL가 완전히 반응했을 때 생성되는 염화 수소 기체의 부피(mL)를 구하시오.

6 화학 반응이 일어날 때 에너지를 방출하는 반응을 (　　　) 반응이라고 한다.

7 흡열 반응이 일어날 때 주변의 온도가 (　　　)진다.

8 산화 칼슘이 물과 반응할 때 에너지를 (　　　)하므로, 주변의 온도가 (　　　)진다.

9 소금이 물과 반응할 때 에너지를 (　　　)하므로, 소금과 물의 반응은 (　　　) 반응이다.

10 질산 암모늄이 물과 반응할 때 열에너지를 (방출, 흡수)하므로, 이 반응을 이용하여 (손난로, 손 냉장고)를 만든다.

핵심 족보

A 1 기체 반응 법칙 ★★★

일정한 온도와 압력에서 기체가 반응하여 새로운 기체를 생성할 때 각 기체의 부피 사이에는 간단한 정수비가 성립한다.

예 수증기 생성 반응에서의 부피비

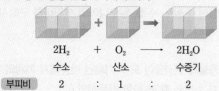

$$2H_2 + O_2 \longrightarrow 2H_2O$$
수소　　　 산소　　　 수증기

| 부피비 | 2 | : | 1 | : | 2 |

2 화학 반응식의 계수비와 기체의 부피비의 관계 ★★★

• 온도와 압력이 같을 때 모든 기체는 같은 부피 속에 같은 수의 분자가 들어 있다.
• 반응물과 생성물이 기체인 반응에서 기체 사이의 부피비＝분자 수의 비＝화학 반응식의 계수비이다.

예 • 암모니아 생성 반응 : $N_2 + 3H_2 \longrightarrow 2NH_3$
　➡ 계수비＝부피비＝분자 수비＝$N_2 : H_2 : NH_3$
　　　　　　　　　　　　　　＝1 : 3 : 2
• 염화 수소 생성 반응 : $H_2 + Cl_2 \longrightarrow 2HCl$
　➡ 계수비＝부피비＝분자 수비＝$H_2 : Cl_2 : HCl$
　　　　　　　　　　　　　　＝1 : 1 : 2
• 이산화 질소 생성 반응 : $N_2 + 2O_2 \longrightarrow 2NO_2$
　➡ 계수비＝부피비＝분자 수비＝$N_2 : O_2 : NO_2$
　　　　　　　　　　　　　　＝1 : 2 : 2

B 3 화학 반응에서의 에너지 출입 ★★★

화학 반응이 일어날 때에는 에너지를 방출하거나 흡수한다.

발열 반응	흡열 반응
화학 반응이 일어날 때 에너지를 방출하는 반응 ➡ 주변의 온도가 높아진다.	화학 반응이 일어날 때 에너지를 흡수하는 반응 ➡ 주변의 온도가 낮아진다.
예 • 나무가 연소할 때 열에너지와 빛에너지를 방출한다. • 산화 칼슘과 물이 반응할 때 열에너지를 방출한다. • 산과 염기가 반응할 때 열에너지를 방출한다.	예 • 소금과 물이 반응할 때 열에너지를 흡수한다. • 수산화 바륨과 염화 암모늄이 반응할 때 열에너지를 흡수한다. • 식물은 빛에너지를 흡수하여 광합성을 한다.

4 화학 반응에서의 에너지 출입 이용 ★★

발열 반응	화학 반응이 일어날 때 방출하는 열에너지 이용 예 • 난방 및 조리 : 연료의 연소 반응 • 손난로, 발열 깔창 : 철 가루와 산소의 반응 • 발열 도시락, 발열 컵 : 산화 칼슘과 물의 반응
흡열 반응	화학 반응이 일어날 때 에너지를 흡수하여 주변의 온도가 낮아지는 것을 이용 예 냉찜질 주머니 : 질산 암모늄과 물의 반응

Step 1 반드시 나오는 문제

1 그림은 일정한 온도와 압력에서 수소 기체와 산소 기체가 반응하여 수증기가 생성될 때 기체의 부피 관계를 나타낸 것이다.

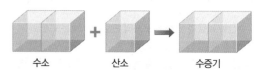

수소　　　 산소　　　 수증기

수소와 산소를 각각 10 mL씩 반응시킬 때 생성되는 수증기의 부피 및 남은 기체의 종류와 부피를 옳게 짝 지은 것은?

　　수증기의 부피　　　　남은 기체의 종류와 부피
① 　　10 mL　　　　　　　수소, 5 mL
② 　　10 mL　　　　　　　산소, 5 mL
③ 　　20 mL　　　　　　　수소, 5 mL
④ 　　20 mL　　　　　　　산소, 5 mL
⑤ 　　20 mL　　　　　　　남은 기체가 없다.

2 표는 일정한 온도와 압력에서 기체 A와 B가 반응하여 기체 C를 생성할 때 기체의 부피 관계를 나타낸 것이다.

실험	반응 전 기체의 부피(mL)		반응 후 남은 기체의 종류와 부피(mL)	생성된 기체 C의 부피(mL)
	A	B		
1	10	40	B, 10	20
2	30	75	A, 5	50
3	40	60	A, 20	40

각 기체 사이의 부피비(A : B : C)로 옳은 것은?

① 1 : 2 : 2　　　　　　② 1 : 3 : 2
③ 2 : 1 : 3　　　　　　④ 2 : 2 : 3
⑤ 2 : 3 : 2

3 표는 일정한 온도와 압력에서 기체 A와 B가 반응하여 기체 C를 생성할 때 기체의 부피 관계를 나타낸 것이다.

실험	반응 전 기체의 부피(mL)		반응 후 남은 기체의 종류와 부피(mL)	생성된 기체 C의 부피(mL)
	A	B		
1	30	30	A, 10	10
2	50	60	㉠	㉡

㉠과 ㉡에 해당하는 내용을 각각 쓰시오.

4 그림은 일정한 온도와 압력에서 수소 기체와 질소 기체가 반응하여 암모니아 기체가 생성되는 반응을 모형으로 나타낸 것이다.

수소   질소   암모니아

이에 대한 설명으로 옳지 <u>않은</u> 것은?

① 반응 전후에 원자의 종류와 개수가 같다.
② 부피비는 수소 : 질소 : 암모니아=3 : 1 : 2이다.
③ 같은 부피 속에 들어 있는 각 기체의 원자 수는 같다.
④ 수소 분자 30개는 질소 분자 10개와 완전히 반응한다.
⑤ 수소 기체 15 L와 질소 기체 15 L를 반응시키면 암모니아 기체 10 L가 생성된다.

5 다음은 이산화 질소 생성 반응의 화학 반응식이다.

$$N_2 + 2O_2 \longrightarrow 2NO_2$$

이에 대한 설명으로 옳지 <u>않은</u> 것은? (단, 온도와 압력은 일정하고, 반응물과 생성물은 모두 기체이다.)

① 같은 부피 속에 들어 있는 질소 기체와 산소 기체의 원자 수는 같다.
② 반응하거나 생성되는 기체의 부피비는 질소 : 산소 : 이산화 질소=1 : 2 : 2이다.
③ 반응한 산소 분자와 같은 개수의 이산화 질소 분자가 생성된다.
④ 반응하는 질소와 산소의 총질량은 생성된 이산화 질소의 질량과 같다.
⑤ 이산화 질소 기체 30 mL를 생성하기 위해 필요한 최소한의 질소 기체는 20 mL이다.

6 수소(H₂) 기체와 염소(Cl_2) 기체가 반응하면 염화 수소(HCl) 기체가 생성된다. 이 반응에 대한 설명으로 옳은 것을 보기에서 모두 고른 것은?

┌ 보기 ┐
ㄱ. 반응 전보다 반응 후 분자 수가 증가한다.
ㄴ. 염소 분자 20개는 수소 분자 10개와 모두 반응하여 남지 않는다.
ㄷ. 일정한 온도와 압력에서 수소 기체 20 mL와 염소 기체 20 mL가 반응하면 염화 수소 기체 40 mL가 생성된다.
└─────┘

① ㄱ   ② ㄷ   ③ ㄱ, ㄴ
④ ㄴ, ㄷ   ⑤ ㄱ, ㄴ, ㄷ

7 화학 반응에서의 에너지 출입에 대한 설명으로 옳지 <u>않은</u> 것은?

① 화학 반응이 일어날 때에는 항상 에너지가 출입한다.
② 물질이 연소하는 반응은 모두 발열 반응이다.
③ 흡열 반응은 에너지를 흡수하는 반응이므로 주변의 온도가 높아진다.
④ 식물이 빛에너지를 흡수하여 일어나는 광합성은 흡열 반응이다.
⑤ 발열 도시락, 냉찜질 주머니 등은 화학 반응에서의 에너지 출입을 이용한 제품이다.

8 염화 칼슘과 물의 반응에서와 같은 에너지 출입이 일어나는 반응을 보기에서 모두 고른 것은?

┌ 보기 ┐
ㄱ. 동물의 호흡
ㄴ. 물의 전기 분해
ㄷ. 철이 녹스는 반응
ㄹ. 탄산수소 나트륨의 열분해
ㅁ. 묽은 염산과 수산화 나트륨의 반응
└─────┘

① ㄷ, ㅁ   ② ㄴ, ㄹ   ③ ㄱ, ㄴ, ㄹ
④ ㄱ, ㄷ, ㅁ   ⑤ ㄴ, ㄹ, ㅁ

9 다음은 수산화 바륨과 염화 암모늄의 반응에서의 에너지 출입을 알아보기 위한 실험이다.

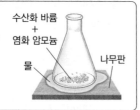

> 나무판 위를 물로 적신 다음, 그 위에 수산화 바륨과 염화 암모늄을 넣은 삼각 플라스크를 올려놓고 유리 막대로 두 물질을 잘 섞는다.

이에 대한 설명으로 옳은 것은?

① 삼각 플라스크의 온도가 높아진다.
② 나무판이 삼각 플라스크에 달라붙는다.
③ 수산화 바륨과 염화 암모늄의 반응은 발열 반응이다.
④ 나무판 위의 물이 얼면서 열에너지를 흡수하므로 삼각 플라스크 안의 물질이 녹는다.
⑤ 이 반응을 이용하여 손난로를 만들 수 있다.

10 온열 장치를 만들 때 이용할 수 있는 화학 반응이 아닌 것은?

① 소금과 물의 반응
② 철 가루와 산소의 반응
③ 산화 칼슘과 물의 반응
④ 진한 황산을 물에 묽히는 반응
⑤ 묽은 염산과 마그네슘 조각의 반응

Step 2 자주 나오는 문제

11 그림은 온도와 압력이 같을 때 같은 부피 속에 들어 있는 수소, 산소, 암모니아 기체를 각각 분자 모형으로 나타낸 것이다.

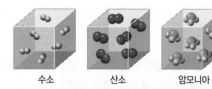

수소   산소   암모니아

이를 통해 알 수 있는 기체의 부피비에 대한 설명으로 옳은 것을 모두 고르면?(2개)

① 기체의 부피비는 원자 수의 비와 같다.
② 기체의 부피비는 분자 수의 비와 같다.
③ 기체의 부피비는 분자 크기의 비와 같다.
④ 기체의 부피비는 분자 수에 영향을 받지 않는다.
⑤ 화학 반응에서 기체의 부피비는 화학 반응식의 계수비와 같다.

12 그림은 질소 기체와 수소 기체가 반응하여 암모니아 기체가 생성되는 반응을 모형으로 나타낸 것이다.

질소   수소   암모니아

이에 대한 설명으로 옳은 것은? (단, 온도와 압력은 일정하고, 원자 1개의 질량비는 수소 : 질소=1 : 14이다.)

① 반응하는 질소와 수소의 분자 수는 같다.
② 반응하거나 생성되는 기체의 질량비는 질소 : 수소 : 암모니아=1 : 3 : 2이다.
③ 반응하거나 생성되는 기체의 부피비는 질소 : 수소 : 암모니아=1 : 3 : 4이다.
④ 암모니아를 구성하는 질소와 수소 사이의 부피비는 14 : 3이다.
⑤ 생성되는 암모니아 분자 수는 반응하는 질소 분자 수의 2배이다.

13 다음은 화학 반응에서의 에너지 출입을 이용한 제품을 만드는 과정이다.

> 부직포 주머니에 철 가루, 숯가루, 소금을 각각 한 숟가락씩 넣고 섞은 후 물을 조금 넣어 밀봉한 다음, 부직포 주머니를 흔든다.

이에 대한 설명으로 옳지 않은 것은?

① 부직포 주머니가 따뜻해진다.
② 반응의 생성물은 산화 철이다.
③ 화학 반응이 일어나 주변의 온도가 변한다.
④ 부직포 주머니 안에서 발열 반응이 일어난다.
⑤ 소금과 물이 반응하면서 출입하는 에너지를 이용한다.

14 탄산수소 나트륨, 설탕 등을 넣은 밀가루 반죽을 높은 온도로 구울 때 빵이 부풀어 오르는 까닭으로 옳은 것을 모두 고르면?(2개)

① 설탕과 밀가루의 발열 반응 때문
② 화학 반응이 일어날 때 열을 방출하기 때문
③ 화학 반응이 일어날 때 온도가 낮아지기 때문
④ 탄산수소 나트륨이 열을 흡수하여 분해되기 때문
⑤ 화학 반응이 일어날 때 이산화 탄소 기체가 발생하기 때문

Step 3 만점! 도전 문제

15 그래프는 일정한 온도와 압력에서 기체 A와 B가 반응하여 기체 C를 생성할 때 반응시킨 기체와 반응하지 않고 남은 기체의 부피를 나타낸 것이다.

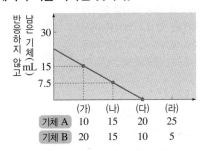

	(가)	(나)	(다)	(라)
기체 A	10	15	20	25
기체 B	20	15	10	5

이에 대한 설명으로 옳은 것을 보기에서 모두 고른 것은?

• 보기 •
ㄱ. 화학 반응식은 2A+B ⟶ 3C이다.
ㄴ. (가)와 (나)에서 남은 기체의 종류는 같다.
ㄷ. (다)를 기준으로 양쪽 그래프의 기울기는 같다.
ㄹ. 기체 A 40 mL가 모두 반응하려면 기체 B 20 mL가 있어야 한다.

① ㄱ, ㄴ ② ㄱ, ㄷ ③ ㄴ, ㄹ
④ ㄱ, ㄴ, ㄹ ⑤ ㄴ, ㄷ, ㄹ

16 다음은 기체 A와 B가 연소되는 반응의 화학 반응식이다.

・ $2A + 5O_2 \longrightarrow 4CO_2 + 2H_2O$
・ $B + 5O_2 \longrightarrow 3CO_2 + 4H_2O$

이에 대한 설명으로 옳은 것은? (단, 온도와 압력은 일정하고, 반응물과 생성물은 모두 기체이다.)

① A의 연소 반응 후 기체의 부피가 증가한다.
② B의 연소 반응 후 기체의 분자 수가 감소한다.
③ 같은 부피의 산소로 연소시킬 수 있는 기체의 부피는 A가 B보다 크다.
④ A와 B를 연소시켜 같은 부피의 이산화 탄소가 생성될 때 반응한 산소의 부피는 A와 B가 같다.
⑤ A와 B를 각각 10 mL씩 완전히 연소시켰을 때 생성되는 수증기의 부피는 B가 A의 2배이다.

17 표는 일정한 온도와 압력에서 기체 A와 B가 반응하여 기체 C를 생성할 때의 부피 관계를 나타낸 것이다.

실험	반응 전 기체의 부피(mL)		반응 후 남은 기체의 종류와 부피(mL)
	A	B	
1	60	60	A, 30
2	40	100	B, 20

같은 온도와 압력에서 기체 A 50 mL를 완전히 반응시키기 위해 필요한 기체 B의 최소 부피를 구하고, 풀이 과정을 실험 결과를 이용하여 서술하시오.

18 그림은 일정한 온도와 압력에서 메테인(CH_4) 기체가 연소하여 수증기와 이산화 탄소 기체가 생성될 때 기체의 부피 관계를 나타낸 것이다.

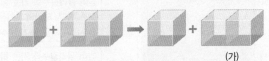

(1) (가)의 화학식을 쓰고, 그 까닭을 화학 반응식과 부피비를 근거로 서술하시오.

(2) 메테인 기체 10 L가 모두 연소하였을 때 발생하는 이산화 탄소 기체의 부피를 구하고, 풀이 과정을 서술하시오.

19 다음은 화학 반응에서의 에너지 출입을 이용한 제품을 만드는 과정이다.

질산 암모늄이 들어 있는 투명 봉지에 물이 들어 있는 지퍼 백을 넣은 후 투명 봉지를 밀봉한 다음, 물이 들어 있는 지퍼 백을 눌러 물이 나오게 하였다.

이용한 화학 반응과 에너지 출입을 근거로 이 제품의 용도를 서술하시오.

01 기권과 지구 기온

A 기권의 층상 구조

1 기권(대기권) 지구 표면을 둘러싸고 있는 대기
(1) 대기의 분포 : 지표면~높이 약 1000 km
(2) 대기의 조성 : 대기는 여러 가지 기체로 이루어져 있다.
① 질소와 산소가 대부분을 차지한다.
② 부피비 : 질소>산소>아르곤>이산화 탄소>…

2 기권의 층상 구조 높이에 따른 기온 변화를 기준으로 구분

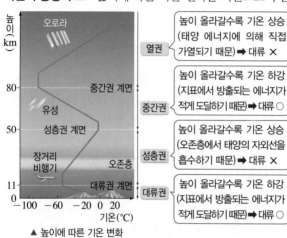

▲ 높이에 따른 기온 변화

높이 올라갈수록 기온 상승
(태양 에너지에 의해 직접 **열권** 가열되기 때문) ➡ 대류 ✕

높이 올라갈수록 기온 하강
(지표에서 방출되는 에너지가 **중간권** 적게 도달하기 때문) ➡ 대류 ◯

높이 올라갈수록 기온 상승
(오존층에서 태양의 자외선을 **성층권** 흡수하기 때문) ➡ 대류 ✕

높이 올라갈수록 기온 하강
(지표에서 방출되는 에너지가 **대류권** 적게 도달하기 때문) ➡ 대류 ◯

구분	특징
열권	• 공기가 매우 희박하고, 낮과 밤의 기온 차이가 크다. • 고위도 지역에서 ♀오로라가 관측되기도 한다. • 인공위성 궤도로 이용된다.
중간권	• 대류가 일어나지만, 기상 현상이 나타나지 않는다. ➡ 수증기가 거의 없기 때문 • 유성이 관측되기도 한다. • ♀중간권 계면 부근에서 기권의 최저 기온이 나타난다.
성층권	• 대기가 안정하여 장거리 비행기의 항로로 이용된다. • 오존이 밀집해 있는 오존층이 존재한다.
대류권	• 기상 현상이 나타난다. ➡ 대류가 일어나고, 수증기가 존재하기 때문 • 대부분의 공기(약 80 %)가 모여 있다.

♀ **오로라** : 태양에서 방출된 전기를 띤 입자가 지구 대기로 들어오면서 지구 대기 입자들과 충돌하여 빛을 내는 현상
♀ **중간권 계면** : 중간권과 열권의 경계면

B 지구의 복사 평형

1 복사 에너지 물체 표면에서 방출되어 직접 전달되는 에너지로, 모든 물체는 복사 에너지를 방출한다.

태양 복사 에너지	태양이 방출하는 복사 에너지
지구 복사 에너지	지구가 방출하는 복사 에너지

2 복사 평형 물체가 흡수하는 복사 에너지양과 방출하는 복사 에너지양이 같아 온도가 일정하게 유지되는 상태

탐구 **물체의 복사 평형**

검은색 알루미늄 컵에 디지털 온도계를 꽂은 뚜껑을 덮고, 적외선등에서 30 cm 정도 떨어진 곳에 컵을 놓은 후, 2분 간격으로 온도를 측정한다.

✚ 결과 및 정리
❶ 컵 속의 온도 : 높아지다가 시간이 지나면 일정하게 유지된다. ➡ 컵이 흡수하는 복사 에너지양과 방출하는 복사 에너지양이 같아져 복사 평형에 도달했기 때문
❷ 컵과 적외선등의 거리를 멀게 할 경우 : 더 낮은 온도에서, 더 늦게 복사 평형에 도달한다.

3 지구의 복사 평형 흡수한 태양 복사 에너지양=방출한 지구 복사 에너지양 ➡ 연평균 기온이 일정하게 유지된다.

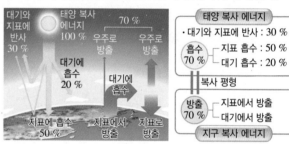

4 온실 효과 대기가 지표에서 방출하는 지구 복사 에너지의 일부를 흡수했다가 지표로 재방출하여 지구의 평균 기온이 높게 유지되는 현상 ➡ 지구는 대기의 온실 효과로 대기가 없을 때보다 높은 온도에서 복사 평형을 이룬다.

5 지구 온난화 대기 중 ♀온실 기체의 증가로 온실 효과가 강화되어 지구의 평균 기온이 높아지는 현상

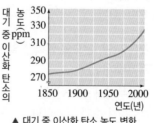

▲ 대기 중 이산화 탄소 농도 변화

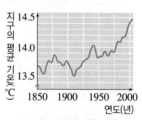

▲ 지구의 평균 기온 변화

주요 원인	화석 연료의 사용 증가로 인한 대기 중 이산화 탄소 농도 증가
영향	해수면 상승, 육지가 줄어듦, 빙하가 녹음, 만년설 감소, 기상 이변, 계절의 길이 변화, 재배 작물의 변화 등
대책	온실 기체의 배출량 줄이기, 삼림 보존, 자원의 재활용 등

♀ **온실 기체** : 온실 효과를 일으키는 기체 예 수증기, 이산화 탄소, 메테인 등

1 기권을 이루는 기체 중 (   )가 가장 많은 부피비를 차지하고, (   )가 두 번째로 많은 부피비를 차지한다.

2 기권은 높이에 따른 (   ) 변화를 기준으로 4개의 층으로 구분한다.

3 지표면에서 높이 올라갈수록 대류권에서는 기온이 (상승, 하강)하고, 성층권에서는 기온이 (상승, 하강)하며, 중간권에서는 기온이 (상승, 하강)하고, 열권에서는 기온이 (상승, 하강)한다.

4 높이 약 20 km~30 km 부근의 성층권에는 (   )이 존재하여 태양으로부터 오는 자외선을 흡수한다.

5 기권에서 대류가 활발하게 일어나고, 비나 눈 등의 기상 현상이 나타나는 층을 쓰시오.

6 물체가 흡수하는 복사 에너지양과 방출하는 복사 에너지양이 같아 온도가 일정하게 유지되는 상태를 (   )이라고 한다.

7 지구에 도달하는 태양 복사 에너지양을 100 %라고 할 때, 다음에 해당하는 태양 복사 에너지양을 쓰시오.

(1) 지표에 흡수되는 양 : (   )
(2) 대기에 흡수되는 양 : (   )
(3) 대기와 지표에서 우주로 반사되는 양 : (   )

8 대기가 지구 복사 에너지를 흡수하였다가 재방출하여 지구의 평균 기온을 높게 유지시키는 현상을 (   )라 하고, 이러한 현상을 일으키는 기체를 (   )라고 한다.

9 온실 효과가 강화되어 지구의 평균 기온이 높아지는 현상을 (   )라 하고, 이 현상의 주요 원인이 되는 기체는 (   )이다.

10 지구 온난화가 일어나면 지구의 평균 기온이 (상승, 하강)하여 해수면이 (상승, 하강)하고, 이에 따라 육지의 면적은 (늘어난다, 줄어든다).

핵심 족보

A 1 기권의 층상 구조 ★★★

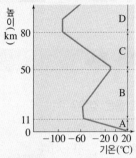

A~D 층의 구분 기준
: 높이에 따른 기온 변화

구분	A	B	C	D
이름	대류권	성층권	중간권	열권
대류	○	×	○	×
기상 현상	○	×	×	×
주요 특징	대부분의 공기 분포	오존층, 장거리 비행기 항로	유성	오로라, 인공위성 궤도

• 대류가 일어나지만, 기상 현상이 일어나지 않는 층 : C ➡ 수증기가 거의 없기 때문
• 높이 올라갈수록 B의 기온이 상승하는 까닭 : 오존층에서 오존이 태양의 자외선을 흡수하기 때문

B 2 물체의 복사 평형 실험 ★★★

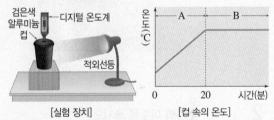

[실험 장치]   [컵 속의 온도]

• 컵은 지구, 적외선등은 태양에 해당한다.
• 컵은 적외선등으로부터 복사 에너지를 흡수하고, 복사 에너지를 방출한다.
• 시간이 지나면 컵 속의 온도가 일정해진다. ➡ 복사 평형(B)

구간	에너지양	온도
A	흡수하는 에너지양 > 방출하는 에너지양	상승
B	흡수하는 에너지양 = 방출하는 에너지양	일정

3 대기 중 이산화 탄소의 농도 변화 ★★★

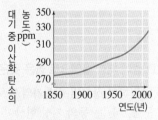

• 대기 중 이산화 탄소의 농도가 증가하고 있다.
• 이산화 탄소는 온실 기체이다.
• 온실 기체의 양 증가 ➡ 지구의 기온 상승(지구 온난화) ➡ 해수면 상승 ➡ 육지가 줄어듦

족집게 문제

Step 1 반드시 나오는 문제

1 기권에 대한 설명으로 옳은 것은?

① 질소와 산소가 대부분을 차지한다.
② 기상 현상을 일으키는 기체는 산소이다.
③ 높이 약 1000 km까지 공기가 고르게 분포한다.
④ 오로라는 주로 고위도 지역의 중간권에서 관측된다.
⑤ 대류권에서는 기권에서 기온이 가장 낮은 구간이 존재하며, 유성이 나타나기도 한다.

[2~4] 그림은 기권을 4개의 층으로 구분한 것이다.

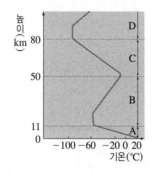

2 A~D 각 층의 이름을 쓰시오.

3 A~D 중 대류가 일어나는 층을 모두 고른 것은?

① A, B   ② A, C   ③ B, C
④ B, D   ⑤ C, D

4 A~D 층에 대한 설명으로 옳은 것은?

① A - 안정하여 장거리 비행기의 항로로 이용된다.
② B - 구름, 비, 눈 등의 기상 현상이 일어난다.
③ C - 태양의 자외선이 지표에 도달하는 것을 막아 준다.
④ D - 공기가 희박하고, 밤낮의 기온 차이가 크다.
⑤ A~D로 구분한 기준은 높이에 따른 공기의 밀도 변화이다.

[5~6] 오른쪽 그림과 같이 적외선등을 켜고, 뚜껑을 닫은 검은색 알루미늄 컵 속의 온도를 측정하는 실험을 하였다.

5 실험 결과, 시간에 따른 온도 변화 그래프로 옳은 것은?

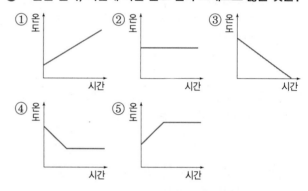

6 이에 대한 설명으로 옳지 않은 것은?

① 컵은 지구, 적외선등은 태양에 해당한다.
② 컵과 적외선등은 모두 복사 에너지를 방출한다.
③ 처음에는 컵이 흡수하는 에너지양이 방출하는 에너지양보다 적다.
④ 시간이 지나면 컵이 흡수하는 에너지양과 방출하는 에너지양이 같아진다.
⑤ 컵과 적외선등 사이의 거리가 멀어지면, 더 낮은 온도에서 복사 평형이 이루어진다.

7 그림은 대기 중 이산화 탄소의 농도와 지구의 평균 기온 변화를 나타낸 것이다.

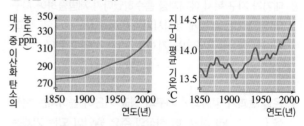

이에 대한 설명으로 옳지 않은 것은?

① 이산화 탄소의 증가 요인은 화석 연료의 사용 감소이다.
② 지구의 평균 기온이 대체로 높아지고 있다.
③ 기온 변화는 대기 중 이산화 탄소의 농도 변화와 관련이 있다.
④ 이 기간 동안 온실 효과가 강화되었다.
⑤ 이 기간 동안 극지방의 빙하가 줄어들었을 것이다.

8 지구의 복사 평형에 대한 설명으로 옳은 것은?

① 지구가 흡수하는 태양 복사 에너지양은 지구가 방출하는 지구 복사 에너지양보다 많다.
② 지구는 복사 평형을 이루고 있어 연평균 기온이 일정하게 유지된다.
③ 지구의 대기는 지구 복사 에너지를 잘 통과시키지만, 태양 복사 에너지는 대부분 흡수한다.
④ 온실 효과가 일어나 낮은 온도에서 복사 평형을 이룬다.
⑤ 대기가 없다면 복사 평형은 이루어지지 않을 것이다.

9 그림은 지구의 복사 평형을 나타낸 것이다.

이에 대한 설명으로 옳지 <u>않은</u> 것은?

① 지구에 흡수되는 태양 복사 에너지양은 70 %이다.
② 대기와 지표에서 반사되는 태양 복사 에너지양은 30 %이다.
③ C=A+B+30 %이므로 지구의 연평균 기온이 일정하게 유지된다.
④ A~D 중 온실 효과를 일으키는 것은 D이다.
⑤ 온실 효과를 일으키는 기체로는 수증기, 이산화 탄소, 메테인 등이 있다.

10 지구 온난화의 영향으로 옳지 <u>않은</u> 것은?

① 홍수, 폭염 등 기상 이변이 자주 발생한다.
② 열대 식물의 서식지가 고위도로 이동한다.
③ 고산 지대의 만년설이 줄어든다.
④ 해수면이 점차 낮아진다.
⑤ 육지의 면적이 줄어든다.

11 오른쪽 그림은 대기를 이루는 기체의 부피비를 나타낸 것이다. 이에 대한 설명으로 옳은 것을 보기에서 모두 고른 것은?

● 보기 ●
ㄱ. A는 질소, B는 산소이다.
ㄴ. A는 기상 현상이 일어나는 데 중요한 역할을 한다.
ㄷ. B는 온실 효과를 일으킨다.
ㄹ. 기권에는 여러 가지 기체가 포함되어 있다.

① ㄱ, ㄴ　　② ㄱ, ㄹ　　③ ㄴ, ㄷ
④ ㄴ, ㄹ　　⑤ ㄷ, ㄹ

서술형 문제

12 오른쪽 그림은 지구 기권의 층상 구조를 나타낸 것이다.

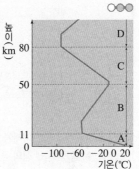

(1) 기권을 A~D 4개의 층으로 구분하는 기준을 쓰시오.

(2) B에서 높이 올라갈수록 기온이 상승하는 까닭을 서술하시오.

(3) A~D 중 대류는 일어나지만 기상 현상이 일어나지 않는 층을 고르고, 그 까닭을 서술하시오.

13 달은 태양으로부터의 거리가 지구와 거의 같지만, 지구와 달리 대기가 거의 없다. 달과 지구의 평균 온도를 비교하고, 그 까닭을 서술하시오.

02 구름과 강수

A 대기 중의 수증기

1 포화 수증기량
(1) **불포화** : 어떤 공기가 수증기를 더 포함할 수 있는 상태
(2) **포화** : 어떤 공기가 수증기를 최대로 포함하고 있는 상태

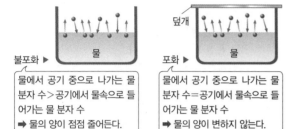

불포화 ▶ 물
물에서 공기 중으로 나가는 물 분자 수 > 공기에서 물속으로 들어가는 물 분자 수
➡ 물의 양이 점점 줄어든다.

포화 ▶ 물 / 덮개
물에서 공기 중으로 나가는 물 분자 수 = 공기에서 물속으로 들어가는 물 분자 수
➡ 물의 양이 변하지 않는다.

(3) **포화 수증기량** : 포화 상태의 공기 1 kg 속에 포함되어 있는 수증기량을 g으로 나타낸 것 ➡ 기온이 높을수록 포화 수증기량은 증가한다.

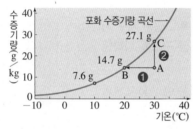

[포화 수증기량 곡선]

- 포화 수증기량 곡선 아래에 있는 공기(A) ➡ 불포화 상태
- 포화 수증기량 곡선 상의 공기(B, C) ➡ 포화 상태
- A 공기 ┌ 현재 공기 중의 실제 수증기량 : 14.7 g/kg
         └ 현재 기온(30 ℃)의 포화 수증기량 : 27.1 g/kg
- 불포화 상태의 공기(A)를 포화 상태로 만드는 방법
  ❶ 기온을 30 ℃에서 20 ℃로 낮춘다.(A → B)
  ❷ 수증기 12.4 g/kg(=27.1−14.7)을 공급한다.(A → C)

탐구 기온과 포화 수증기량의 관계

1. 둥근바닥 플라스크에 따뜻한 물을 조금 넣고 입구를 막은 후, 가열하면서 플라스크 내부를 관찰한다.

따뜻한 물 / 찬물

2. 찬물이 담긴 수조에 가열한 플라스크를 넣고 식히면서 플라스크 내부를 관찰한다.

✚ **결과 및 정리**
❶ **가열하였을 때** : 물이 증발하여 수증기가 되면서 맑아진다. ➡ 기온이 높아져 포화 수증기량이 증가했기 때문
❷ **찬물로 식혔을 때** : 수증기가 응결하여 플라스크 안쪽 면에 물방울이 맺힌다. ➡ 기온이 낮아져 포화 수증기량이 감소했기 때문

2 이슬점 공기 중의 수증기가 응결하기 시작할 때의 온도
(1) **응결** : 공기 중의 수증기가 물로 변하는 현상 예 이슬, 안개, 차가운 캔에 맺힌 물방울, 겨울철 창문에 서린 김 등
(2) **이슬점** = 실제 수증기량으로 포화 상태가 될 때의 온도
① 실제 수증기량은 이슬점에서의 포화 수증기량과 같다.
② 실제 수증기량이 많을수록 이슬점이 높다.
(3) **응결량** : 실제 수증기량−냉각된 기온의 포화 수증기량

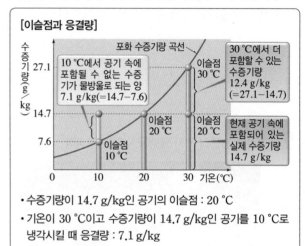

[이슬점과 응결량]

포화 수증기량 곡선
10 ℃에서 공기 속에 포함될 수 없는 수증기가 물방울로 되는 양 7.1 g/kg(=14.7−7.6)
30 ℃에서 더 포함할 수 있는 수증기량 12.4 g/kg(=27.1−14.7)
이슬점 30 ℃
이슬점 20 ℃
이슬점 20 ℃
이슬점 10 ℃
현재 공기 속에 포함되어 있는 실제 수증기량 14.7 g/kg

- 수증기량이 14.7 g/kg인 공기의 이슬점 : 20 ℃
- 기온이 30 ℃이고 수증기량이 14.7 g/kg인 공기를 10 ℃로 냉각시킬 때 응결량 : 7.1 g/kg

3 상대 습도 공기의 건조하고 습한 정도를 습도라 하고, 우리가 일반적으로 사용하는 습도는 상대 습도를 뜻한다.

$$상대\ 습도(\%) = \frac{현재\ 공기\ 중의\ 실제\ 수증기량(g/kg)}{현재\ 기온의\ 포화\ 수증기량(g/kg)} \times 100$$

(1) 포화 수증기량 곡선상에 있는 공기의 상대 습도 : 100 % ➡ 포화 수증기량 곡선에서 멀수록 대체로 상대 습도가 낮다.
(2) **상대 습도의 변화**
① **기온이 일정할 때** : 수증기량이 많을수록 상대 습도가 높다.
② **수증기량이 일정할 때** : 기온이 낮을수록 포화 수증기량이 감소하므로 상대 습도가 높다.

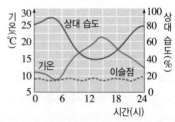

[맑은 날 하루 동안 기온, 상대 습도, 이슬점 변화]

상대 습도 / 기온 / 이슬점

- 이슬점은 거의 일정하다. ➡ 수증기량이 거의 일정하기 때문
- 기온과 상대 습도의 변화는 반대로 나타난다. ➡ 수증기량이 일정하고 기온이 높을수록 포화 수증기량이 증가하기 때문

B 구름과 강수

1 구름 공기 중의 수증기가 응결하여 만들어진 물방울이나 얼음 알갱이가 하늘에 떠 있는 것

(1) **단열 팽창** : 외부와 열을 교환하지 않고 공기가 팽창하면서 온도가 낮아지는 현상

(2) **구름의 생성 과정** : 수증기를 포함한 공기 덩어리가 상승하면 주변의 압력이 낮아져 공기 덩어리가 단열 팽창한다. 이때 공기 덩어리의 기온이 낮아지다가 이슬점과 같아지면 응결이 일어나 구름이 생성된다.

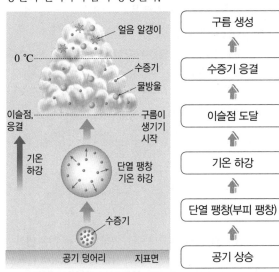

(3) **구름이 생성되는 경우** : 공기가 상승하는 경우

지표면의 일부가 가열될 때	공기가 산을 타고 오를 때
따뜻한 공기와 찬 공기가 만나 따뜻한 공기가 상승할 때	주변보다 공기의 압력이 낮아 공기가 모여들 때

(4) **모양에 따른 구름의 분류**

구분	적운형 구름	층운형 구름
모양	위로 솟는 모양	옆으로 퍼지는 모양
생성	공기의 상승이 강할 때	공기의 상승이 약할 때
강수	좁은 지역에 소나기	넓은 지역에 지속적인 비

탐구 구름 발생 원리

1. 플라스틱 병에 약간의 물과 액정 온도계를 넣고 간이 가압 장치가 달린 뚜껑을 닫은 후, 압축 펌프를 여러 번 눌러 플라스틱 병 내부의 변화를 관찰한다.
2. 뚜껑을 여는 순간 플라스틱 병 내부의 변화를 관찰한다.
3. 플라스틱 병에 향 연기를 조금 넣고 1, 2번 과정을 반복한다.

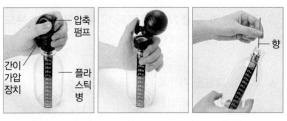

➕ 결과 및 정리

압축 펌프를 눌렀을 때 플라스틱 병 내부의 변화	뚜껑을 열었을 때 플라스틱 병 내부의 변화
공기 압축 → 압력 증가 → 기온 상승 → 맑음	공기 팽창 → 압력 감소 → 기온 하강 → 뿌옇게 흐려짐(구름 발생 원리)

❶ **뚜껑을 열었을 때 뿌옇게 흐려진 까닭** : 단열 팽창으로 기온이 낮아져 수증기의 응결이 일어났기 때문 ➡ 구름의 발생 원리

❷ **향 연기를 넣었을 때** : 뚜껑을 열면 병의 내부가 더 뿌옇게 흐려진다. ➡ 향 연기의 역할 : 수증기의 응결을 돕는 응결핵 역할

---

2 강수 구름에서 지표로 떨어지는 비나 눈

(1) 구름 입자가 빗방울로 성장해야 비나 눈이 내린다.

(2) 구름 입자가 100만 개 이상 모여야 빗방울이 된다.

▲ 구름 입자와 빗방울의 크기

(3) **강수 이론**

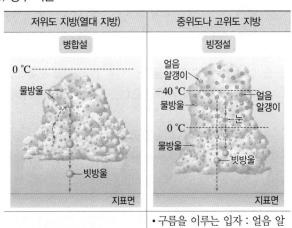

저위도 지방(열대 지방)	중위도나 고위도 지방
병합설	빙정설
• 구름을 이루는 입자 : 물방울	• 구름을 이루는 입자 : 얼음 알갱이(빙정), 물방울
• 강수 과정 : 구름 속의 크고 작은 물방울들이 서로 충돌하여 합쳐져서 커진다. → 무거워져서 떨어지면 비가 된다. (따뜻한 비)	• 강수 과정 : 물방울에서 증발한 수증기가 얼음 알갱이에 달라붙어 얼음 알갱이가 커진다. → 무거워져서 떨어지면 눈이 되고, 떨어지다 녹으면 비가 된다.(차가운 비)

1 어떤 공기가 수증기를 최대로 포함하고 있는 상태를 (　　　) 상태라 하고, 이때 공기 1 kg 속에 포함되어 있는 수증기량을 g으로 나타낸 것을 (　　　)이라고 한다.

2 수증기가 물로 변하는 현상을 (　　　)이라고 한다.

3 공기 중의 수증기가 응결하기 시작할 때의 온도를 (　　　)이라고 한다.

4 오른쪽 그림은 기온에 따른 포화 수증기량을 나타낸 것이다.

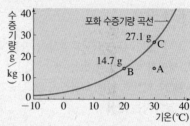

(1) A 공기는 (포화, 불포화) 상태이다.

(2) A 공기의 이슬점 : (　　　) ℃

(3) A 공기 1 kg의 기온을 10 ℃로 낮출 때 응결량 = ㉠(　　　) g − ㉡(　　　) g = ㉢(　　　) g

(4) A 공기의 상대 습도

$$= \frac{실제\ 수증기량\ ㉠(\qquad)\ g/kg}{포화\ 수증기량\ ㉡(\qquad)\ g/kg} \times 100$$

= ㉢(　　　) %

5 수증기량이 일정할 때 기온이 상승하면, 상대 습도는 (높아, 낮아)진다. 기온이 일정할 때 수증기량이 증가하면, 상대 습도는 (높아, 낮아)진다.

6 외부와 열을 교환하지 않고 공기가 팽창하면서 온도가 변하는 현상을 (　　　)이라고 한다.

7 공기 (　　　) → 단열 팽창 → 기온 (　　　) → 이슬점 도달 → 수증기 (　　　) → 구름 생성

8 위로 솟는 모양의 구름은 (　　　) 구름으로 분류하고, 옆으로 퍼지는 모양의 구름은 (　　　) 구름으로 분류한다.

9 지역에 따른 강수 이론을 옳게 연결하시오.

(1) 저위도 지방(열대 지방) •　　•㉠ 빙정설

(2) 중위도나 고위도 지방 •　　•㉡ 병합설

10 오른쪽 그림은 중위도 지방에서 만들어진 구름이다. A 구간에서 구름을 이루는 입자를 모두 쓰시오.

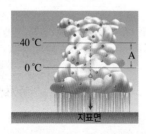

A 1 포화 수증기량 곡선 ★★★

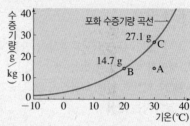

• 포화 수증기량 비교 : 기온이 높을수록 많다. ➡ A＝C＞B
• 이슬점 비교 : 실제 수증기량이 많을수록 높다.
　➡ C＞A＝B
• 상대 습도 비교 : 포화 수증기량 곡선에서 100 %이고, 곡선에서 멀수록 낮다. ➡ B＝C＞A

2 상대 습도의 변화 ★★

• 포화 수증기량이 많을수록, 실제 수증기량이 적을수록 상대 습도가 낮다.
• 기온이 높을수록, 이슬점이 낮을수록 상대 습도가 낮다.

3 맑은 날 하루 동안 기온, 상대 습도, 이슬점 변화 ★★★

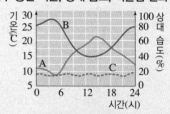

• A : 낮에 가장 높고, 새벽에 가장 낮다. ➡ 기온 변화
• B : 새벽에 가장 높고, 낮에 가장 낮다. ➡ 상대 습도 변화
• C : 하루 동안 변화가 거의 없다. ➡ 이슬점 변화
• A와 B의 변화는 서로 반대로 나타난다.
• C의 변화가 작은 까닭 : 수증기량 변화가 작기 때문

B 4 구름의 생성 과정 ★★★

> 공기 상승 → 단열 팽창(부피 팽창) → 기온 하강 → 이슬점 도달 → 수증기 응결 → 구름 생성

5 강수 이론 ★★★

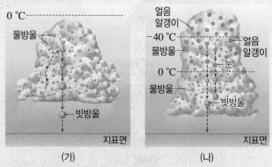

(가)　　　　　　　　　　(나)

• (가)의 강수 과정 : 물방울＋물방울 ➡ 빗방울
• (나)의 강수 과정 : 얼음 알갱이＋수증기 ➡ 눈, 빗방울
• (가)는 병합설, (나)는 빙정설이다.
• (가)는 저위도, (나)는 중위도나 고위도 지방에서 나타난다.

족집게 문제

Step 1 반드시 나오는 문제

1 그림은 포화 수증기량 곡선을 나타낸 것이다. ○○○○

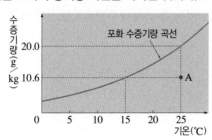

A 공기에 대한 설명으로 옳지 <u>않은</u> 것은?

① 불포화 상태이다.
② 포화 수증기량은 20.0 g/kg이다.
③ 현재 공기 중의 실제 수증기량은 10.6 g/kg이다.
④ 기온을 20 °C로 낮추면 포화 상태가 된다.
⑤ 수증기 9.4 g/kg을 더 공급하면 포화 상태가 된다.

2 이슬점에 대한 설명으로 옳지 <u>않은</u> 것은? ○○●

① 이슬점에서 상대 습도는 항상 100 %이다.
② 수증기가 물방울이 되기 시작할 때의 온도이다.
③ 공기를 냉각시켜 포화 상태가 될 때의 온도이다.
④ 공기 중에 포함된 수증기량이 적을수록 이슬점이 높다.
⑤ 이슬점에서의 포화 수증기량은 현재 공기 중에 포함된 실제 수증기량과 같다.

3 표는 기온에 따른 포화 수증기량을 나타낸 것이다. ○○●

기온(°C)	5	10	15	20	25	30
포화 수증기량 (g/kg)	5.4	7.6	10.6	14.7	20.0	27.1

현재 기온이 30 °C인 교실에서 기온을 낮출 때, 응결이 일어나기 시작하는 온도가 15 °C였다. 이 교실 공기의 상대 습도는 몇 %인가?

① 약 11 % 　② 약 17 % 　③ 약 39 %
④ 약 54 % 　⑤ 약 64 %

[4~5] 그림은 기온에 따른 포화 수증기량을 나타낸 것이다.

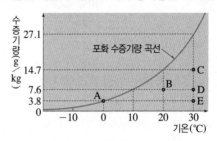

4 이에 대한 설명으로 옳은 것은? ○○○

① A, E 공기의 상대 습도는 같다.
② B, D 공기의 이슬점은 같다.
③ C, D, E 공기는 포화 상태이다.
④ D 공기 1 kg을 0 °C까지 냉각시키면 7.6 g의 수증기가 응결한다.
⑤ B 공기를 30 °C로 가열하면 포화 상태가 된다.

5 A~E 공기 중에서 (가)이슬점이 가장 높은 공기와 (나)상대 습도가 가장 낮은 공기를 옳게 짝 지은 것은? ○○○○

	(가)	(나)		(가)	(나)
①	A	C	②	A	E
③	C	A	④	C	E
⑤	D	C			

6 밀폐된 실내에서 난방을 하였을 때, 이슬점, 포화 수증기량, 상대 습도의 변화를 옳게 짝 지은 것은? ○○○○

	이슬점	포화 수증기량	상대 습도
①	낮아짐	증가	낮아짐
②	낮아짐	감소	높아짐
③	높아짐	증가	낮아짐
④	변화 없음	감소	높아짐
⑤	변화 없음	증가	낮아짐

[7~8] 오른쪽 그림은 맑은 날 하루 동안의 기온, 상대 습도, 이슬점 변화를 나타낸 것이다.

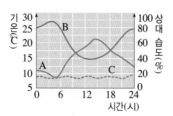

7 A, B, C에 해당하는 것을 옳게 짝 지은 것은?

	A	B	C
①	기온	이슬점	상대 습도
②	기온	상대 습도	이슬점
③	이슬점	기온	상대 습도
④	상대 습도	기온	이슬점
⑤	상대 습도	이슬점	기온

8 이에 대한 설명으로 옳지 않은 것은?

① 기온은 오후 2시경에 가장 높다.
② 상대 습도는 오후 2시경에 가장 낮다.
③ 기온 변화와 상대 습도 변화는 반대로 나타난다.
④ 낮에는 포화 수증기량이 감소하여 상대 습도가 낮아진다.
⑤ 하루 동안 수증기량이 거의 변하지 않으므로 이슬점은 거의 일정하다.

9 보기는 구름이 생성되는 과정을 순서 없이 나열한 것이다.

• 보기 •
ㄱ. 공기가 상승한다.
ㄴ. 구름이 생성된다.
ㄷ. 기온이 하강한다.
ㄹ. 수증기가 응결한다.
ㅁ. 공기의 부피가 팽창한다.

구름의 생성 과정을 순서대로 옳게 나열한 것은?

① ㄱ → ㄷ → ㅁ → ㄹ → ㄴ
② ㄱ → ㅁ → ㄷ → ㄹ → ㄴ
③ ㄷ → ㄴ → ㄹ → ㄱ → ㅁ
④ ㄷ → ㄹ → ㄱ → ㅁ → ㄴ
⑤ ㄹ → ㄱ → ㄷ → ㄴ → ㅁ

10 공기가 상승하여 구름이 생성되는 경우가 아닌 것은?

① 지표면의 일부가 가열될 때
② 이동하던 공기가 산을 만날 때
③ 따뜻한 공기가 찬 공기와 만날 때
④ 기압이 낮은 곳으로 주변에서 공기가 모여들 때
⑤ 기압이 높은 곳에서 주변으로 공기가 빠져나갈 때

[11~12] 그림은 플라스틱 병에 따뜻한 물과 향 연기를 약간 넣고 간이 가압 장치가 달린 뚜껑을 닫은 후, 압축 펌프를 누르거나 뚜껑을 열어 내부 변화를 관찰하는 실험을 나타낸 것이다.

(가) 압축 펌프를 누를 때   (나) 뚜껑을 열 때

11 이에 대한 설명으로 옳은 것을 보기에서 모두 고른 것은?

• 보기 •
ㄱ. (가)에서 플라스틱 병 내부가 뿌옇게 흐려진다.
ㄴ. (나)에서 플라스틱 병 내부의 공기가 팽창한다.
ㄷ. (가), (나) 모두 플라스틱 병 내부의 기온 변화는 없다.
ㄹ. 구름이 발생하는 원리를 알아보기 위한 실험이다.

① ㄱ, ㄴ   ② ㄱ, ㄷ   ③ ㄴ, ㄹ
④ ㄱ, ㄷ, ㄹ   ⑤ ㄴ, ㄷ, ㄹ

12 플라스틱 병에 향 연기를 넣고 실험하면 결과를 잘 관찰할 수 있다. 향 연기의 역할은 무엇인가?

① 물의 증발을 도와준다.
② 수증기의 응결을 도와준다.
③ 플라스틱 병 내부의 기온을 높인다.
④ 플라스틱 병 내부의 기온을 낮춘다.
⑤ 플라스틱 병 내부 공기의 부피를 압축시킨다.

13 오른쪽 그림은 어느 지방의 수직으로 높이 발달한 구름에서 비가 내리는 모습을 나타낸 것이다. 이에 대한 설명으로 옳은 것은?

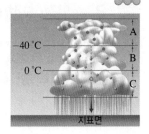

① 따뜻한 비가 내리는 과정이다.
② 저위도 지방에서 발달한 구름이다.
③ A 구간은 물방울만으로 이루어져 있다.
④ B 구간에서는 수증기가 얼음 알갱이에 달라붙어 얼음 알갱이가 커진다.
⑤ C 구간에서는 커진 물방울이 얼어서 눈이 된다.

Step2 자주 나오는 문제

[14~15] 표는 기온에 따른 포화 수증기량을 나타낸 것이다.

기온(°C)	20	22	24	26	28	30
포화 수증기량(g/kg)	14.7	16.7	18.8	21.3	24.1	27.1

14 기온이 28 °C, 이슬점이 22 °C인 공기 3 kg을 20 °C로 냉각시킬 때 수증기의 응결량은 몇 g인가?

① 2 g   ② 6 g   ③ 9.4 g
④ 22.2 g   ⑤ 28.2 g

15 다음 설명의 ㉠, ㉡에 들어갈 말을 옳게 짝 지은 것은?

기온이 30 °C이고, 상대 습도가 70 %인 공기 1 kg 속에 포함되어 있는 수증기의 양은 약 (㉠) g이고, 이 공기의 이슬점은 약 (㉡) °C이다.

	㉠	㉡		㉠	㉡
①	19	24	②	19	26
③	21	24	④	21	26
⑤	27	30			

[16~17] 그림은 물이 담긴 컵에 얼음을 넣어 온도를 낮추면서 컵 표면에 물방울이 맺히기 시작하는 온도를 측정한 모습이고, 표는 기온에 따른 포화 수증기량을 나타낸 것이다.

기온(°C)	포화 수증기량(g/kg)
10	7.6
15	10.6
20	14.7
25	20.0

16 이 실험은 무엇을 알아보기 위한 것인가?

① 녹는점   ② 이슬점   ③ 상대 습도
④ 실제 수증기량   ⑤ 포화 수증기량

17 실험실의 기온이 25 °C이고, 물방울이 맺히기 시작한 온도가 20 °C라면, 상대 습도는 몇 %인가?

① 53 %   ② 70 %   ③ 73.5 %
④ 90 %   ⑤ 100 %

18 응결에 의해 나타나는 현상이 아닌 것은?

① 안개가 생긴다.
② 풀잎에 이슬이 맺힌다.
③ 널어놓은 빨래가 마른다.
④ 추운 날 유리창에 김이 서린다.
⑤ 냉장고에서 꺼낸 음료수 병에 물방울이 맺힌다.

19 오른쪽 그림과 같은 플라스틱 병에 따뜻한 물과 향 연기를 약간 넣은 후, 압축 펌프를 여러 번 누른 다음 뚜껑을 열고 플라스틱 병 내부를 관찰하였다. 뚜껑을 열 때 플라스틱 병 내부의 변화를 옳게 짝 지은 것은?

	기압	기온	병 내부의 변화
①	높아진다.	높아진다.	맑아진다.
②	낮아진다.	높아진다.	흐려진다.
③	높아진다.	낮아진다.	맑아진다.
④	낮아진다.	낮아진다.	흐려진다.
⑤	변화 없다.	변화 없다.	맑아진다.

족집게 문제

20 오른쪽 그림과 같은 구름의 종류와 특징을 옳게 짝 지은 것은?

① 층운형 – 공기가 약하게 상승할 때 발생
② 층운형 – 소나기
③ 적운형 – 공기가 강하게 상승할 때 발생
④ 적운형 – 지속적인 비
⑤ 적운형 – 넓은 지역에 비

21 그림은 어느 구름에서 비가 내리는 과정을 나타낸 것이다.

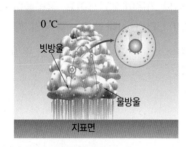

이에 대한 설명으로 옳은 것은?

① 모든 구름에서 이러한 과정으로 비가 내린다.
② 처음에는 눈으로 내리다가 녹아서 비가 된다.
③ 고위도 지방에서 비가 내리는 과정을 나타낸다.
④ 작은 얼음 알갱이에 수증기가 붙어서 눈이 내린다.
⑤ 크고 작은 물방울들이 합쳐져서 무거워지면 비로 내린다.

22 우리나라 겨울철에 비나 눈이 내리는 현상에 대한 설명으로 옳지 <u>않은</u> 것은?

① 빙정설로 강수 과정을 설명할 수 있다.
② 구름 속에 얼음 알갱이와 물방울이 공존하는 구간이 있다.
③ 구름 속의 물방울들이 합쳐져서 빗방울로 성장한다.
④ 얼음 알갱이가 떨어질 때 따뜻한 공기층을 통과하면 녹아서 비가 된다.
⑤ 지표 부근의 기온이 낮으면 얼음 알갱이가 그대로 떨어져 눈으로 내린다.

Step 3 만점! 도전 문제

23 그림과 같이 두 개의 비커에 같은 양의 물을 담고 하나의 비커만 수조로 덮은 후, 며칠 동안 놓아두었다.

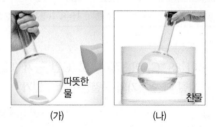

(가)   (나)

며칠 후의 변화에 대한 설명으로 옳지 <u>않은</u> 것은?

① 물의 높이는 (가)가 (나)보다 많이 낮아진다.
② (가)의 물 표면에서 공기 중으로 나가는 물 분자 수는 물속으로 들어오는 물 분자 수보다 많다.
③ (나)에서 물의 높이는 처음에 낮아지다가 더 이상 변하지 않는다.
④ (가) 비커 주변의 공기는 수증기를 최대한으로 포함하고 있다.
⑤ 이 실험을 통해 공기 중에 포함될 수 있는 수증기량에는 한계가 있음을 알 수 있다.

24 그림과 같이 둥근바닥 플라스크에 따뜻한 물을 조금 넣고 가열한 후, 플라스크를 찬물에 넣어 내부를 관찰하였다.

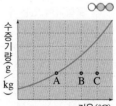

(가)   (나)

이에 대한 설명으로 옳은 것을 보기에서 모두 고른 것은?

보기
ㄱ. (가)에서 증발이 일어나 맑아진다.
ㄴ. (나)에서 응결이 일어나 뿌옇게 흐려진다.
ㄷ. (가)보다 (나)에서 포화 수증기량이 많다.
ㄹ. (나)에서 플라스크 내부의 수증기량은 증가한다.

① ㄱ, ㄴ
② ㄱ, ㄷ
③ ㄷ, ㄹ
④ ㄱ, ㄴ, ㄹ
⑤ ㄴ, ㄷ, ㄹ

25 오른쪽 그림은 기온에 따른 포화 수증기량을 나타낸 것이다. A, B, C 공기가 모두 같은 값을 갖는 것을 모두 고르면?(2개)

① 기온
② 이슬점
③ 상대 습도
④ 포화 수증기량
⑤ 실제 수증기량

26 오른쪽 그림은 구름이 만들어지는 과정을 나타낸 것이다. 이에 대한 설명으로 옳은 것을 보기에서 모두 고른 것은?

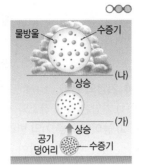

• 보기 •
ㄱ. 상승하는 공기 덩어리의 기온이 높아진다.
ㄴ. (가)에서 공기 덩어리는 이슬점에 도달한다.
ㄷ. (나)에서 응결이 시작된다.

① ㄱ   ② ㄴ   ③ ㄷ
④ ㄱ, ㄷ   ⑤ ㄴ, ㄷ

27 구름은 그림 (가), (나)와 같이 위로 솟는 모양과 옆으로 퍼지는 모양으로 구분할 수 있다.

(가)   (나)

이처럼 구름의 모양이 다르게 생성되는 가장 큰 원인은 무엇인가?

① 기온의 차이   ② 이슬점의 차이
③ 응결핵 양의 차이   ④ 수증기량의 차이
⑤ 공기의 상승 속도 차이

28 다음은 구름에서 비가 내리는 과정을 설명한 것이다.

구름 속에서 크고 작은 물방울들이 서로 충돌하고 뭉쳐서 빗방울이 생성된다.

이와 같은 과정으로 비가 내리는 지역과 강수 이론을 옳게 짝 지은 것은?

① 저위도 지방 – 빙정설   ② 저위도 지방 – 병합설
③ 중위도 지방 – 빙정설   ④ 고위도 지방 – 병합설
⑤ 고위도 지방 – 빙정설

29 오른쪽 그림은 기온에 따른 포화 수증기량 곡선을 나타낸 것이다. A 공기를 포화 상태로 만드는 방법 두 가지를 서술하시오.

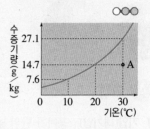

30 그림은 맑은 날 하루 동안 기온, 상대 습도, 이슬점 변화를 나타낸 것이다.

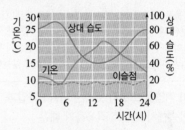

기온과 상대 습도의 변화가 반대로 나타나는 까닭을 서술하시오.

31 다음 용어를 모두 포함하여 구름이 생성되는 과정을 서술하시오.

공기 덩어리, 부피, 기온, 이슬점, 응결

32 오른쪽 그림은 어느 지방의 강수 과정을 나타낸 것이다. 이에 해당하는 강수 이론은 무엇인지 쓰고, 비가 내리는 과정을 서술하시오.

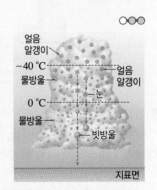

03 기압과 바람

Ⓐ 기압

1 기압(대기압) 공기가 단위 넓이에 작용하는 힘(압력)
(1) **기압의 작용 방향** : 기압은 모든 방향으로 작용한다.

기압이 모든 방향으로 작용하기 때문에 나타나는 현상		

유리컵에 물을 담고 종이를 덮은 후 거꾸로 뒤집어도 물이 쏟아지지 않는다.	뜨거운 물을 조금 넣고 뚜껑을 닫은 플라스틱 병을 얼음물에 넣으면 사방으로 찌그러진다.	신문지를 펼쳐 자로 빠르게 들어 올리면 신문지가 잘 올라오지 않는다.

(2) **우리 몸이 기압을 느끼지 못하는 까닭** : 기압과 같은 크기의 압력이 몸속에서 외부로 작용하기 때문

2 기압의 측정(토리첼리의 실험)
(1) **실험 방법** : 1 m 유리관에 수은을 가득 채우고 수은이 담긴 그릇에 거꾸로 세우면 유리관 속 수은 기둥은 내려오다가 약 76 cm 높이에서 멈춘다.

▲ 토리첼리의 실험

(2) **수은 기둥이 멈춘 까닭** : 공기가 수은 면을 누르는 압력, 즉 기압 (A)과 수은 기둥이 수은 면을 누르는 압력(B)이 같기 때문
(3) **수은 기둥의 높이 변화**

기압이 같은 경우	유리관의 굵기나 기울기가 변해도 수은 기둥의 높이는 변하지 않는다. ($h_1=h_2=h_3$)
	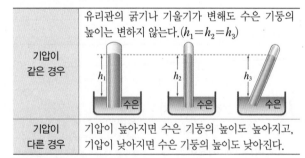
기압이 다른 경우	기압이 높아지면 수은 기둥의 높이도 높아지고, 기압이 낮아지면 수은 기둥의 높이도 낮아진다.

3 기압의 단위와 크기
(1) **기압의 단위** : 기압, cmHg, hPa
(2) **1기압의 크기** : 76 cm의 수은 기둥이 누르는 압력과 같고, 물기둥 약 10 m가 누르는 압력과 같다.

> 1기압＝76 cmHg≒1013 hPa≒10 m 물기둥의 압력

♀ **hPa(헥토파스칼)** : 1 m²의 넓이에 100 N의 힘이 작용할 때의 압력으로, 1 hPa은 100 Pa과 같고, 1 Pa은 1 m²의 넓이에 1 N의 힘이 작용할 때의 압력이다.

4 기압의 변화
(1) 기압은 측정 장소와 시간에 따라 달라진다.
(2) **높이에 따른 기압 변화** : 높이 올라갈수록 공기의 양이 적어지기 때문에 기압이 급격히 낮아진다.

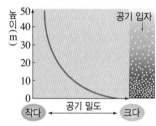
▲ 높이에 따른 공기 밀도의 변화

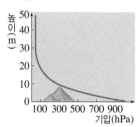
▲ 높이에 따른 기압의 변화

(3) **고도가 높아질 때 기압이 낮아지기 때문에 나타나는 현상**
例 • 풍선이 점점 커진다. • 과자 봉지가 부풀어 오른다.
　• 귀가 먹먹해진다. • 산소마스크가 필요해진다.
　• 토리첼리 실험을 하면 수은 기둥의 높이가 낮아진다.

Ⓑ 바람

1 바람 공기가 기압이 높은 곳에서 낮은 곳으로 이동하는 것
(1) **바람이 부는 원인** : 기압 차이 ➡ 지표면의 가열과 냉각에 의해 기압 차이가 발생하여 바람이 분다.

지표면이 냉각된 곳		지표면이 가열된 곳
공기가 하강하여 지표 부근의 기압이 높아진다.	공기의 이동 / 기압 상승 / 바람 / 기압 하강 / 냉각 / 가열	공기가 상승하여 지표 부근의 기압이 낮아진다.

(2) **풍향** : 바람이 불어오는 방향 例 서풍 : 서쪽에서 불어오는 바람 ➡ 기압이 높은 곳에서 바람이 불어온다.
(3) **풍속** : 바람의 세기 ➡ 기압 차이가 클수록 바람이 강해진다.

탐구 바람의 발생 원인

수조의 칸막이 양쪽 칸에 따뜻한 물과 얼음물이 담긴 지퍼 백을 넣고 시간이 5분 정도 지난 후, 향에 불을 붙이고 칸막이를 들어 올린다.

♣ 결과 및 정리

온도	공기 밀도	기압	향 연기 이동
따뜻한 물 > 얼음물	따뜻한 물 < 얼음물	따뜻한 물 < 얼음물	얼음물 → 따뜻한 물

2 지표면의 가열과 냉각에 의한 기압 차이로 부는 바람

(1) **해륙풍** : 해안가에서 하루를 주기로 풍향이 바뀌는 바람
➡ 원인 : 육지가 바다보다 빨리 가열되고 냉각되기 때문

해륙풍	해풍	육풍
모습	 저 ⋯ 고	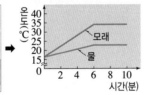 고 ⋯ 저
부는 때	낮	밤
기온	육지>바다	육지<바다
기압	육지<바다	육지>바다
풍향	바다 → 육지	육지 → 바다

(2) **계절풍** : 대륙과 해양 사이에서 1년을 주기로 풍향이 바뀌는 바람
➡ 원인 : 대륙이 해양보다 빨리 가열되고 냉각되기 때문

우리나라 계절풍	남동 계절풍	북서 계절풍
모습	저 ⋯ 고	고 ⋯ 저
부는 때	여름철	겨울철
기온	대륙>해양	대륙<해양
기압	대륙<해양	대륙>해양
풍향	해양 → 대륙	대륙 → 해양

탐구 바람의 발생 원인 – 해륙풍과 계절풍

1. 사각 접시에 각각 모래와 물을 담고, 바람막이를 세운다.
2. 적외선등을 켜고 10분 동안 가열하면서 온도를 측정한다.
3. 접시 사이에 향을 피우고, 향 연기의 이동 방향을 관찰한다.

+ 결과 및 정리

온도	공기 밀도	기압	향 연기 이동
모래>물	모래<물	모래<물	물 → 모래

❶ 모래는 물보다 빨리 가열되고 빨리 냉각된다.
➡ 모래는 물보다 °열용량이 작기 때문
❷ 가열할 때 향 연기의 이동 : 물에서 모래 쪽으로 이동한다.
➡ 해풍, 여름철 남동 계절풍에 해당
❸ 바람(해륙풍과 계절풍)의 발생 원인 : 지표면(육지와 바다)의 가열과 냉각 차이(지표면의 차등 가열)에 의한 기압 차이

♀ 열용량: 어떤 물질의 온도를 1 ℃ 높이는 데 필요한 열량

1 공기가 단위 넓이에 작용하는 힘을 ( )이라고 한다.

2 오른쪽 그림은 토리첼리의 기압 측정 실험을 나타낸 것이다.
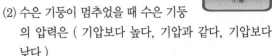
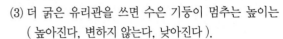
(1) 1기압일 때 수은 기둥이 멈추는 높이는 몇 cm인지 쓰시오.
(2) 수은 기둥이 멈추었을 때 수은 기둥의 압력은 (기압보다 높다, 기압과 같다, 기압보다 낮다).
(3) 더 굵은 유리관을 쓰면 수은 기둥이 멈추는 높이는 (높아진다, 변하지 않는다, 낮아진다).

3 1기압=( ) cmHg≒( ) hPa≒( ) m 물기둥의 압력

4 지표면에서 높이 올라갈수록 공기의 양이 (적어, 많아)지므로 기압은 (낮아, 높아)진다.

5 바람은 지표면의 가열과 냉각 차이에 의한 ( )로 발생한다.

6 바람에 대한 설명으로 옳은 것은 ○, 옳지 않은 것은 ×로 표시하시오.
(1) 바람은 기압이 낮은 곳에서 높은 곳으로 분다.
⋯⋯⋯⋯⋯⋯⋯⋯⋯⋯⋯⋯⋯⋯⋯⋯⋯⋯⋯⋯ ( )
(2) 바람은 기압 차이가 클수록 강하게 분다. ⋯ ( )
(3) 풍향은 바람이 불어가는 방향이다. ⋯⋯⋯⋯⋯ ( )

7 해안가에서 하루를 주기로 풍향이 바뀌는 바람을 ( )이라고 한다.

8 해안 지역에서 낮에는 육지가 바다보다 빨리 가열되어 따뜻하기 때문에 기압은 육지가 바다보다 (높고, 낮고), 바다에서 육지로 (육풍, 해풍)이 분다.

9 대륙과 해양 사이에서 1년을 주기로 풍향이 바뀌는 바람을 ( )이라고 한다.

10 대륙과 해양 사이에서 겨울철에는 대륙이 해양보다 빨리 냉각되기 때문에 기압은 대륙이 해양보다 (높고, 낮고), 우리나라는 대륙에서 해양으로 (남동 계절풍, 북서 계절풍)이 분다.

족집게 문제

핵심 족보

A 1 토리첼리의 실험 ★★★

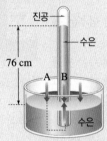

- A : 기압(대기압, 공기가 수은 면을 누르는 힘)
- B : 수은 기둥의 압력(수은 기둥이 수은 면을 누르는 힘)
- 수은을 가득 채운 유리관을 거꾸로 세울 때 수은 기둥이 내려오다 멈추는 까닭 : A와 B가 같아졌기 때문

2 1기압의 크기 ★★

1기압＝76 cmHg≒1013 hPa≒10 m 물기둥의 압력
＝760 mmHg≒101300 Pa

3 높이에 따른 기압의 변화 ★★★

- 지표면에서 높이 올라갈수록 기압이 급격히 낮아진다.
- 높이 올라갈수록 기압이 낮아지는 까닭 : 높이 올라갈수록 공기의 양이 적어지기 때문(공기 밀도가 작아지기 때문)

B 4 바람의 발생 원인 ★★★

- 바람의 발생 원인 : 지표면의 가열과 냉각 차이에 의한 기압 차이 (＝ 지표면의 차등 가열에 의한 기압 차이)
- 바람의 방향 : 기압이 높은 곳 → 기압이 낮은 곳

5 해륙풍 ★★★

- 바람의 방향 : 바다 → 육지 ➡ 해풍
- 기압 : 육지＜바다 ➡ 기온 : 육지＞바다
- 가열과 냉각 : 육지가 바다보다 빨리 가열되었다. ➡ 낮
- 원인 : 육지와 바다의 가열과 냉각 차이로 발생한 기압 차이

6 계절풍 ★★

- 바람의 방향 : 대륙(북서쪽) → 해양(남동쪽) ➡ 북서 계절풍
- 기압 : 대륙＞해양 ➡ 기온 : 대륙＜해양
- 가열과 냉각 : 대륙이 해양보다 빨리 냉각되었다. ➡ 겨울철
- 원인 : 대륙과 해양의 가열과 냉각 차이로 발생한 기압 차이

Step 1 반드시 나오는 문제

1 기압에 대한 설명으로 옳은 것은?

① 기압은 한 방향으로 작용한다.
② 높이 올라갈수록 기압이 낮아진다.
③ 기압의 단위는 N(뉴턴)을 사용한다.
④ 기압은 시간과 장소에 관계없이 일정하다.
⑤ 1기압은 76 cm 높이의 물기둥이 누르는 압력과 같다.

2 그림과 같이 유리관에 수은을 가득 채운 후, 수은이 담긴 수조에 거꾸로 세웠더니 수은 기둥이 h 높이에서 멈췄다.

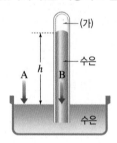

이에 대한 설명으로 옳지 <u>않은</u> 것은?

① (가)는 진공 상태이다.
② 1기압일 때 h는 76 cm이다.
③ 수은 면에 작용하는 기압(A)과 수은 기둥이 누르는 압력(B)은 같다.
④ 수은 대신 물을 사용하려면 더 긴 유리관이 필요하다.
⑤ 유리관을 기울이면 수은 기둥의 높이는 h보다 낮아진다.

3 토리첼리의 실험을 높은 산에서 했을 때, 수은 기둥의 높이 변화와 그 까닭을 옳게 짝 지은 것은?

	변화	까닭
①	높아진다.	기압이 낮아져서
②	높아진다.	기압이 높아져서
③	낮아진다.	기압이 낮아져서
④	낮아진다.	기압이 높아져서
⑤	변함없다.	기압이 같아서

4 기압의 크기가 <u>다른</u> 하나는? ○●●

① 1기압
② 76 mmHg
③ 약 1013 hPa
④ 물기둥 약 10 m의 압력
⑤ 수은 기둥 76 cm의 압력

5 그림과 같이 수조의 칸막이 양쪽 칸에 따뜻한 물과 얼음 ○●●
물이 담긴 지퍼 백을 넣고 시간이 5분 정도 지난 후, 향에
불을 붙이고 칸막이를 들어 올렸다.

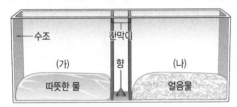

이에 대한 설명으로 옳은 것을 보기에서 모두 고른 것은?

• 보기 •
ㄱ. (가)에서는 공기 밀도가 작아져 공기가 상승한다.
ㄴ. 기압은 (가)가 (나)보다 높다.
ㄷ. 향 연기는 (가)에서 (나) 방향으로 이동한다.
ㄹ. 바람의 발생 원리를 알아보기 위한 실험이다.

① ㄱ, ㄹ   ② ㄴ, ㄷ   ③ ㄴ, ㄹ
④ ㄱ, ㄴ, ㄷ   ⑤ ㄱ, ㄷ, ㄹ

6 오른쪽 그림은 어느 해안 ○○●
지역에서 부는 바람을 나타낸
것이다. 이에 대한 설명으로
옳지 <u>않은</u> 것은?

① 낮에 부는 바람이다.
② 바다에서 불어오는 해풍이다.
③ 바다 쪽의 기압이 육지 쪽보다 높다.
④ 바다 쪽의 기온이 육지 쪽보다 높다.
⑤ 육지와 바다의 가열과 냉각 차이로 바람이 분다.

7 오른쪽 그림과 같이 유리컵에 물 ○○●
을 담고 종이를 덮은 후, 거꾸로 뒤집
어도 물이 쏟아지지 않는다. 그 까닭
은 무엇인가?

① 기압이 모든 방향에서 작용하기
때문
② 높이 올라갈수록 기압이 낮아지기 때문
③ 높이 올라갈수록 공기가 희박해지기 때문
④ 기압이 아래에서 위 방향으로만 작용하기 때문
⑤ 물이 종이를 누르는 압력이 위로 작용하기 때문

8 그림은 기압을 측정하려고 유리관의 굵기와 기울기를 달 ○○●
리하여 수은 기둥을 같은 장소, 같은 시각에 세운 것이다.

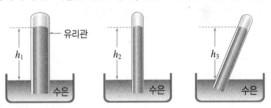

이에 대한 설명으로 옳은 것은?

① 1기압이면 h_1의 높이는 70 cm이다.
② 수은 기둥의 높이는 $h_1 = h_2 = h_3$이다.
③ 수은 기둥의 높이는 $h_1 < h_2 < h_3$이다.
④ 수은 기둥의 높이는 유리관의 굵기에 따라 변한다.
⑤ 기울어진 수은 기둥을 똑바로 세우면 수은 기둥의 높
이가 높아진다.

9 높이에 따른 기압의 변화를 그래프로 옳게 나타낸 것은? ○○●

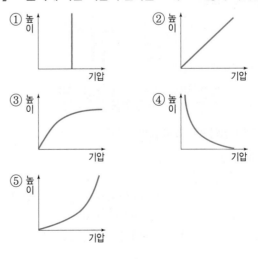

10 기압의 변화로 나타나는 현상에 대한 설명으로 옳지 <u>않은</u> 것은?

① 높이 올라갈수록 풍선이 점점 커진다.
② 높은 산에서 내려오면 과자 봉지가 부풀어 오른다.
③ 해발 고도가 높은 산 정상에서는 숨을 쉬기 어렵다.
④ 비행기를 타고 하늘 높이 올라가면 귀가 먹먹해진다.
⑤ 토리첼리 실험을 하면, 고지대보다 저지대에서 수은 기둥의 높이가 높아진다.

11 바람이 부는 직접적인 원인은 무엇인가?

① 습도 차이
② 수온 차이
③ 기압 차이
④ 해발 고도 차이
⑤ 대기의 조성 차이

12 그림은 지표면이 가열 또는 냉각되어 바람이 부는 원리를 나타낸 것이다.

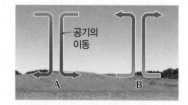

이에 대한 설명으로 옳지 <u>않은</u> 것은?

① 지표면이 가열된 곳은 A이다.
② A의 공기는 주변 공기보다 밀도가 커져 하강한다.
③ B의 공기는 주변 공기보다 밀도가 작아져 상승한다.
④ 지표 부근의 기압은 A가 B보다 높다.
⑤ 지표 부근에서 바람은 A에서 B 방향으로 분다.

13 오른쪽 그림은 우리나라에서 부는 계절풍을 나타낸 것이다. 이에 대한 설명으로 옳은 것은?

① 남동 계절풍이 분다.
② 겨울철에 해당한다.
③ 하루를 주기로 풍향이 바뀐다.
④ 대륙 쪽의 기압이 해양 쪽보다 낮다.
⑤ 대륙 쪽의 기온이 해양 쪽보다 높다.

14 그림은 바람의 발생 원인을 알아보기 위한 실험 장치이다. 적외선등을 켜고 10분 동안 양쪽의 온도를 측정한 후, 향 연기의 움직임을 관찰하였다.

적외선등을 켰을 때에 대한 설명으로 옳지 <u>않은</u> 것은?

① 물은 모래보다 열용량이 커서 천천히 가열된다.
② 물의 온도가 모래보다 더 높아진다.
③ 물 쪽의 기압이 모래 쪽의 기압보다 높아진다.
④ 향 연기는 물에서 모래 쪽으로 이동한다.
⑤ 적외선등을 켰을 때의 원리로 부는 바람은 해풍이다.

15 기압과 바람에 대한 설명으로 옳은 것은?

① 풍속은 바람이 불어오는 방향을 나타낸다.
② 기압이 낮은 곳에서 높은 곳으로 바람이 분다.
③ 두 지점 사이의 기압 차이가 작을수록 바람이 강하게 분다.
④ 바람은 지표면의 차등 가열에 의해 생긴 기압 차이 때문에 분다.
⑤ 해풍이 불 때 바다와 육지에서 토리첼리의 실험을 한다면, 수은 기둥의 높이는 육지에서 더 높다.

16 압력이 가장 높은 것은?

① 80 cmHg
② 1013 hPa
③ 101300 Pa
④ 물기둥 76 cm의 압력
⑤ 100 N의 힘으로 1 m²에 미치는 압력

17 오른쪽 그림은 어느 바닷가에서 깃발이 바람에 날리는 모습을 나타낸 것이다. 이에 대한 설명으로 옳지 **않은** 것은?

① 육풍이 분다.
② 하루 중 밤이다.
③ 기온은 바다 쪽이 육지 쪽보다 높다.
④ 기압은 바다 쪽이 육지 쪽보다 높다.
⑤ 육지가 바다보다 빨리 식기 때문에 발생한다.

18 그림 (가)와 (나)는 우리나라 주변에서 주기적으로 부는 바람을 나타낸 것이다.

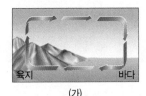
(가)

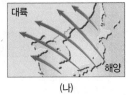
(나)

이에 대한 설명으로 옳지 **않은** 것은?

① (가)는 해풍이다.
② (나)는 여름철에는 부는 바람이다.
③ 해안가에서는 낮에 (가)와 같은 바람이 분다.
④ (가)와 (나)는 모두 육지 쪽의 기압이 낮다.
⑤ (가)와 (나)는 모두 한 달을 주기로 풍향이 바뀐다.

19 그림은 세 종류의 유리관에 수은을 가득 채운 다음 수은이 담긴 수조에 거꾸로 세운 모습이다.

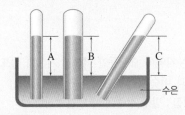

수은 기둥의 높이 A, B, C를 등호나 부등호를 이용하여 비교하고, 유리관 속의 수은이 더 이상 내려오지 않는 까닭을 서술하시오.

_____

_____

20 높이 올라갈수록 기압이 낮아지는 까닭을 서술하시오.

_____

_____

21 바람의 발생 원인을 알기 위해 오른쪽 그림과 같이 실험 장치를 설치하고, 향을 피운 후 칸막이를 들어 올렸다.

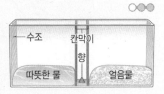

(1) 향 연기의 이동 방향을 쓰시오.

_____

(2) 따뜻한 물과 얼음물 쪽의 기압을 비교하고, 기압 차이가 나는 까닭을 서술하시오.

_____

_____

22 오른쪽 그림은 해안가에서 부는 바람을 나타낸 것이다.

(1) 낮인지 밤인지 구분하고, 바람의 이름을 쓰시오.

_____

(2) 육지와 바다 중 지표 부근의 기압이 높은 곳을 쓰고, 그 까닭을 육지와 바다의 가열이나 냉각 차이로 서술하시오.

_____

04 날씨의 변화

A 기단

1 기단 넓은 지역에 오랫동안 머물러 기온과 습도 등의 성질이 지표면과 비슷해진 커다란 공기 덩어리

(1) 기단의 성질 : 발생 장소에 따라 달라진다.

발생 장소	고위도	저위도	대륙	해양
성질	기온		습도	
	낮음(한랭)	높음(고온)	건조함	습함

(2) 기단의 변질 : 기단의 세력이 커지거나 작아져 다른 곳으로 이동하면 기온과 수증기량이 달라져 성질이 변한다. 예 차고 건조한 기단이 따뜻한 바다 위를 통과하면, 기온이 높아지고 수증기를 공급받아 습도가 높아져 비나 눈이 내린다.

2 우리나라에 영향을 주는 기단

기단	기단의 성질	영향을 주는 계절	날씨
시베리아 기단	한랭 건조	겨울	춥고 건조한 날씨
양쯔강 기단	온난 건조	봄, 가을	따뜻하고 건조한 날씨
북태평양 기단	고온 다습	여름	무덥고 습한 날씨
오호츠크해 기단	한랭 다습	초여름	동해안의 서늘하고 습한 날씨 (동해안 저온 현상)

B 전선

1 전선

(1) 전선면 : 성질이 다른 두 기단이 만나 생기는 경계면

(2) 전선 : 전선면과 지표면이 만나는 경계선

(3) 전선을 경계로 기온, 습도, 바람 등이 크게 달라진다.

(4) 전선면에서는 따뜻한 공기가 위로 상승하므로 단열 팽창하여 구름이 생성된다.

▲ 전선면과 전선

탐구 전선의 형성

칸막이가 있는 수조에 따뜻한 물과 찬물을 같은 높이로 각각 넣고, 칸막이를 들어 올리면서 따뜻한 물과 찬 물이 만나는 모습을 관찰한다.

➕ 결과 및 정리

❶ 따뜻한 물과 찬물은 바로 섞이지 않고, 밀도가 큰 찬물이 밀도가 작은 따뜻한 물 아래로 이동하면서 경계면이 형성된다.

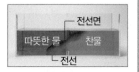

❷ 실험과 실제 비교

실험	따뜻한 물	찬물	따뜻한 물과 찬물의 경계면
실제	따뜻한 기단	찬 기단	전선면

2 전선의 종류

(1) 한랭 전선(▲▲▲▲) : 찬 기단이 따뜻한 기단 쪽으로 이동하여 따뜻한 기단 아래로 파고들며 만들어지는 전선

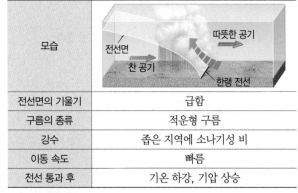

전선면의 기울기	급함
구름의 종류	적운형 구름
강수	좁은 지역에 소나기성 비
이동 속도	빠름
전선 통과 후	기온 하강, 기압 상승

(2) 온난 전선(●●●●) : 따뜻한 기단이 찬 기단 쪽으로 이동하여 찬 기단 위로 올라가며 만들어지는 전선

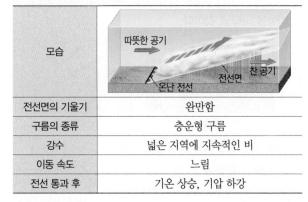

전선면의 기울기	완만함
구름의 종류	층운형 구름
강수	넓은 지역에 지속적인 비
이동 속도	느림
전선 통과 후	기온 상승, 기압 하강

(3) 폐색 전선(▲▲▲●●) : 한랭 전선이 온난 전선보다 이동 속도가 빠르므로 시간이 지나 두 전선이 겹쳐지면서 만들어지는 전선

(4) 정체 전선() : 세력이 비슷한 두 기단이 반대 방향에서 확장하여 한 곳에 오래 머물며 만들어지는 전선
예 우리나라의 장마 전선 : 남쪽의 고온 다습한 북태평양 기단과 북쪽의 찬 기단(오호츠크해 기단 등)이 만나 형성된 정체 전선으로, 많은 비를 내린다.

▲ 정체 전선의 형성

C 고기압과 저기압

1 고기압과 저기압

구분	고기압	저기압
모습 (북반구)		
정의	주위보다 기압이 높은 곳	주위보다 기압이 낮은 곳
지상 바람 (북반구)	시계 방향으로 불어 나감	시계 반대 방향으로 불어 들어옴
기류	하강 기류	상승 기류
날씨	맑음	흐리거나 비

2 온대 저기압
중위도 지방에서 북쪽의 찬 기단과 남쪽의 따뜻한 기단이 만나 한랭 전선과 온난 전선이 함께 나타나는 저기압 ➡ °편서풍의 영향으로 서쪽에서 동쪽으로 이동

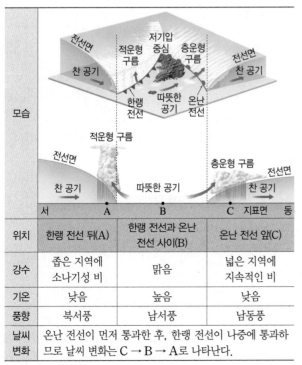

위치	한랭 전선 뒤(A)	한랭 전선과 온난 전선 사이(B)	온난 전선 앞(C)
강수	좁은 지역에 소나기성 비	맑음	넓은 지역에 지속적인 비
기온	낮음	높음	낮음
풍향	북서풍	남서풍	남동풍
날씨 변화	온난 전선이 먼저 통과한 후, 한랭 전선이 나중에 통과하므로 날씨 변화는 C → B → A로 나타난다.		

♥ 편서풍 : 중위도 지역에서 일 년 내내 서쪽에서 동쪽으로 부는 바람

D 우리나라의 계절별 일기도

1 일기도
기온, 기압, 풍향, 풍속, 고기압, 저기압, °등압선, 전선 등을 지도 위에 기호로 표시한 것

2 우리나라의 계절별 일기도와 날씨의 특징

계절	일기도	특징
봄		• °이동성 고기압과 저기압이 자주 지나면서 날씨 변화가 심하다. ➡ 고기압이 지날 때는 맑고, 저기압이 지날 때는 흐리다. • 황사, 꽃샘추위
여름		• 남고북저형 기압 배치 • 남동 계절풍 • 북태평양 기단의 영향 • 초여름 장마(정체 전선) • 폭염, °열대야, 태풍
가을		• 이동성 고기압과 저기압의 영향 • 북태평양 기단의 세력이 약화된다. • 맑은 하늘, 첫서리
겨울		• 시베리아 기단의 영향 • 서고동저형 기압 배치 • 북서 계절풍 • 한파, 폭설

♥ 등압선 : 기압이 같은 지점을 연결한 선
♥ 이동성 고기압 : 한곳에 머무르지 않고 이동하는 규모가 작은 고기압
♥ 이동성 저기압 : 이동하는 저기압으로, 보통 온대 저기압을 말한다.
♥ 열대야 : 최저 기온이 25 ℃ 이하로 내려가지 않는 밤

탐구 일기도 해석

1. 그림은 5월 어느 날의 일기도와 기상 위성 영상이다. 일기도에서 고기압, 저기압, 전선의 위치를 확인한다.
2. 기상 위성 영상에서 구름의 위치를 확인한다.

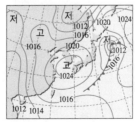

▲ 일기도

▲ 기상 위성 영상

✚ 결과 및 정리
❶ 고기압 지역에는 구름이 없이 맑다. ➡ 공기가 하강하기 때문
❷ 저기압 지역과 전선 부근에는 구름이 많다. ➡ 공기가 상승하여 단열 팽창이 일어나기 때문
❸ 봄철의 일기도로, 이동성 고기압과 저기압이 나타난다. ➡ 양쯔 강 기단의 영향을 받으며, 날씨가 자주 변한다.

 개념 확인하기

정답과 해설 13쪽

1 넓은 지역에 오랫동안 머물러 기온과 습도 등의 성질이 지표면과 비슷해진 커다란 공기 덩어리를 (   )이라고 한다.

2 대륙에서 발생한 기단은 (건조하고, 습하고), 저위도에서 발생한 기단은 기온이 (낮다, 높다).

3 각 기단이 우리나라에 가장 큰 영향을 주는 계절을 옳게 연결하시오.

(1) 양쯔강 기단 •   • ㉠ 봄, 가을
(2) 북태평양 기단 •   • ㉡ 초여름
(3) 시베리아 기단 •   • ㉢ 여름
(4) 오호츠크해 기단 •   • ㉣ 겨울

4 성질이 다른 두 기단이 만날 때 생기는 경계면을 (   )이라 하고, 이 경계면이 지표면과 만나서 이루는 경계선을 (   )이라고 한다.

5 표는 한랭 전선과 온난 전선의 특징을 비교한 것이다. (   ) 안에 알맞은 말을 쓰시오.

구분	한랭 전선	온난 전선
구름의 종류	㉠( ) 구름	㉡( ) 구름
강수	㉢( )성 비	지속적인 비

6 한랭 전선은 온난 전선보다 이동 속도가 빠르기 때문에 시간이 지나 두 전선이 겹쳐지면 (정체 , 폐색) 전선이 된다.

7 표는 고기압과 저기압을 비교한 것이다. (   ) 안에 알맞은 말을 고르시오.

구분	고기압	저기압
기류	㉠(상승, 하강)	㉡(상승, 하강)
날씨	㉢(맑음, 흐림)	㉣(맑음, 흐림)

8 오른쪽 그림은 온대 저기압을 나타낸 것이다. A~C 중 기온이 가장 높은 곳은 (   )이고, 소나기성 비가 내리는 곳은 (   )이다.

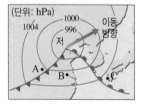

9 여름철에 자주 나타나는 기압 배치의 특징을 쓰시오.

10 겨울철에 자주 나타나는 기압 배치의 특징을 쓰시오.

핵심 족보

Ⓐ **1 우리나라에 영향을 주는 기단 ★★★**

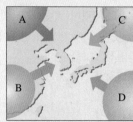

• A : 시베리아 기단
• B : 양쯔강 기단
• C : 오호츠크해 기단
• D : 북태평양 기단

• 기온이 낮은 기단 : A와 C   • 기온이 높은 기단 : B와 D
• 건조한 기단 : A와 B   • 습한 기단 : C와 D
• 겨울철에 영향을 주는 기단 : A
• 여름철에 영향을 주는 기단 : D

Ⓑ **2 한랭 전선과 온난 전선 ★★★**

(가)   (나)

• (가)는 온난 전선, (나)는 한랭 전선이다.
• 전선면의 기울기 : (나)가 (가)보다 급하다.
• 강수 면적 : (나)가 (가)보다 좁다.
• 전선의 이동 속도 : (나)가 (가)보다 빠르다.

Ⓒ **3 고기압과 저기압(북반구) ★★★**

• 고기압 : 바람이 시계 방향으로 불어 나간다. ➡ 하강 기류
• 저기압 : 바람이 시계 반대 방향으로 불어 들어간다. ➡ 상승 기류

4 온대 저기압 ★★★

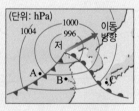

• A : 한랭 전선 뒤 ➡ 적운형 구름, 소나기성 비, 북서풍
• B : 한랭 전선과 온난 전선 사이 ➡ 기온이 높고 맑음, 남서풍
• C : 온난 전선 앞 ➡ 층운형 구름, 지속적인 비, 남동풍

Ⓓ **5 우리나라의 계절별 일기도 ★★★**

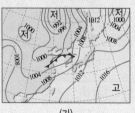 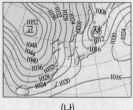

(가)   (나)

• (가) : 남고북저형 기압 배치 ➡ 여름철 일기도, 남동 계절풍
• (나) : 서고동저형 기압 배치 ➡ 겨울철 일기도, 북서 계절풍

내공 쌓는 족집게 문제

Step 1 반드시 나오는 문제

[1~2] 그림은 우리나라에 영향을 주는 기단을 나타낸 것이다.

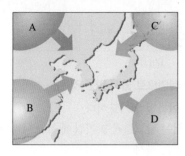

1 A~D 기단의 이름을 옳게 짝 지은 것은?

① A – 오호츠크해 기단
② B – 양쯔강 기단
③ C – 북태평양 기단
④ C – 시베리아 기단
⑤ D – 오호츠크해 기단

2 A~D 기단에 대한 설명으로 옳은 것은?

① A는 봄과 가을 날씨에 영향을 준다.
② B는 한랭 다습한 성질을 띠고 있다.
③ C는 겨울 날씨에 영향을 준다.
④ D는 무덥고 습한 여름 날씨에 영향을 준다.
⑤ D는 남쪽의 찬 기단과 만나 정체 전선을 형성하기도 한다.

3 한랭 전선과 온난 전선의 특징을 옳게 비교한 것은?

	구분	한랭 전선	온난 전선
①	전선면의 기울기	완만하다.	급하다.
②	일기 기호	● ● ●	▲ ▲ ▲
③	구름의 종류	층운형 구름	적운형 구름
④	강수 범위	좁은 지역	넓은 지역
⑤	통과 후 기온 변화	상승	하강

4 그림 (가)와 (나)는 두 전선의 단면을 나타낸 것이다.

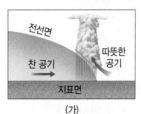 

이에 대한 설명으로 옳은 것은?

① (가)는 온난 전선이다.
② (가)는 (나)보다 공기의 상승이 약하다.
③ (가)가 통과할 때 층운형 구름이 발생한다.
④ (나)가 통과할 때는 소나기성 비가 내린다.
⑤ (가)는 (나)보다 이동 속도가 빠르다.

5 북반구에서 발생한 고기압과 저기압에서 나타나는 공기의 흐름으로 옳은 것은?

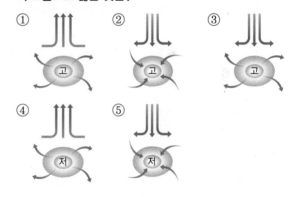

6 북반구의 고기압과 저기압에 대한 설명으로 옳지 <u>않은</u> 것은?

① 고기압은 주변보다 기압이 높은 곳이다.
② 고기압 지역은 날씨가 맑다.
③ 고기압 중심에서는 공기의 상승 운동이 있다.
④ 저기압 지역은 날씨가 흐리고 비나 눈이 내리기도 한다.
⑤ 저기압 지상에서는 중심으로 바람이 시계 반대 방향으로 불어 들어간다.

[7~8] 그림은 온대 저기압을 나타낸 것이다.

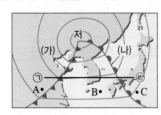

7 이에 대한 설명으로 옳은 것은?

① (가)는 온난 전선, (나)는 한랭 전선이다.
② A 지역은 적운형 구름이 나타나고 북서풍이 분다.
③ B 지역에서는 넓은 지역에 지속적인 비가 내린다.
④ C 지역은 날씨가 맑고, 기온이 높다.
⑤ 저기압 중심은 앞으로 서쪽으로 이동할 것이다.

8 그림에서 ㉠—㉡의 단면으로 옳은 것은?

9 우리나라의 계절별 날씨의 특징으로 옳지 <u>않은</u> 것은?

① 봄에는 황사가 자주 발생한다.
② 초여름에는 장마가 나타난다.
③ 여름에는 폭염과 열대야가 나타나기도 하며, 남동 계절풍이 분다.
④ 가을에는 오호츠크해 기단의 영향으로 따뜻하고 건조한 날씨가 나타난다.
⑤ 겨울에는 시베리아 기단의 영향으로 춥고 건조하며, 한파가 발생하기도 한다.

10 그림 (가)와 (나)는 여름철 일기도와 겨울철 일기도를 순서 없이 나타낸 것이다.

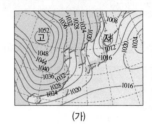
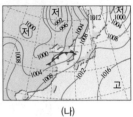

(가)   (나)

이에 대한 설명으로 옳지 <u>않은</u> 것은?

① (가)는 여름철 일기도이다.
② (나)에서는 남고북저형 기압 배치가 나타난다.
③ (가)에서는 북서 계절풍이 분다.
④ (나)에서는 우리나라에 많은 비가 내린다.
⑤ (가)에서는 시베리아 기단의 영향을 크게 받는다.

Step 2   **자주 나오는 문제**

11 기단에 대한 설명으로 옳지 <u>않은</u> 것은?

① 고위도에서 형성된 기단은 한랭하다.
② 해양에서 형성된 기단은 습도가 높다.
③ 기단의 성질은 지표면의 영향을 받지 않는다.
④ 건조한 기단이 해양 쪽으로 이동하면 다습해진다.
⑤ 기단은 세력이 커지거나 작아지면서 주변 지역의 날씨에 영향을 준다.

12 (가)와 (나) 과정으로 형성되는 전선을 옳게 짝 지은 것은?

(가) 찬 기단이 따뜻한 기단의 아래로 파고들면서 만들어진다.
(나) 두 기단의 세력이 비슷하여 한 곳에 오래 머무르면서 만들어진다.

	(가)	(나)
①	한랭 전선	폐색 전선
②	온난 전선	폐색 전선
③	한랭 전선	정체 전선
④	온난 전선	정체 전선
⑤	폐색 전선	정체 전선

[13~14] 오른쪽 그림은 칸막이가 있는 수조에 따뜻한 물과 찬물을 각각 담은 후, 칸막이를 들어 올리며 물의 움직임을 관찰하는 실험을 나타낸 것이다.

13 이 실험에서 나타나는 현상으로 설명할 수 있는 것은?

① 구름의 발생 원리　　② 기단의 형성 원리
③ 기압의 변화 원리　　④ 바람의 발생 원리
⑤ 전선의 형성 원리

14 칸막이를 들어 올렸을 때 따뜻한 물과 찬물이 섞이는 모습으로 옳은 것은?

① 　　②

③ 　　④

⑤

15 그림은 어느 지역에서 만들어진 전선을 나타낸 것이다.

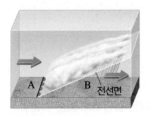

이에 대한 설명으로 옳은 것은?

① 정체 전선이다.
② 적운형 구름이 발달한다.
③ 좁은 지역에 소나기가 내린다.
④ 기온은 A 지역이 B 지역보다 높다.
⑤ 이동 속도가 비교적 빠른 전선이다.

16 그림은 우리나라 어느 계절의 일기도이다.

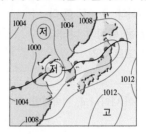

이에 대한 설명으로 옳지 <u>않은</u> 것은?

① 계절은 여름이다.
② 정체 전선이 나타난다.
③ 전선이 오랫동안 머무르며 많은 비를 내린다.
④ 전선의 북쪽 기단과 남쪽 기단은 세력이 비슷하다.
⑤ 북태평양 기단의 세력이 확장되면 전선은 남쪽으로 이동할 것이다.

17 그림 (가)와 (나)는 북반구 고기압과 저기압 지역의 지상에서 부는 바람을 순서 없이 나타낸 것이다.

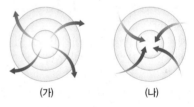

(가)　　　　　(나)

이에 대한 설명으로 옳지 <u>않은</u> 것은?

① (가)는 고기압, (나)는 저기압이다.
② (가)에서 바람은 시계 방향으로 불어 나간다.
③ (가) 중심에서는 하강 기류가 발달한다.
④ (나)에서는 공기가 상승하여 단열 팽창이 일어난다.
⑤ (나)에서는 대체로 날씨가 맑다.

18 온대 저기압에 대한 설명으로 옳지 <u>않은</u> 것은?

① 전선을 동반하지 않는 저기압이다.
② 편서풍을 따라 서쪽에서 동쪽으로 이동한다.
③ 우리나라가 있는 중위도 지역에서 자주 발생한다.
④ 온대 저기압은 통과하는 지역의 날씨를 변화시킨다.
⑤ 온대 저기압이 통과할 때 풍향은 남동풍 → 남서풍 → 북서풍 순으로 바뀐다.

19 오른쪽 그림은 온대 저기압을 나타낸 것이다. A~E 중 다음 설명과 같은 특징이 나타나는 곳을 모두 고르시오.

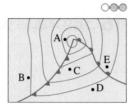

층운형 구름이 나타나고, 지속적인 비가 내리며, 남동풍이 분다.

20 오른쪽 그림은 온대 저기압의 단면을 나타낸 것이다. A~C 지점에 나타날 것으로 예상되는 날씨 변화를 보기에서 골라 옳게 짝 지은 것은?

• 보기 •
ㄱ. 현재는 비가 내리고 있지만, 곧 멈추고 추워진다.
ㄴ. 현재는 따뜻하지만, 얼마 후 강한 바람과 함께 소나기가 내린다.
ㄷ. 현재는 넓은 지역에 약한 비가 내리고 있지만, 얼마 후 날씨가 맑아지고 기온이 올라간다.

	A	B	C		A	B	C
①	ㄱ	ㄴ	ㄷ	②	ㄱ	ㄷ	ㄴ
③	ㄴ	ㄱ	ㄷ	④	ㄷ	ㄱ	ㄴ
⑤	ㄷ	ㄴ	ㄱ				

21 오른쪽 그림은 우리나라 어느 계절의 일기도이다. 이에 대한 설명으로 옳은 것은?

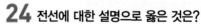

① 겨울철 일기도이다.
② 남동 계절풍이 분다.
③ 열대야, 무더위가 자주 나타난다.
④ 북태평양 기단의 영향을 가장 많이 받는다.
⑤ 이동성 고기압의 영향으로 날씨가 자주 변한다.

22 그림은 기온과 습도에 따라 우리나라 주변의 기단을 구분하여 나타낸 것이다.

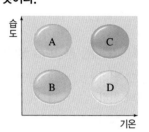

A~D 중 봄과 가을에 영향을 주는 기단의 기호와 이름을 옳게 짝 지은 것은?

① A – 오호츠크해 기단
② B – 양쯔강 기단
③ B – 시베리아 기단
④ C – 북태평양 기단
⑤ D – 양쯔강 기단

23 그림은 차고 건조한 기단이 따뜻한 바다를 지나 육지로 이동할 때의 모습이다.

기단의 성질 변화로 옳은 것을 보기에서 모두 고른 것은?

• 보기 •
ㄱ. 기단의 기온은 높아진다.
ㄴ. 바다를 지나면서 기단의 수증기량은 적어진다.
ㄷ. 공기의 상승이 강해지면서 구름이 잘 발생한다.

① ㄱ
② ㄴ
③ ㄱ, ㄷ
④ ㄴ, ㄷ
⑤ ㄱ, ㄴ, ㄷ

24 전선에 대한 설명으로 옳은 것은?

① 전선을 경계로 기온, 습도 등이 크게 변한다.
② 전선은 성질이 다른 두 기단이 만나는 경계면이다.
③ 찬 기단은 따뜻한 기단보다 밀도가 작아 상승한다.
④ 전선면을 따라 공기가 하강하면서 구름이 생성된다.
⑤ 이동 속도가 빠른 온난 전선이 한랭 전선과 겹쳐지면서 폐색 전선을 형성한다.

25 오른쪽 그림은 어느 날 우리나라 부근의 일기도를 나타낸 것이다. 이에 대한 설명으로 옳지 않은 것은?

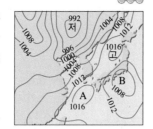

① A는 고기압이다.
② A에서는 하강 기류가 발달한다.
③ B에서는 날씨가 흐릴 것이다.
④ B의 지상에서 바람은 시계 방향으로 불어 나간다.
⑤ 바람은 A에서 B 방향으로 분다.

26 그림 (가)는 우리나라 어느 계절의 일기도를, (나)는 우리나라에 영향을 주는 기단을 나타낸 것이다.

 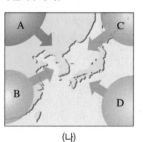

(가)   (나)

(가)의 계절과 이 계절에 가장 큰 영향을 미치는 기단을 (나)에서 찾아 옳게 짝 지은 것은?

① 겨울 – A   ② 여름 – B   ③ 봄 – B
④ 겨울 – C   ⑤ 여름 – D

27 그림 (가)는 어느 날 우리나라 부근의 일기도를, (나)는 같은 날 같은 시각의 기상 영상을 나타낸 것이다.

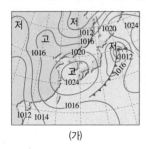 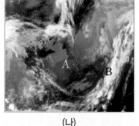

(가)   (나)

이에 대한 설명으로 옳은 것을 보기에서 모두 고르시오.

• 보기 •
ㄱ. A 지역은 고기압의 영향으로 날씨가 맑다.
ㄴ. B 지역의 구름은 적운형 구름이다.
ㄷ. B 지역의 구름은 다음 날 우리나라 쪽으로 이동할 것이다.

28 그림은 우리나라에 영향을 주는 기단을 나타낸 것이다.

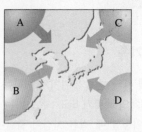

A~D 중 겨울철에 영향을 미치는 기단을 골라 기호와 이름을 쓰고, 그 기단의 성질(기온, 습도)을 서술하시오.

_____
_____

29 오른쪽 그림은 우리나라 부근에서 발달한 온대 저기압을 나타낸 것이다. A 지역에 발달하는 구름의 종류와 강수의 특징을 서술하시오.

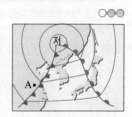

_____
_____

30 그림은 어느 계절의 일기도를 나타낸 것이다.

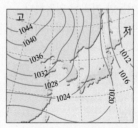

(1) 기압 배치의 특징을 쓰고, 어느 계절의 일기도인지 쓰시오.

_____

(2) 이 계절에 나타나는 날씨의 특징을 두 가지만 서술하시오.

_____
_____

01 운동

Ⓐ 운동의 기록

1 운동 시간에 따라 물체의 위치가 변하는 현상

(1) 운동하는 물체의 빠르기 비교 : 운동하는 물체의 속력은 같은 거리를 이동할 때 걸린 시간이 짧을수록 빠르고, 같은 시간 동안 이동할 때 멀리 이동할수록 빠르다.

(2) 다중 섬광 사진 : 일정한 시간 간격으로 운동하는 물체를 촬영한 사진

> **[다중 섬광 사진을 이용한 물체의 운동 분석]**
> 물체의 속력이 빠를수록 이웃한 물체 사이의 거리가 넓다. ➡ B가 A보다 빠르게 운동한다.
>
>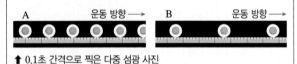
>
> ↑ 0.1초 간격으로 찍은 다중 섬광 사진

2 속력 일정한 시간 동안 물체가 이동한 거리

$$속력(m/s) = \frac{이동\ 거리(m)}{걸린\ 시간(s)}$$

(1) 단위 : m/s(미터 매 초), km/h(킬로미터 매 시)

(2) 평균 속력 : 물체의 속력이 일정하지 않을 때, 물체가 이동한 전체 거리를 걸린 시간으로 나누어 구한 속력

Ⓑ 등속 운동

1 등속 운동 시간에 따라 속력이 일정한 운동

(1) 등속 운동 분석

① 일정한 시간 간격으로 찍은 다중 섬광 사진에서 같은 시간 동안 물체가 이동한 거리는 일정하다.

② 시간에 따라 이동 거리가 비례하여 증가한다.

(2) 등속 운동 그래프

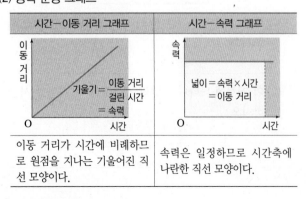

시간－이동 거리 그래프	시간－속력 그래프
이동 거리가 시간에 비례하므로 원점을 지나는 기울어진 직선 모양이다.	속력은 일정하므로 시간축에 나란한 직선 모양이다.

2 여러 가지 등속 운동
모노레일, 무빙워크, 에스컬레이터, 컨베이어 벨트, 스키 리프트 등

탐구 등속 운동 분석

표는 등속 운동하는 장난감 자동차 (가), (나)의 시간에 따른 이동 거리와 속력을 나타낸 것이다.

(가)	시간(s)	0	1	2	3	4	5
	이동 거리(cm)	0	4	8	12	16	20
	속력(cm/s)		4	4	4	4	4

(나)	시간(s)	0	1	2	3	4	5
	이동 거리(cm)	0	8	16	24	32	40
	속력(cm/s)		8	8	8	8	8

✦ 결과 및 정리

❶ 장난감 자동차의 시간－이동 거리 그래프, 시간－속력 그래프는 다음과 같다.

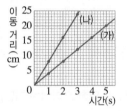 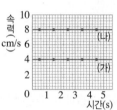

❷ 등속 운동하는 물체의 이동 거리는 시간에 따라 일정하게 증가한다.

❸ 같은 시간 동안 이동한 거리가 길수록 속력이 빠르다.
➡ 같은 시간 동안 (나)가 (가)보다 더 많이 이동하므로 (나)의 속력이 더 빠르다.
➡ 시간－이동 거리 그래프의 기울기가 클수록 속력이 빠르다.

Ⓒ 자유 낙하 운동

1 자유 낙하 운동 물체가 중력만 받으면서 아래로 떨어지는 운동

(1) 속력 변화 : 공기 저항이 없을 때, 자유 낙하 하는 물체의 속력은 1초에 9.8 m/s씩 증가한다.

(2) 중력 가속도 상수 : 속력 변화량 9.8을 중력 가속도 상수라고 한다.

(3) 이동 거리 : 같은 시간 동안 물체가 이동하는 거리는 점점 증가한다.

(4) 속력이 일정하게 증가하는 까닭 : 물체의 운동 방향으로 중력이 작용하기 때문이다.

$$중력의\ 크기(무게) = 9.8 \times 질량\ [단위 : N]$$

(5) 자유 낙하 운동 그래프 : 낙하하는 동안 속력이 일정하게 증가하므로 시간─속력 그래프가 원점을 지나는 기울어진 직선 모양이다.

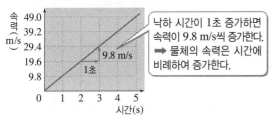

낙하 시간이 1초 증가하면 속력이 9.8 m/s씩 증가한다. ➡ 물체의 속력은 시간에 비례하여 증가한다.

2 질량이 다른 물체의 자유 낙하 운동 공기 저항이 없을 때 질량이 다른 두 물체를 같은 높이에서 동시에 떨어뜨리면 동시에 바닥에 도달한다. ➡ 물체의 종류나 모양, 질량에 관계없이 속력이 1초마다 9.8 m/s씩 증가한다.

공기 저항이 있을 때	공기 저항이 없을 때
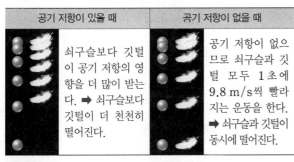 쇠구슬보다 깃털이 공기 저항의 영향을 더 많이 받는다. ➡ 쇠구슬보다 깃털이 더 천천히 떨어진다.	공기 저항이 없으므로 쇠구슬과 깃털 모두 1초에 9.8 m/s씩 빨라지는 운동을 한다. ➡ 쇠구슬과 깃털이 동시에 떨어진다.

탐구 질량이 다른 물체의 자유 낙하 운동

표는 자유 낙하 하는 골프공과 탁구공의 시간에 따른 구간 평균 속력과 속력 변화를 나타낸 것이다.

시간(s)		0~0.1	0.1~0.2	0.2~0.3	0.3~0.4	0.4~0.5
구간 평균 속력(m/s)	골프공	0.49	1.47	2.45	3.43	4.41
	탁구공	0.49	1.47	2.45	3.43	4.41
속력 변화(m/s)			0.98	0.98	0.98	0.98

+ 결과 및 정리
❶ 두 공이 자유 낙하 할 때 속력 변화량은 0.1초에 0.98로, 즉 1초에 9.8로 일정하다. ➡ 자유 낙하 하는 물체의 시간에 따른 속력 변화는 물체의 질량과 관계없이 일정하다.
❷ 공기 저항을 무시할 수 있을 때, 같은 높이에서 동시에 떨어진 물체는 바닥에 동시에 도달한다.

3 등속 운동과 자유 낙하 운동 비교

등속 운동	자유 낙하 운동
• 속력이 일정하다.	• 속력이 일정하게 증가한다.
• 같은 시간 동안 이동한 거리가 일정하다.	• 같은 시간 동안 이동한 거리가 점점 증가한다.

1 운동하는 물체의 속력은 같은 거리를 이동할 때 걸린 시간이 ( ) 빠르다.

2 다중 섬광 사진에서 물체와 이웃한 물체 사이의 간격이 넓을수록 속력이 (빠르다, 느리다).

3 400 m를 50초에 달린 사람의 속력은 몇 m/s인지 구하시오.

4 2 m/s의 속력으로 운동하는 물체가 1분 동안 이동한 거리는 몇 m인지 구하시오.

5 등속 운동을 기록한 다중 섬광 사진에서 물체 사이의 간격은 (좁아진다, 일정하다, 넓어진다).

6 등속 운동을 나타내는 그래프를 보기에서 모두 고르시오.

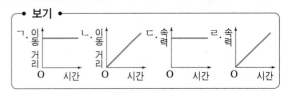

7 등속 운동을 하는 물체를 보기에서 모두 고르시오.

• 보기 •
ㄱ. 무빙워크   ㄴ. 에스컬레이터
ㄷ. 낙하하는 공   ㄹ. 롤러코스터

8 오른쪽 그래프는 등속 운동하는 물체의 속력을 시간에 따라 나타낸 것이다. 출발 후 5초 동안 물체의 이동 거리는 몇 m인지 구하시오.

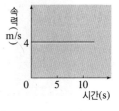

9 공기 저항이 없을 때, 자유 낙하 하는 물체의 속력은 1초에 ( ) m/s씩 증가한다. 이때 속력 변화량을 ( ) 상수라고 한다.

10 공기 저항을 무시할 수 있을 때, 질량이 다른 두 물체를 같은 높이에서 동시에 떨어뜨리면 (두 물체가 동시에, 질량이 큰 물체가 먼저) 떨어진다.

내공 쌓는 족집게 문제

핵심 족보

A 1 다중 섬광 사진으로 물체의 속력 계산하기 ★★★

운동 방향→

A   B

0   20   40   60   80 cm

• 사진이 찍힌 간격은 1초이다.

시간(s)	0	1	2	3	4
이동 거리(cm)	0	20	40	60	80

• AB 구간을 이동하는 데 걸린 시간 : 4초
• 평균 속력 $= \dfrac{\text{전체 이동 거리}}{\text{걸린 시간}} = \dfrac{80 \text{ cm}}{4 \text{ s}}$
$= 20 \text{ cm/s} = 0.2 \text{ m/s}$

B 2 등속 운동의 그래프 분석 ★★★

시간-이동 거리 그래프	시간-속력 그래프
이동거리 / 시간 기울기 $= \dfrac{\text{이동 거리}}{\text{걸린 시간}}$ = 속력	속력 / 시간 넓이 = 속력×시간 = 이동 거리
• 기울기는 $\dfrac{\text{이동 거리}}{\text{걸린 시간}}$이므로 속력을 의미한다. • 기울기가 클수록 속력이 크다.	• 그래프 아랫부분의 넓이는 속력×시간이므로 이동 거리를 의미한다.

C 3 자유 낙하 하는 물체의 운동 분석 ★★★

운동 방향

• 중력이 운동 방향으로 작용한다.
• 물체의 속력이 일정하게 증가한다.
• 물체와 물체 사이의 거리가 증가한다. ➡ 같은 시간 동안 이동하는 거리가 점점 증가한다.

4 자유 낙하 운동의 시간-속력 그래프 분석 ★★

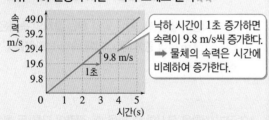

속력(m/s) 49.0, 39.2, 29.4, 19.6, 9.8 / 시간(s) 0 1 2 3 4 5

낙하 시간이 1초 증가하면 속력이 9.8 m/s씩 증가한다.
➡ 물체의 속력은 시간에 비례하여 증가한다.

공기 저항이 없을 때, 자유 낙하하는 물체의 속력은 1초일 때 9.8 m/s, 2초일 때 19.6 m/s, 3초일 때 29.4 m/s이다.
➡ 1초에 속력이 9.8 m/s씩 일정하게 증가한다.

Step 1 반드시 나오는 문제

1 속력에 대한 설명으로 옳은 것만을 보기에서 모두 고른 것은?

• 보기 •
ㄱ. 속력은 일정한 시간 동안 이동한 거리이다.
ㄴ. 속력의 단위는 m/s, km/h 등을 사용한다.
ㄷ. 같은 시간 동안 이동한 거리가 짧을수록 속력이 빠르다.

① ㄱ   ② ㄴ   ③ ㄱ, ㄴ
④ ㄱ, ㄷ   ⑤ ㄴ, ㄷ

2 다음 중 속력이 가장 빠른 것은?

① 50 m/s로 달리는 자동차
② 1분에 1 km를 달리는 치타
③ 20초에 120 m를 달리는 사람
④ 108 km/h로 날아가는 야구공
⑤ 2시간 동안 200 km의 거리를 달리는 버스

[3~4] 표는 200 km의 거리를 자동차로 달리면서 매 시간마다 출발점으로부터의 이동 거리를 기록한 것이다.

걸린 시간(h)	0	1	2	3	4	5
이동 거리(km)	0	30	90	120	170	200

3 이 자동차의 속력이 가장 빠른 구간은?

① 0~1시간   ② 1시간~2시간   ③ 2시간~3시간
④ 3시간~4시간   ⑤ 4시간~5시간

4 5시간 동안 자동차의 평균 속력은?

① 20 km/h   ② 30 km/h   ③ 40 km/h
④ 50 km/h   ⑤ 100 km/h

5 기차가 A역을 출발하여 B역에 도착하는 데 3시간이 걸렸다. 이 기차의 평균 속력이 90 km/h였다면, 두 역 사이의 거리는?

① 30 km   ② 60 km   ③ 90 km
④ 180 km   ⑤ 270 km

[6~8] 그림은 직선상에서 공이 굴러가는 모습을 0.1초 간격으로 찍은 다중 섬광 사진을 나타낸 것이다.

(단위 : cm)

6 이에 대한 설명으로 옳지 <u>않은</u> 것은?

① 공은 등속 운동을 한다.
② 공의 평균 속력은 2 m/s이다.
③ 공의 이동 거리는 시간에 따라 일정하다.
④ 공이 빠르게 운동하면 공과 공 사이의 간격이 넓어진다.
⑤ 같은 속력으로 운동하면 15 m를 이동하는 데 7.5초가 걸린다.

7 이 공의 운동을 나타낸 그래프로 옳은 것을 모두 고르면?(2개)

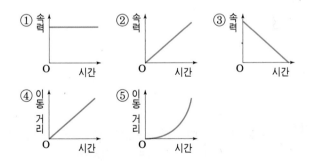

8 이와 같은 운동을 하는 예를 모두 고르면?(2개)

① 멈추기 시작하는 자동차
② 나무에서 떨어지는 사과
③ 출발해서 점점 빨라지는 기차
④ 움직이는 무빙워크 위에 있는 사람
⑤ 작동하는 컨베이어 위에 놓인 음료

9 오른쪽 그래프는 직선상에서 운동하는 두 물체 A, B의 이동 거리를 시간에 따라 나타낸 것이다. 이에 대한 설명으로 옳은 것은?

① A의 속력은 120 m/s이다.
② A의 속력은 B의 2배이다.
③ A와 B는 속력이 증가하는 운동을 한다.
④ B가 2초 동안 이동한 거리는 30 m이다.
⑤ 1초 동안 이동한 거리는 B가 A보다 크다.

10 오른쪽 그림은 자유 낙하 하는 공을 일정한 시간 간격으로 찍은 다중 섬광 사진을 나타낸 것이다. 이에 대한 설명으로 옳지 <u>않은</u> 것은?

① 공의 속력이 일정하게 증가한다.
② 공에는 중력이 운동 방향으로 작용한다.
③ 공과 공 사이의 거리는 점점 증가한다.
④ 시간−속력 그래프는 기울어진 직선 모양이다.
⑤ 공에 작용하는 힘의 크기가 일정하게 증가한다.

Step 2 자주 나오는 문제

11 물체의 위치와 운동에 대한 설명으로 옳지 <u>않은</u> 것은?

① 시간에 따라 위치가 변하는 현상을 운동이라고 한다.
② 다중 섬광 사진을 이용하여 물체의 운동을 기록할 수 있다.
③ 같은 시간 동안 이동한 거리가 길수록 속력이 빠르다.
④ 같은 거리를 이동할 때 걸린 시간이 짧을수록 속력이 느리다.
⑤ 평균 속력은 물체가 이동한 전체 거리를 걸린 시간으로 나누어 구한다.

12 2분 동안 480 m를 이동하는 장난감 자동차의 속력은?

① 4 m/s   ② 8 m/s   ③ 12 m/s
④ 16 m/s   ⑤ 20 m/s

13 그림과 같이 민수가 집에서 출발하여 150 m만큼 떨어져 있는 학교에 갈 때 70초가 걸렸고, 학교에서 다시 집으로 돌아오는 데 80초가 걸렸다.

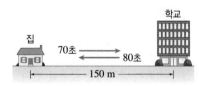

민수의 평균 속력은?

① 1 m/s   ② 2 m/s   ③ 3 m/s
④ 4 m/s   ⑤ 5 m/s

14 길이가 10 m인 버스가 길이 350 m인 터널을 6 m/s의 속력으로 통과하였다. 버스가 터널을 완전히 통과하는 데 걸리는 시간은?

① 2초   ② 5초   ③ 10초
④ 30초   ⑤ 60초

15 등속 운동에 대한 설명으로 옳지 <u>않은</u> 것은?

① 물체의 속력이 일정한 운동이다.
② 같은 시간 동안 이동한 거리가 일정한 운동이다.
③ 물체의 위치가 시간에 따라 변하지 않는 운동이다.
④ 시간−이동 거리 그래프의 기울기는 속력을 나타낸다.
⑤ 시간−속력 그래프 아랫부분의 넓이는 이동 거리를 나타낸다.

16 오른쪽 그래프는 직선상에서 운동하는 어떤 물체의 속력을 시간에 따라 나타낸 것이다. 이 물체에 대한 설명으로 옳은 것을 보기에서 모두 고른 것은?

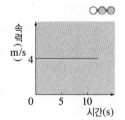

┌──── 보기 ────
ㄱ. 속력이 일정한 운동이다.
ㄴ. 10초 동안 물체의 이동 거리는 40 m이다.
ㄷ. 물체가 이동한 거리는 시간에 비례하여 일정하게 증가한다.
└─────────────

① ㄱ   ② ㄴ   ③ ㄱ, ㄷ
④ ㄴ, ㄷ   ⑤ ㄱ, ㄴ, ㄷ

17 다음 (가), (나)는 직선상에서 운동하는 어떤 물체의 운동 그래프를 나타낸 것이다.

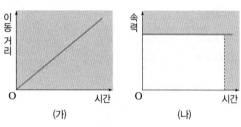

이에 대한 설명으로 옳지 <u>않은</u> 것을 모두 고르면?(2개)

① 이 물체는 등속 운동을 한다.
② (가)는 속력이 증가하는 운동을 나타낸다.
③ (가)에서 그래프의 기울기가 클수록 속력이 빠르다.
④ (가)에서 그래프 아랫부분의 넓이는 속력을 나타낸다.
⑤ (나)에서 그래프 아래 색칠한 부분은 이동 거리를 나타낸다.

18 자유 낙하 하는 물체의 운동 그래프로 옳은 것은?

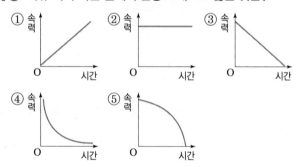

19 그림과 같이 질량이 각각 1 kg, 2 kg, 3 kg, 4 kg인 네 물체 A, B, C, D를 같은 높이에서 낙하시켰다.

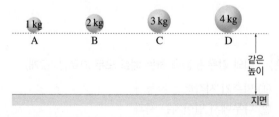

공기 저항을 무시할 때, 가장 먼저 지면에 도달하는 것은?

① A   ② B   ③ C
④ D   ⑤ 모두 동시에 떨어진다.

20 자동차를 타고 서울에서 대전까지 40 km/h의 속력으로 갔다가, 대전에서 서울까지 60 km/h의 속력으로 되돌아왔다. 왕복하는 동안 자동차의 평균 속력은?

① 20 km/h ② 48 km/h ③ 50 km/h
④ 60 km/h ⑤ 100 km/h

21 그래프는 직선상에서 운동하는 어떤 물체의 시간에 따른 이동 거리를 나타낸 것이다.

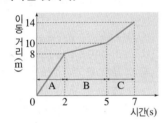

이에 대한 설명으로 옳지 않은 것은?

① 그래프의 기울기는 각 구간의 속력을 나타낸다.
② 물체의 속력이 가장 빠른 구간은 A이다.
③ B 구간에서 물체의 속력은 2 m/s이다.
④ 7초 동안 물체의 평균 속력은 2 m/s이다.
⑤ 물체가 이동한 거리는 A 구간이 C 구간의 2배이다.

22 오른쪽 그림 (가), (나)는 쇠구슬과 깃털의 낙하 운동을 공기 중에서와 진공 중에서 찍은 다중 섬광 사진을 순서 없이 나타낸 것이다. 쇠구슬의 질량이 깃털보다 클 때, 이에 대한 설명으로 옳은 것을 모두 고르면?(2개)

(가)   (나)

① (가)는 진공 중이다.
② (가)에서는 중력과 공기 저항력이 작용한다.
③ (나)에서 깃털과 쇠구슬이 동시에 떨어진다.
④ (나)에서 쇠구슬과 깃털에 아무런 힘이 작용하지 않는다.
⑤ (가)와 (나)에서 물체의 낙하 속력은 질량에 비례한다.

23 버스로 60 km를 이동할 때 처음 20 km를 이동하는 데는 20분이 걸렸고, 나머지 40 km를 이동하는 데는 30분이 걸렸다. 이 버스의 평균 속력은 몇 m/s인지 풀이 과정과 함께 서술하시오.

24 표는 에스컬레이터의 이동 거리를 1초 간격으로 나타낸 것이다.

시간(s)	0	1	2	3	4	5
이동 거리(m)	0	2	4	6	8	10

에스컬레이터의 시간－이동 거리 그래프와 시간－속력 그래프를 각각 그리시오.

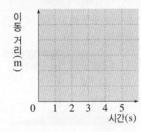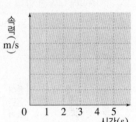

25 오른쪽 그림은 낙하하는 공의 운동을 일정한 시간 간격으로 촬영한 사진을 나타낸 것이다. 공의 속력 변화를 다음 용어를 모두 포함하여 서술하시오.

중력, 일정, 증가

02 일과 에너지

Ⓐ 일과 에너지

1 과학에서의 일 물체에 힘을 작용하여 물체가 힘의 방향으로 이동하는 경우 일을 한다고 한다.

2 일의 양(W) 힘(F)과 힘의 방향으로 이동한 거리(s)의 곱으로, 물체에 작용한 힘이 클수록, 물체가 힘의 방향으로 이동한 거리가 클수록 커진다.

$$일=힘×이동 거리, W=Fs$$

(1) 단위 : J(줄), N·m
- 1 J : 1 N의 힘을 작용하여 물체를 힘의 방향으로 1 m 이동시킬 때 한 일의 양

(2) 중력과 일의 양

중력에 대해 한 일	중력이 한 일
물체를 들어 올릴 때에는 중력에 대해 일을 한다.	물체가 떨어질 때에는 중력이 물체에 일을 한다.
중력에 대해 한 일의 양 =물체의 무게×들어 올린 높이	중력이 한 일 =중력의 크기×낙하한 거리

(3) 일의 양이 0인 경우
① 물체에 작용한 힘이 0일 때 : 물체가 등속 운동을 하는 경우
- 마찰이 없는 얼음판에서 사람이 스케이트를 탄다.
② 물체의 이동 거리가 0일 때 : 힘을 작용해도 물체가 이동하지 않는 경우
- 벽을 힘껏 밀었으나 벽이 움직이지 않는다.
- 역도 선수가 역기를 들고 서 있다.
③ 힘의 방향과 물체의 이동 방향이 수직일 때 : 힘의 방향으로 이동한 거리가 0인 경우
- 사람이 가방을 들고 수평 방향으로 걸어간다.

3 에너지 일을 할 수 있는 능력 ➡ 일과 같은 단위인 J(줄)을 사용한다.

4 일과 에너지 전환 물체에 일을 하면 물체가 에너지를 갖고, 물체가 가진 에너지는 일로 전환될 수 있다.

Ⓑ 중력에 의한 위치 에너지

1 중력에 의한 위치 에너지 높은 곳에 있는 물체가 가지는 에너지

2 중력에 의한 위치 에너지의 크기 질량이 m(kg)인 물체를 높이 h(m)만큼 들어 올릴 때 중력에 대해 한 일의 양과 같다.

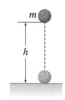

$$위치 에너지=9.8×질량×높이$$
$$E_{위치}=9.8mh$$

3 중력에 의한 위치 에너지와 질량 및 높이의 관계

위치 에너지와 질량의 관계	위치 에너지와 높이의 관계
높이 : 일정	질량 : 일정
높이가 일정할 때, 위치 에너지는 물체의 질량에 비례한다.	질량이 일정할 때, 위치 에너지는 물체의 높이에 비례한다.

4 중력에 의한 위치 에너지의 전환

물체를 들어 올릴 때	물체가 말뚝에 충돌할 때
물체에 한 일의 양만큼 물체의 위치 에너지가 증가한다.	물체의 위치 에너지는 말뚝을 박는 일로 전환된다.
물체를 들어 올리는 일의 양 =물체의 증가한 위치 에너지 ➡ $wh=9.8mh$	물체의 감소한 위치 에너지 =물체가 말뚝에 한 일의 양 ➡ $9.8mh=fs$

Ⓒ 운동 에너지

1 운동 에너지 운동하는 물체가 가지는 에너지

2 운동 에너지의 크기 질량이 m(kg)인 물체가 속력 v(m/s)로 운동할 때, 물체가 가지는 운동 에너지는 다음과 같다.

$$운동 에너지=\frac{1}{2}×질량×(속력)^2, E_{운동}=\frac{1}{2}mv^2$$

3 운동 에너지와 질량 및 속력의 관계

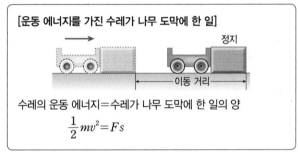

운동 에너지와 질량의 관계	운동 에너지와 속력의 관계
속력 : 일정	질량 : 일정
속력이 일정할 때, 운동 에너지는 물체의 질량에 비례한다.	질량이 일정할 때, 운동 에너지는 물체의 속력 제곱에 비례한다.

4 운동 에너지의 전환

(1) 운동하는 수레가 나무 도막과 충돌하면 수레의 운동 에너지가 나무 도막을 밀어내는 일로 전환된다.

[운동 에너지를 가진 수레가 나무 도막에 한 일]

정지

이동 거리

수레의 운동 에너지＝수레가 나무 도막에 한 일의 양

$$\frac{1}{2}mv^2 = Fs$$

(2) 중력이 한 일과 운동 에너지의 관계
① 높은 곳의 물체가 낙하할 때, 물체에 중력이 작용하여 일을 한다.
② 중력이 물체에 한 일의 양은 물체의 운동 에너지로 전환되므로, 낙하하는 동안 물체의 운동 에너지는 증가한다.
③ 중력이 물체에 한 일의 양과 물체의 운동 에너지가 같다.

중력이 한 일의 양＝9.8×질량×낙하 거리
＝운동 에너지

탐구 자유 낙하 하는 물체에서의 일과 에너지

1. 그림과 같이 투명한 플라스틱 관과 속력 측정기를 설치한다.
2. 속력 측정기로부터 0.5 m인 높이에 질량이 0.11 kg인 추를 잡고 있다.
3. 속력 측정기를 켜고 추를 떨어뜨려 속력을 측정한다.

＋ 결과 및 정리
❶ 추의 속력은 다음과 같다.

횟수	1회	2회	3회	평균
속력(m/s)	3.13	3.14	3.12	3.13

❷ 중력이 추에 한 일의 양＝(9.8×0.11)N×0.5 m＝약 0.54 J

❸ 속력 측정기에서 추의 운동 에너지＝$\frac{1}{2}$×0.11 kg×(3.13 m/s)^2
＝약 0.54 J

➡ 물체가 자유 낙하 하는 동안 중력이 추에 한 일의 양과 속력 측정기에서 추의 운동 에너지가 같다.

 확인하기

1 과학에서는 물체에 (   )을 작용하여 (   )의 방향으로 물체가 이동하는 경우 일을 하였다고 한다.

2 과학에서의 일을 한 경우는 ○, 하지 <u>않은</u> 경우는 ×로 표시하시오.
(1) 책상을 뒤로 밀었다. ································ (   )
(2) 역기를 들고 가만히 서 있었다. ·············· (   )
(3) 책가방을 들고 수평 방향으로 걸어갔다. ····· (   )

3 무게가 100 N인 물체를 들고 수평 방향으로 5 m 걸어갔다. 이때 물체에 한 일의 양은 몇 J인지 구하시오.

4 무게가 30 N인 물체를 수평면 위에 놓고 10 N의 일정한 힘을 작용하여 3 m 이동시켰다. 이때 물체에 한 일의 양은 몇 J인지 구하시오.

5 질량이 10 kg인 물체를 위쪽으로 천천히 5 m 들어 올렸다. 이때 물체에 한 일의 양은 몇 J인지 구하시오.

6 에너지에 대한 설명으로 옳은 것은 ○, 옳지 <u>않은</u> 것은 ×로 표시하시오.
(1) 에너지는 일을 할 수 있는 능력이다. ············ (   )
(2) 에너지의 단위로는 J/s를 사용한다. ············ (   )
(3) 일은 에너지로 전환될 수 있지만, 에너지는 일로 전환되지 못한다. ································ (   )

7 중력에 의한 위치 에너지는 물체의 질량에 (   )하고, 높이에 (   )한다.

8 질량이 10 kg인 물체가 0.2 m 높이에서 낙하하면서 할 수 있는 일의 양은 몇 J인지 구하시오.

9 질량이 2 kg인 물체가 3 m/s의 속력으로 운동하고 있을 때, 이 물체의 운동 에너지는 몇 J인지 구하시오.

10 운동 에너지가 10 J인 물체의 질량과 속력이 각각 2배가 되면 물체의 운동 에너지는 몇 J이 되는지 구하시오.

핵심 족보

B 1 기준면이 다를 때 중력에 의한 위치 에너지 ★★★

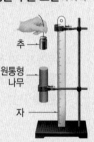

	기준면	위치 에너지(J)
	현재 물체의 위치	0
	책상면	$9.8 \times m \times 0.5$ m
	지면	$9.8 \times m \times 1.5$ m

➡ 중력에 의한 위치 에너지는 기준면에 따라 달라진다.
➡ 기준면에서의 중력에 의한 위치 에너지는 0이다.

2 중력에 의한 위치 에너지의 크기에 영향을 주는 요인 ★★★

• 추를 떨어뜨리면 추의 중력에 의한 위치 에너지가 나무 도막을 밀어내는 일로 전환된다.
• 추의 질량이나 추의 낙하 높이가 2배, 3배, …로 커지면 나무 도막이 밀려나는 거리도 2배, 3배, …로 증가한다.
➡ 위치 에너지는 질량과 낙하 높이에 각각 비례한다.

C 3 운동 에너지의 크기에 영향을 주는 요인 ★★★

운동하는 수레가 나무 도막과 충돌하면 수레의 운동 에너지가 나무 도막을 밀어내는 일로 전환된다.

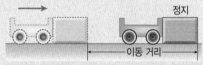

• 수레의 질량과 나무 도막의 이동 거리의 관계

수레의 질량(kg)	나무 도막의 이동 거리(cm)
0.5	4
1	8
1.5	12

➡ 나무 도막의 운동 에너지는 수레의 질량에 비례한다.

• 수레의 속력과 나무 도막의 이동 거리의 관계

수레의 속력²(m/s)²	나무 도막의 이동 거리(cm)
0.01	4
0.04	16
0.09	36

➡ 나무 도막의 운동 에너지는 수레의 (속력)²에 비례한다.

---

1 과학에서의 일을 한 경우를 모두 고르면?(2개)

① 과학책을 1시간 동안 앉아서 읽고 있다.
② 벽을 밀고 있지만 벽이 움직이지 않았다.
③ 0.5 kg의 사과가 바닥으로 떨어지고 있다.
④ 50 N의 가방을 손에 들고 운동장을 100 m 걸어간다.
⑤ 바닥에 놓인 100 N의 화분을 들어 1 m 높이의 책상 위에 올려놓았다.

2 일의 양이 0인 경우를 보기에서 모두 고른 것은?

• **보기** •
ㄱ. 가방을 메고 계단을 올라가는 경우
ㄴ. 무거운 짐이 든 수레를 밀고 가는 경우
ㄷ. 얼음판 위에서 스케이트 선수가 등속 운동을 하는 경우

① ㄱ　　　② ㄴ　　　③ ㄷ
④ ㄱ, ㄷ　　　⑤ ㄴ, ㄷ

3 그림과 같이 수평면 위에 놓여 있는 질량이 10 kg인 물체에 20 N의 힘을 작용하여 일정한 속력으로 2 m만큼 이동시켰다.

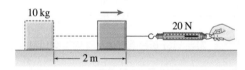

이때 한 일의 양은?

① 10 J　　　② 20 J　　　③ 40 J
④ 98 J　　　⑤ 196 J

4 오른쪽 그림과 같이 질량이 10 kg인 물체에 2 N의 일정한 힘을 작용하여 A 지점에서 B 지점으로 이동시킨 후 서서히 C 지점까지 들어 올렸다. A 지점에서 C 지점까지 물체를 이동시킬 때, 물체에 한 일의 양은?

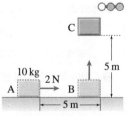

① 100 J　　　② 250 J　　　③ 480 J
④ 490 J　　　⑤ 500 J

5 그림과 같이 상규는 무게가 20 N인 상자를 일정한 속력으로 3 m 밀고 갔다.

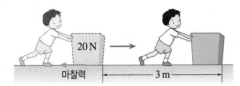

이때 상규가 상자에 한 일의 양이 30 J일 때, 상자에 작용하는 마찰력의 크기는?

① 10 N ② 15 N ③ 20 N
④ 25 N ⑤ 30 N

6 일과 에너지에 대한 설명으로 옳지 않은 것은?

① 에너지를 가진 물체는 일을 할 수 있다.
② 일과 에너지는 서로 전환될 수 있다.
③ 일과 에너지는 같은 단위를 사용한다.
④ 물체가 외부에 일을 하면 물체의 에너지는 감소한다.
⑤ 높은 곳에 정지해 있는 물체가 가진 에너지를 운동 에너지라고 한다.

7 그림과 같이 옥상에 질량이 5 kg인 물체가 놓여 있다.

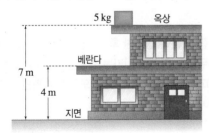

이에 대한 설명으로 옳은 것을 보기에서 모두 고른 것은?

• 보기 •
ㄱ. 베란다를 기준면으로 할 때, 물체의 위치 에너지는 147 J이다.
ㄴ. 옥상을 기준면으로 할 때, 물체의 위치 에너지는 0 J이다.
ㄷ. 물체를 베란다에서 옥상으로 들어 올릴 때 필요한 일의 양은 196 J이다.

① ㄱ ② ㄴ ③ ㄱ, ㄴ
④ ㄴ, ㄷ ⑤ ㄱ, ㄴ, ㄷ

8 오른쪽 그림과 같이 질량이 10 kg인 추를 2 m 높이에서 떨어뜨렸더니 말뚝이 5 cm 깊이로 박혔다. 질량이 30 kg인 추를 4 m 높이에서 떨어뜨릴 때, 말뚝이 박히는 깊이는?

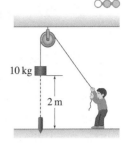

① 10 cm ② 15 cm
③ 20 cm ④ 30 cm ⑤ 45 cm

9 오른쪽 그림과 같이 질량이 100 g인 쇠구슬을 떨어뜨리고, 속력 측정기에서 쇠구슬의 속력을 측정하였다. 이에 대한 설명으로 옳은 것을 보기에서 모두 고른 것은?

• 보기 •
ㄱ. 쇠구슬이 낙하하는 동안 중력이 쇠구슬에 일을 한다.
ㄴ. 중력이 한 일의 양만큼 쇠구슬의 운동 에너지가 증가한다.
ㄷ. 쇠구슬이 낙하한 거리가 50 cm인 경우 쇠구슬의 운동 에너지는 0.98 J이다.

① ㄱ ② ㄷ ③ ㄱ, ㄴ
④ ㄴ, ㄷ ⑤ ㄱ, ㄴ, ㄷ

10 질량이 2 kg인 물체 A는 2 m/s의 속력으로, 질량이 1 kg인 물체 B는 4 m/s의 속력으로 운동하고 있다. 이때 물체 A의 운동 에너지는 B의 몇 배인가?

① $\frac{1}{4}$배 ② $\frac{1}{2}$배 ③ 1배 ④ 2배 ⑤ 4배

11 오른쪽 그래프는 각각 일정한 속력으로 달리는 두 장난감 자동차 A, B의 운동 에너지와 질량의 관계를 나타낸 것이다. 두 장난감 자동차 A, B의 속력의 비 (A : B)를 구하시오.

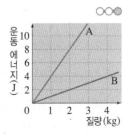

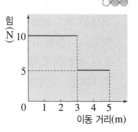

![족집게 문제 header]

Step 2 자주 나오는 문제

12 오른쪽 그래프는 수평면 위에서 물체를 천천히 밀 때 물체에 작용한 힘과 이동 거리의 관계를 나타낸 것이다. 물체를 5 m 이동시키는 동안 한 일의 양은?

① 15 J ② 30 J ③ 40 J
④ 45 J ⑤ 50 J

13 질량이 500 g인 물체를 바닥으로부터 2 m 높이까지 천천히 들어 올렸다. 이때 물체에 작용한 힘의 크기와 중력에 대하여 한 일의 양을 옳게 짝 지은 것은?

	힘	일		힘	일
①	4.9 N	4.9 J	②	4.9 N	9.8 J
③	9.8 N	1000 J	④	9.8 N	4900 J
⑤	19.6 N	9800 J			

14 오른쪽 그림과 같이 동현이는 무게가 100 N인 가방을 들고 계단의 A에서 B까지 올라갔다. 이때 동현이가 가방에 한 일의 양은?

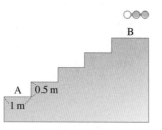

① 0 J ② 10 J ③ 100 J
④ 200 J ⑤ 400 J

15 그림은 물체 A~E의 질량과 높이를 나타낸 것이다.

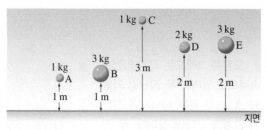

지면을 기준으로 할 때, 위치 에너지가 가장 큰 물체는?

① A ② B ③ C ④ D ⑤ E

16 운동 에너지와 질량, 속력의 관계 그래프로 옳은 것을 모두 고르면?(2개)

17 오른쪽 그림과 같이 질량이 4 kg인 물체를 5 m 높이에서 가만히 놓아 떨어뜨렸을 때, 물체가 지면에 닿는 순간의 운동 에너지는? (단, 공기의 저항은 무시한다.)

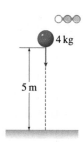

① 19.6 J ② 39.2 J
③ 49 J ④ 98 J
⑤ 196 J

18 그림과 같이 장치한 후, 수레의 질량과 속력을 달리하면서 나무 도막과 충돌시키는 실험을 하였다. 표는 수레의 질량(m)과 속력(v)에 따른 나무 도막이 밀려난 거리(s)를 나타낸 것이다.

실험	m(kg)	v(m/s)	s(cm)
A	1	1	10
B	2	1	20
C	1	2	(가)
D	2	2	(나)

(가), (나)에 들어갈 값을 옳게 짝 지은 것은?

	(가)	(나)		(가)	(나)
①	20	40	②	40	40
③	40	80	④	80	40
⑤	80	80			

Step3 만점! 도전 문제

19 오른쪽 그래프는 물체를 수직 방향으로 천천히 들어 올릴 때 작용한 힘과 들어 올린 높이의 관계를 나타낸 것이다. 이에 대한 설명으로 옳지 <u>않은</u> 것은?

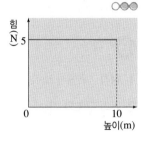

① 물체의 무게는 5 N이다.
② 물체는 10 m 이동하였다.
③ 중력에 대하여 일을 하였다.
④ 물체를 들어 올릴 때 한 일의 양은 50 J이다.
⑤ 그래프 아랫부분의 넓이는 물체의 속력을 의미한다.

20 마찰이 없는 수평면 위에 정지해 있는 질량이 4 kg인 물체에 그림과 같이 수평 방향으로 5 N의 힘을 계속 작용하였다.

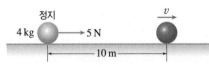

처음 위치에서 10 m 떨어진 곳을 지날 때, 물체의 속력 v는?

① 0.5 m/s   ② 1 m/s   ③ 2 m/s
④ 4 m/s   ⑤ 5 m/s

21 그림과 같이 40 km/h의 속력으로 달리고 있던 자동차의 브레이크를 밟았더니 20 m를 미끄러진 후 정지했다.

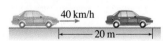

만약 이 자동차가 80 km/h의 속력으로 달리다가 브레이크를 밟았다면, 몇 m 미끄러진 후 정지하겠는가? (단, 도로의 마찰력은 일정하다.)

① 40 m   ② 60 m   ③ 80 m
④ 120 m   ⑤ 180 m

22 오른쪽 그림과 같이 역도 선수가 질량이 170 kg인 역기를 들고 5초 동안 버티기를 하였다. 이때 역도 선수가 한 일의 양은 0이다. 그 까닭은 무엇인지 서술하시오.

_____

_____

23 그림과 같이 교실 바닥에 놓여 있는 질량이 10 kg인 물체를 들어서 10 m 떨어져 있는 1 m 높이의 책상 위에 올려놓았다.

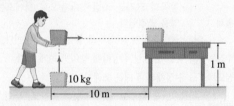

이때 물체에 한 일의 양은 몇 J인지 풀이 과정과 함께 서술하시오.

_____

_____

24 그림과 같은 실험 장치를 이용하여 운동 에너지와 질량 및 속력의 관계를 알아보고자 한다.

수레의 운동 에너지와 속력의 관계를 알아보려고 할 때, 일정하게 유지해야 하는 것과 변화시켜야 하는 것은 무엇인지 서술하시오. (단, 수레에 작용하는 마찰력은 무시하고, 나무 도막에 작용하는 마찰력은 일정하다고 가정한다.)

_____

_____

01 감각 기관

Ⓐ 눈

1 시각 눈에서 빛을 자극으로 받아들여 사물의 모양, 색깔 등을 느끼는 감각

2 눈의 구조와 기능

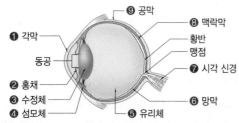

❶ 각막	홍채의 바깥을 감싸는 투명한 막이다.
❷ 홍채	• 동공의 크기를 조절하여 눈으로 들어오는 빛의 양을 조절한다. • 동공 : 빛이 눈 안으로 들어가는 구멍이다.
❸ 수정체	빛을 굴절시켜 망막에 상이 맺히게 한다.
❹ 섬모체	수정체의 두께를 조절한다.
❺ 유리체	눈 안을 채우고 있는 투명한 물질로, 눈의 형태를 유지한다.
❻ 망막	상이 맺히는 부위로, 시각 세포가 분포한다. • 황반 : 시각 세포가 많이 모여 있어 이곳에 상이 맺히면 물체가 선명하게 보인다. • 맹점 : 시각 신경이 모여 나가는 곳으로, 시각 세포가 없어 상이 맺혀도 물체가 보이지 않는다.
❼ 시각 신경	시각 세포에서 받아들인 자극을 뇌로 전달한다.
❽ 맥락막	검은색 색소가 있어 눈 속을 어둡게 한다.
❾ 공막	눈의 가장 바깥을 싸고 있는 막이다.

[시각의 성립] 빛 → 각막 → 수정체 → 유리체 → 망막의 시각 세포 → 시각 신경 → 뇌

3 눈의 조절 작용

(1) **밝기에 따른 동공의 크기 변화** : 홍채에 의해 동공의 크기가 변하여 눈으로 들어오는 빛의 양이 조절된다.

주변이 밝을 때	주변이 어두울 때
홍채 확장(면적 증가) ↓ 동공 축소(작아짐) ↓ 눈으로 빛이 적게 들어온다.	홍채 수축(면적 감소) ↓ 동공 확대(커짐) ↓ 눈으로 빛이 많이 들어온다.

(2) **물체와의 거리에 따른 수정체의 두께 변화** : 섬모체에 의해 수정체의 두께가 변하여 망막에 또렷한 상이 맺힌다.

가까운 곳을 볼 때	먼 곳을 볼 때
섬모체 수축 → 수정체가 두꺼워진다.	섬모체 이완 수정체가 얇아진다.

Ⓑ 귀

1 청각 귀에서 소리를 자극으로 받아들여 소리를 느끼는 감각

2 귀의 구조와 기능

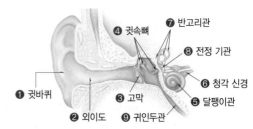

❶ 귓바퀴	소리(음파)를 모은다.	
❷ 외이도	소리가 이동하는 통로이다.	
❸ 고막	소리에 의해 진동하는 얇은 막이다.	
❹ 귓속뼈	고막의 진동을 증폭한다.	
❺ 달팽이관	청각 세포가 분포한다.	
❻ 청각 신경	청각 세포에서 받아들인 자극을 뇌로 전달한다.	
❼ 반고리관	몸의 회전을 감지한다. 예 회전하는 놀이 기구를 탔을 때 몸이 회전하는 것을 느낀다.	평형 감각 기관
❽ 전정 기관	몸의 움직임이나 기울어짐을 감지한다. 예 돌부리에 걸려 넘어질 때 몸이 기울어지는 것을 느낀다.	
❾ 귀인두관	고막 안쪽과 바깥쪽의 압력을 같게 조절한다. 예 높은 곳에 올라가면 귀가 먹먹해지는데, 침을 삼키면 괜찮아진다.	

[청각의 성립] 소리 → 귓바퀴 → 외이도 → 고막 → 귓속뼈 → 달팽이관의 청각 세포 → 청각 신경 → 뇌

Ⓒ 코, 혀

1 코의 구조와 기능

후각	코에서 기체 상태의 화학 물질을 자극으로 받아들여 냄새를 느끼는 감각
코의 구조	• 후각 상피 : 점액으로 덮여 있고, 후각 세포가 분포한다. • 후각 신경 : 후각 세포에서 받아들인 자극을 뇌로 전달한다.
후각의 성립	기체 상태의 화학 물질 → 후각 상피의 후각 세포 → 후각 신경 → 뇌
후각의 특징	매우 민감한 감각이지만, 쉽게 피로해진다. ➡ 같은 냄새를 계속 맡으면 나중에는 잘 느끼지 못한다.

2 혀의 구조와 기능

미각	혀에서 액체 상태의 화학 물질을 자극으로 받아들여 맛을 느끼는 감각
혀의 구조	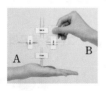 • 맛봉오리 : 유두 옆면에 분포하며, 맛세포가 있다. • 미각 신경 : 맛세포에서 받아들인 자극을 뇌로 전달한다.
미각의 성립	액체 상태의 화학 물질 → 맛봉오리의 맛세포 → 미각 신경 → 뇌
미각의 특징	혀에서 느끼는 기본적인 맛 : 단맛, 짠맛, 신맛, 쓴맛, 감칠맛 ➡ 매운맛과 떫은맛은 각각 통점과 압점에서 자극을 받아들여 느끼는 피부 감각이다.

[음식 맛]

코를 막고 과일 맛 젤리를 먹으면 단맛과 신맛만 느껴지지만, 코를 막지 않고 과일 맛 젤리를 먹으면 과일 맛을 느낄 수 있다.

➡ 음식 맛은 미각과 후각을 종합하여 느낀다.

➡ 코가 막히면 음식 맛을 제대로 느끼지 못한다.

D 피부 감각

피부 감각	피부를 통해 차가움, 따뜻함, 촉감, 눌림, 통증을 느끼는 감각
감각점	• 피부에서 자극을 받아들이는 부위 • 종류 : 통점(통증), 압점(눌림), 촉점(촉감), 냉점(차가움), 온점(따뜻함)
피부 감각의 성립	자극 → 피부의 감각점 → 감각 신경 → 뇌
피부 감각의 특징	• 몸의 부위에 따라 감각점의 수가 다르다. ➡ 감각점이 많이 분포한 곳이 예민하다. • 같은 부위라도 감각점의 종류에 따라 분포하는 개수가 다르다. ➡ 특정 감각점이 많은 부위는 그 감각점이 받아들이는 자극에 더 예민하다. • 일반적으로 피부에 통점이 가장 많이 분포한다.

탐구 피부의 감각점 분포 조사

1. 한 사람(A)은 눈을 가리고, 다른 사람(B)은 두 이쑤시개의 간격을 달리하면서 손바닥을 이쑤시개로 살짝 누른다.
2. A의 손가락 끝과 손등에도 과정 1을 반복하고, 이쑤시개를 두 개로 느끼는 최소 거리를 각각 표에 기록한다.

✚ 결과 및 정리

구분	손바닥	손가락 끝	손등
최소 거리	6 mm	2 mm	8 mm

❶ 이쑤시개를 두 개로 느끼는 최소 거리가 짧을수록 감각점이 많이 분포한 부위이다.

❷ 감각점이 많이 분포한 부위일수록 예민하다.

❸ 손가락 끝이 가장 예민하고, 손등이 가장 둔감하다.

개념 확인하기

1 오른쪽 그림은 눈의 구조를 나타낸 것이다. A~E의 이름을 각각 쓰시오.

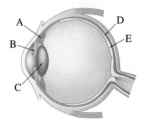

2 눈의 구조와 관계있는 설명을 옳게 연결하시오.

(1) 망막 •　　　• ㉠ 빛을 굴절시킨다.

(2) 맹점 •　　　• ㉡ 시각 신경이 모여 나가는 곳이다.

(3) 수정체 •　　• ㉢ 시각 세포가 분포하며 상이 맺힌다.

3 시각의 성립 경로는 빛 → 각막 → (　　　) → 유리체 → (　　　)의 시각 세포 → 시각 신경 → 뇌이다.

4 우리 눈은 주변이 밝으면 홍채가 (수축, 확장)되어 동공이 (커, 작아)지면서 눈으로 들어오는 빛의 양이 (증가, 감소)한다.

5 우리 눈은 가까운 곳을 볼 때는 섬모체가 (수축, 이완)하여 수정체가 (두꺼워, 얇아)진다.

6 청각의 성립 경로는 소리 → 귓바퀴 → 외이도 → (　　　) → (　　　) → (　　　)의 청각 세포 → 청각 신경 → 뇌이다.

7 귀의 구조에서 몸의 회전을 감지하는 곳은 (　　　), 몸의 기울어짐을 감지하는 곳은 (　　　)이다.

8 후각은 (　　　) 상태의 물질을, 미각은 (　　　) 상태의 물질을 자극으로 받아들인다.

9 혀에서 느끼는 기본 맛을 모두 고르시오.

> 단맛, 신맛, 짠맛, 매운맛, 쓴맛, 감칠맛

10 피부 감각에 대한 설명으로 옳은 것은 ○, 옳지 않은 것은 ×로 표시하시오.

(1) 피부 감각점에는 통점, 압점, 촉점, 냉점, 온점이 있다. ……………………………………… (　　　)

(2) 감각점이 적게 분포한 곳이 예민하다. ……… (　　　)

(3) 감각점은 몸 전체에 고르게 분포한다. ……… (　　　)

족집게 문제

핵심 족보

A 1 눈의 구조와 기능 ★★★

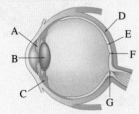

A : 홍채, B : 수정체,
C : 섬모체, D : 맥락막,
E : 망막, F : 황반, G : 맹점

• A는 동공의 크기를 변화시키고, B는 빛을 굴절시키며, C는 수정체의 두께를 조절하고, E는 시각 세포가 있으며 상이 맺힌다.
• G는 시각 신경이 모여 나가는 곳으로, 시각 세포가 없어 상이 맺혀도 물체가 보이지 않는다.

2 눈의 조절 작용 ★★★

동공의 크기 변화	• 어두운 곳에서 밝은 곳으로 갔을 때 : 홍채가 확장됨 → 동공이 축소됨 • 밝은 곳에서 어두운 곳으로 갔을 때 : 홍채가 수축됨 → 동공이 확대됨
수정체의 두께 변화	• 가까운 곳의 물체를 볼 때 : 섬모체가 수축됨 → 수정체가 두꺼워짐 • 먼 곳의 물체를 볼 때 : 섬모체가 이완됨 → 수정체가 얇아짐

B 3 귀의 구조와 기능 ★★★

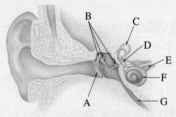

A : 고막
B : 귓속뼈
C : 반고리관
D : 전정 기관
E : 청각 신경
F : 달팽이관
G : 귀인두관

• A는 소리에 의해 진동하는 얇은 막이고, B는 고막의 진동을 증폭하며, F는 청각 세포가 있어 소리 자극을 받아들인다.
• 청각과 직접적인 관계가 없는 구조 : C, D, G
• C : 몸의 회전 감지 ➡ 회전하는 놀이 기구를 탔을 때 몸이 회전하는 것을 느끼는 것과 관계있다.
• D : 몸의 기울어짐 감지 ➡ 넘어질 때 몸이 기울어지는 것을 느끼는 것과 관계있다.
• G : 압력 조절 ➡ 높은 곳에서 귀가 먹먹해졌을 때 침을 삼키면 괜찮아지는 것과 관계있다.

C 4 후각과 미각의 특징 ★★★

• 후각은 기체 상태의 물질을, 미각은 액체 상태의 물질을 자극으로 받아들인다.
• 후각은 매우 민감하지만, 쉽게 피로해진다.
• 혀에서 느끼는 기본 맛 : 단맛, 짠맛, 신맛, 쓴맛, 감칠맛
• 같은 냄새를 계속 맡으면 나중에는 잘 느끼지 못하는 까닭 : 후각 세포가 쉽게 피로해지기 때문
• 코가 막히면 음식 맛을 제대로 느끼지 못하는 까닭 : 음식 맛은 후각과 미각을 종합하여 느끼기 때문

Step 1 반드시 나오는 문제

[1~2] 오른쪽 그림은 사람 눈의 구조를 나타낸 것이다.

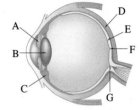

1 눈의 각 구조에 대한 설명으로 옳은 것은?

① A는 수정체의 두께를 변화시킨다.
② B는 볼록 렌즈와 같이 빛을 굴절시킨다.
③ C는 동공의 크기를 변화시킨다.
④ D는 상이 맺히는 부위로, 시각 세포가 있다.
⑤ E는 검은색 색소가 있어 눈 속을 어둡게 한다.

2 다음 설명에 해당하는 구조의 기호와 이름을 옳게 짝 지은 것은?

• 시각 신경이 모여 나가는 곳이다.
• 시각 세포가 없어서 상이 맺혀도 물체가 보이지 않는다.

① A – 홍채
② B – 수정체
③ C – 섬모체
④ F – 황반
⑤ G – 맹점

3 그림은 동공의 크기 변화를 나타낸 것이다.

(가)   (나)

동공의 크기가 (가)에서 (나)로 변하는 상황으로 옳은 것은?

① 어두운 방에 들어가 형광등을 켰다.
② 정전이 되어 주변이 갑자기 어두워졌다.
③ 창 밖의 풍경을 바라보다가 책을 읽었다.
④ 빨간색 종이를 보다가 파란색 종이를 보았다.
⑤ 낮에 친구들과 함께 어두운 극장으로 들어갔다.

4 오른쪽 그림은 수정체의 두께 변화를 나타낸 것이다. 수정체의 두께가 A에서 B로 변하는 경우에 대한 설명으로 옳은 것은?

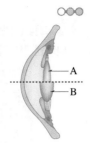

① 섬모체가 이완하였다.
② 가까운 곳을 보다가 먼 곳을 보는 경우이다.
③ 먼 곳을 보다가 가까운 곳을 보는 경우이다.
④ 밝은 곳에 있다가 어두운 곳으로 이동한 경우이다.
⑤ 어두운 곳에 있다가 밝은 곳으로 이동한 경우이다.

[5~6] 그림은 사람 귀의 구조를 나타낸 것이다.

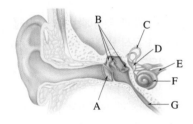

5 귀의 각 구조에 대한 설명으로 옳지 <u>않은</u> 것은?

① A는 소리에 의해 최초로 진동한다.
② B는 고막의 진동을 증폭시킨다.
③ F는 청각 세포가 받아들인 자극을 뇌로 전달한다.
④ G는 고막 안쪽과 바깥쪽의 압력을 같게 조절한다.
⑤ 소리가 전달되는 경로는 A → B → F → E이다.

6 몸의 회전과 기울어짐을 감지하는 평형 감각 기관들로만 옳게 짝 지은 것은?

① A, B   ② B, C   ③ C, D
④ C, F   ⑤ D, G

7 다음 (가), (나)의 현상과 관계있는 귀의 구조를 각각 옳게 짝 지은 것은?

> (가) 체조 선수는 평균대 위에서 떨어지지 않고 몸의 균형을 유지한다.
> (나) 회전의자에 앉아 의자를 돌리면 눈을 감고 있어도 몸이 회전하는 것을 알 수 있다.

<u>(가)</u>   <u>(나)</u>
① 반고리관   귀인두관
② 달팽이관   전정 기관
③ 전정 기관   반고리관
④ 반고리관   전정 기관
⑤ 귀인두관   달팽이관

8 후각에 대한 설명으로 옳지 <u>않은</u> 것은?

① 다른 감각에 비해 매우 민감하다.
② 후각 세포는 후각 상피에 분포한다.
③ 기체 상태의 물질을 자극으로 받아들인다.
④ 코를 통해 느끼는 냄새의 종류는 다섯 가지이다.
⑤ 같은 냄새를 오랫동안 맡으면 나중에는 잘 느끼지 못한다.

9 미각에 대한 설명으로 옳지 <u>않은</u> 것은?

① 혀의 맛봉오리에 맛세포가 있다.
② 혀에 분포하는 맛세포를 통해 맛을 느낀다.
③ 액체 상태의 물질을 자극으로 받아들인다.
④ 미각에는 단맛, 짠맛, 신맛, 쓴맛, 매운맛이 있다.
⑤ 맛세포에서 받아들인 자극은 미각 신경을 통해 뇌로 전달된다.

10 피부 감각에 대한 설명으로 옳지 <u>않은</u> 것은?

① 감각점의 수가 많을수록 예민하다.
② 감각점은 피부 전체에 고르게 분포해 있다.
③ 피부에 있는 감각점에서 자극을 받아들인다.
④ 일반적으로 피부에 통점이 가장 많이 분포한다.
⑤ 감각점에서는 통증, 눌림, 촉감, 차가움, 따뜻함을 감지한다.

11 시각의 성립 경로를 순서대로 옳게 나열한 것은?

① 빛 → 홍채 → 수정체 → 각막 → 시각 신경 → 망막의 시각 세포 → 뇌

② 빛 → 홍채 → 섬모체 → 수정체 → 망막의 시각 세포 → 시각 신경 → 뇌

③ 빛 → 각막 → 수정체 → 유리체 → 망막의 시각 세포 → 시각 신경 → 뇌

④ 빛 → 각막 → 유리체 → 망막의 시각 세포 → 수정체 → 시각 신경 → 뇌

⑤ 빛 → 수정체 → 유리체 → 각막 → 시각 신경 → 망막의 시각 세포 → 뇌

12 다음과 같은 상황에서 나타나는 눈의 변화를 옳게 짝 지은 것은?

> 밝은 낮에 밖에서 먼 산을 바라보다가 그늘진 방 안으로 들어와 책을 보았다.

	홍채	동공	섬모체	수정체
①	수축	확대	이완	두꺼워짐
②	수축	확대	수축	두꺼워짐
③	확장	확대	이완	얇아짐
④	확장	축소	수축	두꺼워짐
⑤	확장	축소	이완	얇아짐

13 오른쪽 그림은 사람 귀의 구조 중 일부를 나타낸 것이다. 이에 대한 설명으로 옳지 않은 것은?

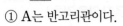

① A는 반고리관이다.

② A는 몸이 회전하는 것을 느낀다.

③ B에서 받아들인 자극은 청각 신경을 통해 뇌로 전달된다.

④ C는 청각 세포가 있어 소리 자극을 받아들인다.

⑤ 승강기를 탔을 때 몸의 움직임을 느끼는 것은 B와 관계있다.

14 그림 (가)는 코의 구조 일부를, (나)는 혀의 구조 일부를 나타낸 것이다.

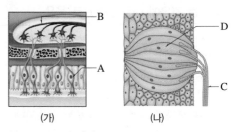

(가)   (나)

이에 대한 설명으로 옳은 것을 보기에서 모두 고른 것은?

> **보기**
> ㄱ. A는 후각 세포, D는 맛세포이다.
> ㄴ. A는 액체 상태의 화학 물질을 자극으로 받아들인다.
> ㄷ. C는 D에서 받아들인 자극을 뇌로 전달한다.

① ㄱ   ② ㄴ   ③ ㄷ

④ ㄱ, ㄷ   ⑤ ㄴ, ㄷ

15 음식점에 들어갔을 때 처음에는 음식 냄새를 맡을 수 있지만 시간이 지나면 음식 냄새를 잘 느끼지 못하게 된다. 그 까닭으로 옳은 것은?

① 후각 신경이 마비되기 때문이다.

② 후각 세포가 파괴되기 때문이다.

③ 후각 상피가 건조해지기 때문이다.

④ 자극이 뇌로 전달되지 않기 때문이다.

⑤ 후각 세포가 쉽게 피로해지기 때문이다.

16 다음은 미각과 후각에 대한 실험이다.

> (가) 코를 막고 포도 맛 젤리와 사과 맛 젤리를 먹는다.
> (나) 코를 막지 않고 포도 맛 젤리와 사과 맛 젤리를 먹는다.
> (다) 실험 결과 (가)에서는 단맛과 신맛만 느꼈지만, (나)에서는 포도 맛과 사과 맛을 느꼈다.

이 실험 결과를 통해 알 수 있는 것은?

① 코를 막으면 미각이 마비된다.

② 음식 맛은 코를 통해서만 느낀다.

③ 음식 맛은 미각으로만 완벽하게 느낀다.

④ 음식 맛은 미각과 시각을 종합하여 느낀다.

⑤ 음식 맛은 미각과 후각을 종합하여 느낀다.

17 표는 한 사람이 두 이쑤시개의 간격을 달리하면서 다른 사람의 손바닥, 손등, 손가락 끝 등을 살짝 눌렀을 때 이쑤시개를 두 개로 느끼는 최소 거리를 측정한 결과이다.

부위	손바닥	손등	손가락 끝	입술
최소 거리(mm)	6	8	2	4

이에 대한 설명으로 옳은 것은?

① 손등 부위가 가장 예민하다.
② 사람마다 예민한 부위가 다르다.
③ 몸의 부위에 관계없이 예민한 정도는 비슷하다.
④ 이쑤시개를 두 개로 느끼는 최소 거리가 멀수록 감각점이 많은 곳이다.
⑤ 두 개의 이쑤시개가 한 개로 느껴지는 까닭은 감각점 사이의 간격이 이쑤시개 사이의 간격보다 멀기 때문이다.

Step3 만점! 도전 문제

18 다음은 피부의 온도 감각을 알아보기 위한 실험이다.

(가) 오른손은 20 ℃의 물에, 왼손은 40 ℃의 물에 담근다.
(나) 10초 후 두 손을 동시에 30 ℃의 물에 담근다.

이에 대한 설명으로 옳은 것을 보기에서 모두 고른 것은?

• 보기 •
ㄱ. (나)의 결과 오른손은 따뜻함을, 왼손은 차가움을 느낀다.
ㄴ. 처음보다 온도가 높아지면 냉점이 자극을 받아들인다.
ㄷ. 냉점과 온점에서는 상대적인 온도 변화를 감지한다.

① ㄱ   ② ㄴ   ③ ㄷ
④ ㄱ, ㄷ   ⑤ ㄴ, ㄷ

19 혀끝이나 손가락 끝의 감각이 몸의 다른 부위에 비해 더 예민한 까닭을 옳게 설명한 것은?

① 몸의 말단 부위이기 때문이다.
② 크기가 큰 감각점이 분포하기 때문이다.
③ 감각점의 수가 다른 부위보다 많기 때문이다.
④ 혀끝이나 손가락 끝의 피부가 얇기 때문이다.
⑤ 혈액 순환이 다른 부위보다 활발하게 일어나기 때문이다.

서술형 문제

20 오른쪽 그림은 사람 눈의 구조를 나타낸 것이다. 어두운 곳에 있다가 밝은 곳으로 나갔을 때 눈의 조절 작용을 서술하시오. (단, 조절 작용에 관여하는 구조의 기호와 이름을 포함한다.)

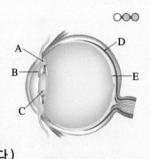

_____

_____

21 다음 현상과 관계있는 귀의 구조를 쓰고, 그 기능을 서술하시오.

비행기가 이륙할 때 귀가 먹먹해졌는데, 침을 삼키거나 입을 크게 벌리니 괜찮아졌다.

_____

_____

22 감기에 걸려 코가 막히면 음식 맛을 제대로 느끼지 못한다. 이와 같은 현상이 나타나는 까닭을 서술하시오.

_____

_____

02 신경계와 호르몬

A 신경계

1 신경계 감각 기관에서 받아들인 자극을 전달하거나, 자극을 판단하여 적절한 반응이 나타나도록 신호를 전달하는 체계

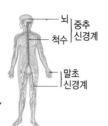

신경계는 중추 신경계와 말초 신경계로 구분된다.

2 뉴런 신경계를 이루고 있는 신경 세포

(1) 뉴런의 구조

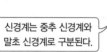

신경 세포체	핵과 대부분의 세포질이 모여 있어 다양한 생명 활동이 일어난다.
가지 돌기	다른 뉴런이나 감각 기관에서 자극을 받아들인다.
축삭 돌기	다른 뉴런이나 기관으로 자극을 전달한다.

[자극 전달 방향] 가지 돌기 → 신경 세포체 → 축삭 돌기

(2) 뉴런의 종류

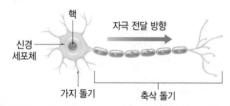

감각 뉴런	연합 뉴런	운동 뉴런
• 감각 신경을 구성 • 감각 기관에서 받아들인 자극을 연합 뉴런으로 전달	• 중추 신경계를 구성 • 자극을 느끼고 판단하여 적절한 명령을 내림	• 운동 신경을 구성 • 연합 뉴런의 명령을 반응 기관으로 전달

[자극의 전달 경로] 자극 → 감각 기관 → 감각 뉴런 → 연합 뉴런 → 운동 뉴런 → 반응 기관 → 반응

3 중추 신경계 뇌와 척수로 이루어져 있으며, 자극을 느끼고 판단하여 적절한 명령을 내린다.

(1) 뇌

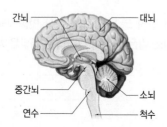

대뇌	• 감각 기관에서 받아들인 자극을 느끼고 판단하여 적절한 명령을 내린다. • 기억, 추리, 감정 등 다양한 정신 활동을 담당한다.
소뇌	근육 운동을 조절하여 몸의 자세와 균형을 유지한다.
간뇌	체온, 체액의 농도 등 몸속 상태를 일정하게 유지한다.
중간뇌	눈의 움직임과 동공의 크기를 조절한다.
연수	심장 박동, 호흡 운동, 소화 운동 등을 조절한다.

(2) 척수
① 뇌와 몸의 각 부분 사이의 신호 전달 통로이다.
② 무조건 반사의 중추이다.

4 말초 신경계 온몸에 퍼져 있어 중추 신경계와 온몸을 연결한다.
(1) 감각 신경과 운동 신경으로 이루어져 있다.

감각 신경	감각 기관에서 받아들인 자극을 중추 신경계로 전달한다.
운동 신경	중추 신경계에서 내린 명령을 반응 기관으로 전달한다.

(2) 자율 신경 : 말초 신경계 중 일부는 내장 기관에 연결되어 대뇌의 직접적인 명령 없이 내장 기관의 운동을 조절하며, 교감 신경과 부교감 신경으로 구분된다. ➡ 교감 신경과 부교감 신경은 같은 내장 기관에 분포하여 서로 반대되는 작용을 한다.

구분	동공 크기	심장 박동	호흡 운동	소화 운동
교감 신경	확대	촉진	촉진	억제
부교감 신경	축소	억제	억제	촉진

B 자극에 따른 반응의 경로

1 의식적 반응 대뇌의 판단 과정을 거쳐 자신의 의지에 따라 일어나는 반응 ➡ 대뇌가 중추
예 • 주전자를 들고 컵에 물을 따른다.
　　• 날아오는 공을 보고 야구 방망이를 휘두른다.

2 무조건 반사 대뇌의 판단 과정을 거치지 않아 자신의 의지와 관계없이 일어나는 무의식적 반응 ➡ 척수, 연수, 중간뇌가 중추

척수	뜨겁거나 날카로운 물체가 몸에 닿았을 때 몸을 움츠림, 무릎 반사
연수	재채기, 딸꾹질, 침 분비
중간뇌	동공 반사

• 무조건 반사는 반응이 매우 빠르게 일어나 위험한 상황에서 우리 몸을 보호하는 데 중요한 역할을 한다.

3 의식적 반응과 무조건 반사의 반응 경로

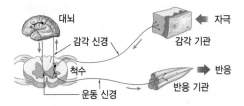

의식적 반응의 경로	무조건 반사(척수)의 경로
자극 → 감각 기관 → 감각 신경 → 척수 → 대뇌 → 척수 → 운동 신경 → 반응 기관 → 반응	자극 → 감각 기관 → 감각 신경 → 척수 → 운동 신경 → 반응 기관 → 반응

탐구 반응 경로

[자극의 종류에 따른 반응 경로]

1. A는 자를 떨어뜨릴 준비를 하고, B는 자를 잡을 준비를 한다.

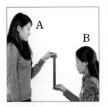

2. A가 예고 없이 자를 떨어뜨리면 B는 떨어지는 자를 보고 잡아 자가 떨어진 거리를 측정한다. 이를 5회 반복하여 평균을 구한다.

3. B의 눈을 가린 후 A가 '땅' 소리와 함께 자를 떨어뜨리면 B는 소리를 듣고 자를 잡아 자가 떨어진 거리를 측정한다. 이를 5회 반복하여 평균을 구한다.

✚ 결과 및 정리

(단위 : cm)

구분	1회	2회	3회	4회	5회	평균값
눈으로 볼 때	24	21	19	19	17	20
소리를 들을 때	33	31	31	28	27	30

❶ 반응 시간이 짧을수록 자가 떨어진 거리가 짧다. ➡ 떨어지는 자를 눈으로 보고 잡는 것이 소리를 듣고 잡는 것보다 반응 시간이 짧다.

❷ 자극의 종류에 따라 반응 경로가 달라서 반응 시간에 차이가 난다.

[무조건 반사와 의식적 반응의 반응 경로]

1. A는 책상에 앉아 눈을 감고 다리에 힘을 뺀다.

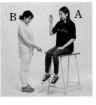

2. B는 고무망치로 A의 무릎뼈 바로 아래를 가볍게 치고, A는 다리에 고무망치가 닿는 것을 느끼는 즉시 오른팔을 든다.

✚ 결과 및 정리

❶ 고무망치로 무릎 아래를 치면 다리가 저절로 들린다. ➡ 다리가 들리는 반응은 무조건 반사, 팔을 드는 반응은 의식적 반응이다.

❷ 다리가 들리는 반응이 팔을 드는 반응보다 빨리 일어난다. ➡ 다리가 들리는 반응의 경로가 더 짧고 단순하기 때문

다리가 들리는 반응의 경로	자극 수용 → 감각 신경 → 척수 → 운동 신경 → 반응 기관
팔을 드는 반응의 경로	자극 수용 → 감각 신경 → 척수 → 대뇌 → 척수 → 운동 신경 → 반응 기관

C 호르몬

1 호르몬 특정 세포나 기관으로 신호를 전달하여 몸의 기능을 조절하는 물질

(1) ⚲내분비샘에서 만들어져 혈액으로 분비된다.

(2) 혈관을 통해 온몸으로 이동하여 ⚲표적 세포나 표적 기관에 작용한다.

(3) 분비량이 너무 많거나 적으면 몸에 이상 증상이 나타날 수 있다.

⚲ **내분비샘** : 호르몬을 만들어 분비하는 조직이나 기관
⚲ **표적 세포** : 특정 호르몬의 작용을 받는 세포로, 호르몬의 종류에 따라 표적 세포가 다르다.

2 내분비샘과 호르몬

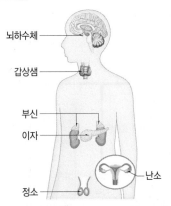

내분비샘	분비하는 호르몬	호르몬의 기능
뇌하수체	생장 호르몬	몸의 생장 촉진
	갑상샘 자극 호르몬	티록신 분비 촉진
	항이뇨 호르몬	콩팥에서 물의 재흡수 촉진
갑상샘	티록신	세포 호흡 촉진
부신	에피네프린	심장 박동 촉진, 혈압 상승
이자	인슐린	혈당량 감소
	글루카곤	혈당량 증가
정소	테스토스테론	남자의 2차 성징 발현
난소	에스트로젠	여자의 2차 성징 발현

3 호르몬 관련 질병 호르몬이 과다 분비되거나 결핍될 경우 질병이 나타난다.

생장 호르몬	결핍	소인증	키가 정상인에 비해 매우 작다.
	과다	거인증	키가 정상인에 비해 매우 크다.
		말단 비대증 (성장기 이후)	코와 턱이 두꺼워지고, 손과 발이 커진다.
티록신	결핍	갑상샘 기능 저하증	체중이 증가하고, 쉽게 피로해지며, 추위를 잘 탄다.
	과다	갑상샘 기능 항진증	체중이 감소하고, 눈이 돌출되며, 맥박이 빨라진다.
인슐린	결핍	당뇨병	오줌에 당이 섞여 나오고, 쉽게 피로해지며, 심한 갈증을 느낀다.

D 항상성

1 항상성 우리 몸이 환경 변화에 적절하게 반응하여 몸의 상태를 일정하게 유지하는 성질 ➡ 신경과 호르몬의 작용으로 항상성이 유지된다.
예 체온 유지, 혈당량 유지

2 호르몬과 신경의 비교

구분	전달 매체	전달 속도	작용 범위	효과의 지속성
호르몬	혈액	느리다.	넓다.	지속적이다.
신경	뉴런	빠르다.	좁다.	일시적이다.

3 체온 조절 과정 열 방출량과 열 발생량을 조절하여 체온을 유지한다.

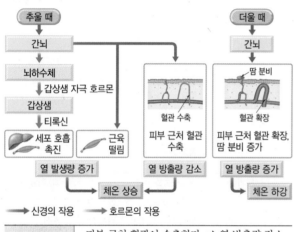

추울 때 (체온이 낮을 때)	• 피부 근처 혈관이 수축한다. ➡ 열 방출량 감소 • 근육을 떨리게 한다. ➡ 열 발생량 증가 • 갑상샘에서 티록신 분비량이 늘어나 세포 호흡이 촉진된다. ➡ 열 발생량 증가
더울 때 (체온이 높을 때)	• 피부 근처 혈관이 확장된다. ➡ 열 방출량 증가 • 땀 분비량이 늘어난다. ➡ 열 방출량 증가

4 혈당량 조절 과정 인슐린과 글루카곤의 작용으로 혈당량을 유지한다.

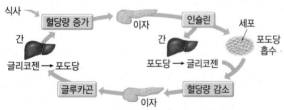

혈당량이 높을 때	이자에서 인슐린 분비 → 간에서 포도당을 글리코젠으로 합성하여 저장, 세포에서 포도당 흡수 촉진 → 혈당량이 낮아진다.
혈당량이 낮을 때	이자에서 글루카곤 분비 → 간에서 글리코젠을 포도당으로 분해하여 혈액으로 내보냄 → 혈당량이 높아진다.

개념 확인하기

1 뉴런의 구조에서 다른 뉴런이나 기관으로부터 자극을 받아들이는 부분은 (   ) 돌기이다.

2 다음은 자극의 전달 경로를 나타낸 것이다. (가)~(다)에 알맞은 뉴런의 종류를 쓰시오.

> 자극 → 감각 기관 → (가) → (나) → (다) → 반응 기관 → 반응

3 사람의 중추 신경계는 (   )와 (   )로 구성된다.

4 오른쪽 그림은 사람 뇌의 구조를 나타낸 것이다. A~E의 이름을 각각 쓰시오.

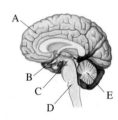

5 뇌의 구조와 관계있는 설명을 옳게 연결하시오.

(1) 대뇌 •   • ㉠ 다양한 정신 활동을 담당한다.

(2) 간뇌 •   • ㉡ 몸속 상태를 일정하게 유지한다.

(3) 연수 •   • ㉢ 심장 박동, 호흡 운동 등을 조절한다.

6 대뇌의 판단 과정을 거쳐 자신의 의지에 따라 일어나는 반응을 (   ), 대뇌의 판단 과정을 거치지 않아 자신의 의지와 관계없이 일어나는 무의식적 반응을 (   )라고 한다.

7 몸속에서 특정 세포나 기관으로 신호를 전달하여 몸의 기능을 조절하는 물질을 (   )이라 하고, 이 물질을 만들어 분비하는 곳을 (   )이라고 한다.

8 호르몬에 대한 설명으로 옳은 것은 ○, 옳지 <u>않은</u> 것은 ×로 표시하시오.

(1) 인슐린은 혈당량을 증가시킨다. ……………… (   )

(2) 티록신은 세포 호흡을 촉진한다. …………… (   )

(3) 생장 호르몬이 결핍될 경우 소인증이 나타날 수 있다.
…………………………………………………………… (   )

9 체온이 낮을 때는 근육을 떨리게 하여 열 발생량이 (증가, 감소)하고, 피부 근처 혈관이 수축하여 열 방출량이 (증가, 감소)한다.

10 혈당량이 높을 때는 이자에서 (   )이 분비되어 혈당량을 낮추고, 혈당량이 낮을 때는 이자에서 (   )이 분비되어 혈당량을 높인다.

A 1 뉴런의 종류 ★★★

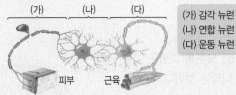

(가) 감각 뉴런
(나) 연합 뉴런
(다) 운동 뉴런

피부　　근육

- (나)는 중추 신경계, (가)와 (다)는 말초 신경계를 구성한다.
- (나)는 자극을 느끼고 판단하여 명령을 내린다.
- (가)는 자극을 뇌나 척수로 전달하고, (다)는 뇌나 척수의 명령을 반응 기관으로 전달한다.
- 자극의 전달 방향 : (가) → (나) → (다)

2 뇌의 구조와 기능 ★★★

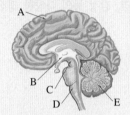

A : 대뇌
B : 간뇌
C : 중간뇌
D : 연수
E : 소뇌

- A : 다양한 정신 활동을 담당 ➡ 교통사고 후 사고 전 일을 기억하지 못하는 것과 관계있다.
- B : 체온을 일정하게 유지 ➡ 더울 때 땀이 나는 것과 관계 있다.
- C : 눈의 움직임, 동공의 크기 조절 ➡ 눈에 빛을 비추었을 때 동공의 크기가 작아지는 것과 관계있다.
- D : 심장 박동, 호흡 운동 조절 ➡ 달리기 후 심장 박동이 빨라지는 것과 관계있다.
- E : 몸의 자세와 균형을 유지 ➡ 몸의 균형을 잡지 못하고 넘어지는 것과 관계있다.

B 3 의식적 반응과 무조건 반사의 반응 경로 ★★★

구분	의식적 반응	무조건 반사
예	손등이 가려워 손으로 긁었다.	압정을 밟자마자 자신도 모르게 발을 들었다.
반응 경로	감각 기관 → A → B → C → D → E → 반응 기관	감각 기관 → A → F → E → 반응 기관

대뇌　　　　　　감각 기관
척수

C 4 내분비샘과 호르몬의 종류 ★★★

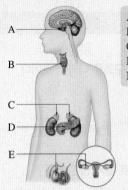

A : 뇌하수체
B : 갑상샘
C : 부신
D : 이자
E : 정소, 난소

- A : 생장 호르몬 분비 – 몸의 생장 촉진
  갑상샘 자극 호르몬 분비 – 티록신 분비 촉진
  항이뇨 호르몬 분비 – 콩팥에서 물의 재흡수 촉진
- B : 티록신 분비 – 세포 호흡 촉진
- C : 에피네프린 분비 – 심장 박동 촉진, 혈압 상승
- D : 인슐린 분비 – 혈당량 감소
  글루카곤 분비 – 혈당량 증가
- E : (정소) 테스토스테론 분비 – 남자의 2차 성징 발현
  (난소) 에스트로젠 분비 – 여자의 2차 성징 발현

D 5 체온 조절 과정 ★★★

추울 때(체온이 낮을 때)	더울 때(체온이 높을 때)
• 피부 근처 혈관이 수축한다. • 근육이 떨린다. • 티록신 분비량이 증가한다.	• 피부 근처 혈관이 확장된다. • 땀 분비량이 늘어난다.

6 혈당량 조절 과정 ★★★

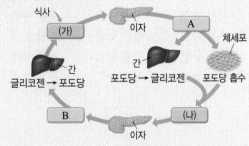

식사
(가)　이자　A
글리코젠 → 포도당　포도당 → 글리코젠　포도당 흡수
간　　간　　체세포
B　　이자　　(나)

- (가)는 혈당량 높음, (나)는 혈당량 낮음이다.
- 혈당량이 높을 때(가)는 이자에서 인슐린(A)이 분비되어 혈당량을 낮춘다.
- 혈당량이 낮을 때(나)는 이자에서 글루카곤(B)이 분비되어 혈당량을 높인다.
- A : 인슐린 – 간에서 포도당을 글리코젠으로 합성하는 과정을 촉진하고, 세포에서 포도당 흡수를 촉진한다.
- B : 글루카곤 – 간에서 글리코젠을 포도당으로 분해하는 과정을 촉진한다.

족집게 문제

Step 1 · 반드시 나오는 문제

1 그림은 뉴런의 구조를 나타낸 것이다.

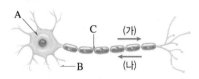

이에 대한 설명으로 옳지 <u>않은</u> 것은?

① 신경계를 이루는 신경 세포이다.
② 자극은 (가) 방향으로 전달된다.
③ B는 가지 돌기, C는 축삭 돌기이다.
④ C는 다른 뉴런에서 자극을 받아들인다.
⑤ A는 핵이 있으며, 다양한 생명 활동이 일어난다.

[2~3] 그림은 뉴런이 연결된 모습을 나타낸 것이다.

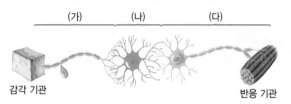

2 (가)~(다)에 해당하는 뉴런의 종류를 옳게 짝 지은 것은?

	(가)	(나)	(다)
①	감각 뉴런	운동 뉴런	연합 뉴런
②	감각 뉴런	연합 뉴런	운동 뉴런
③	운동 뉴런	감각 뉴런	연합 뉴런
④	운동 뉴런	연합 뉴런	감각 뉴런
⑤	연합 뉴런	감각 뉴런	운동 뉴런

3 이에 대한 설명으로 옳은 것은?

① 자극의 전달 방향은 (다) → (나) → (가)이다.
② (가)는 운동 신경을, (다)는 감각 신경을 구성한다.
③ (나)는 중추 신경계와 말초 신경계를 구성한다.
④ (나)는 자극을 느끼고 판단하여 명령을 내린다.
⑤ (다)는 감각 기관에서 받아들인 자극을 중추 신경계로 전달한다.

[4~5] 오른쪽 그림은 사람 뇌의 구조를 나타낸 것이다.

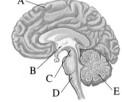

4 뇌의 각 구조에 대한 설명으로 옳은 것은?

① A는 체온을 일정하게 유지한다.
② B는 몸의 자세와 균형을 유지한다.
③ C는 눈의 움직임과 동공의 크기를 조절한다.
④ D는 뇌와 몸의 각 부분 사이의 신호 전달 통로이다.
⑤ E는 기억, 추리, 감정 등의 다양한 정신 활동을 담당한다.

5 다음 현상과 관계있는 뇌의 구조를 옳게 짝 지은 것은?

> (가) 수업 시간에 어려운 수학 문제를 풀었다.
> (나) 더운 곳에 있었더니 몸에서 땀이 났다.
> (다) 달리기를 했더니 호흡이 빨라지고 심장이 빨리 뛰었다.

	(가)	(나)	(다)
①	A	B	D
②	A	E	C
③	B	C	E
④	C	B	D
⑤	E	D	A

6 무조건 반사의 예에 해당하는 것은?

① 신호등에 초록색 불이 켜진 것을 보고 건널목을 건넜다.
② 압정에 발이 찔리는 순간 자신도 모르게 발을 떼었다.
③ 수업 시간을 알리는 종 소리를 듣고 자리에 앉았다.
④ 멀리서 날아오는 야구공을 보고 순간적으로 몸을 피했다.
⑤ 팔에 모기가 앉아 있는 것을 보고 재빨리 손을 휘둘러 쫓아냈다.

[7~8] 그림은 우리 몸에서 자극에 대한 반응의 경로를 나타낸 것이다.

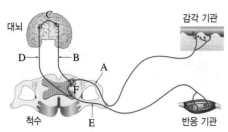

7 이에 대한 설명으로 옳은 것은? ●●●

① A는 운동 뉴런으로 이루어진다.
② B는 의식적 반응에는 관여하지 않는다.
③ E는 중추 신경계의 명령을 감각 기관으로 선달한다.
④ D가 손상되면 척수 반사가 일어나지 않는다.
⑤ E가 손상되면 감각을 느낄 수 있으나 움직일 수 없다.

8 (가) 모기에 물린 곳이 가려워 손으로 긁는 반응의 경로와 (나) 목욕물의 온도가 너무 높아서 넣었던 발을 순간적으로 빼는 반응의 경로를 각각 옳게 짝 지은 것은? ●●●

	(가)	(나)
①	A→F→E	A→B→C→D→E
②	E→F→A	A→F→E
③	E→F→A	A→B→C→D→E
④	A→B→C→D→E	A→F→E
⑤	A→B→C→D→E	E→F→A

9 오른쪽 그림과 같이 B가 고무망치로 A의 무릎뼈 아래를 가볍게 쳤더니 다리가 저절로 들렸다. 이때 A는 다리에 고무망치가 닿는 것을 느끼는 즉시 오른팔을 들었다. 이에 대한 설명으로 옳지 않은 것은? ●●●

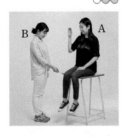

① 다리가 저절로 들리는 반응은 무조건 반사이다.
② 다리에 고무망치가 닿는 자극은 대뇌로도 전달된다.
③ 팔을 드는 반응이 다리가 들리는 반응보다 빨리 일어난다.
④ 다리가 들리는 반응은 감각 신경 → 척수 → 운동 신경의 경로로 일어난다.
⑤ 팔을 드는 반응은 감각 신경 → 척수 → 대뇌 → 척수 → 운동 신경의 경로로 일어난다.

10 호르몬에 대한 설명으로 옳지 않은 것은? ○○○

① 혈액을 통해 이동한다.
② 내분비샘에서 분비된다.
③ 분비량이 너무 적으면 결핍증이 나타난다.
④ 정해진 표적 세포나 표적 기관에 작용한다.
⑤ 분비량이 많을수록 몸의 기능 조절에 도움이 된다.

[11~12] 오른쪽 그림은 우리 몸의 내분비샘을 나타낸 것이다.

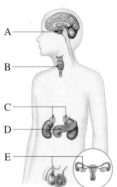

11 A~E에서 분비하는 호르몬을 옳게 짝 지은 것은? ●●●

① A - 티록신
② B - 글루카곤
③ C - 생장 호르몬
④ D - 인슐린
⑤ E - 항이뇨 호르몬

12 A~E에 대한 설명으로 옳은 것은? ●●○

① A는 혈당량 조절에 관여하는 호르몬을 분비한다.
② B는 체온이 높을 때 호르몬 분비량이 증가한다.
③ C는 세포 호흡을 촉진하는 호르몬을 분비한다.
④ D는 콩팥에서 물의 재흡수를 촉진하는 호르몬을 분비한다.
⑤ E는 청소년기의 2차 성징을 발현시키는 호르몬을 분비한다.

13 호르몬의 분비량 이상과 그에 따른 질병을 옳게 짝 지은 것은? ●●●

① 인슐린 결핍 - 당뇨병
② 티록신 결핍 - 거인증
③ 생장 호르몬 과다 - 소인증
④ 에피네프린 과다 - 말단 비대증
⑤ 티록신 과다 - 갑상샘 기능 저하증

14 항상성 유지와 가장 관계가 먼 것은?

① 항상성은 신경과 호르몬에 의해 조절된다.
② 더울 때 땀을 흘리는 것과 관계가 있다.
③ 혈당량이 일정하게 유지되는 것과 관계가 있다.
④ 남자의 2차 성징이 나타나는 것과 관계가 있다.
⑤ 찬물에 들어갔을 때 몸이 떨리는 것과 관계가 있다.

15 호르몬과 신경의 작용을 옳게 비교한 것은?

구분	호르몬	신경
① 전달 속도	빠르다.	느리다.
② 작용 범위	좁다.	넓다.
③ 지속 시간	지속적이다.	일시적이다.
④ 전달 매체	뉴런	혈액
⑤ 특징	모든 세포에 작용	표적 세포에 작용

16 추울 때 우리 몸에서 일어나는 변화를 옳게 설명한 것은?

① 근육이 떨린다.
② 땀 분비량이 늘어난다.
③ 갑상샘에서 티록신이 분비되지 않는다.
④ 열 발생량이 감소하고, 열 방출량이 증가한다.
⑤ 피부 근처 혈관이 확장되어 피부를 흐르는 혈액의 양이 증가한다.

17 다음은 추울 때 호르몬에 의한 체온 조절 과정을 순서 없이 나타낸 것이다.

> (가) 체온이 상승한다.
> (나) 티록신의 분비량이 증가한다.
> (다) 체온이 낮아진 것을 간뇌에서 감지한다.
> (라) 갑상샘 자극 호르몬의 분비량이 증가한다.
> (마) 세포 호흡이 촉진되어 열 발생량이 증가한다.

(가)~(마)를 순서대로 옳게 나열한 것은?

① (가) → (나) → (다) → (라) → (마)
② (나) → (다) → (가) → (마) → (라)
③ (다) → (나) → (라) → (마) → (가)
④ (다) → (라) → (나) → (마) → (가)
⑤ (다) → (마) → (가) → (라) → (나)

18 그림은 혈당량이 조절되는 과정을 나타낸 것이다.

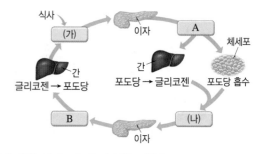

이에 대한 설명으로 옳지 않은 것은?

① A는 인슐린, B는 글루카곤이다.
② A와 B의 표적 기관은 간이다.
③ A의 작용으로 혈당량이 낮아진다.
④ B가 과다 분비되면 당뇨병에 걸린다.
⑤ (가)는 '혈당량 높음', (나)는 '혈당량 낮음'에 해당한다.

Step **2** 자주 나오는 문제

19 사람 뇌의 구조 중 다음과 같은 기능을 담당하는 곳은?

> • 소화, 호흡, 심장 박동과 같은 생명 활동의 중추이다.
> • 재채기, 딸꾹질, 침 분비와 같은 무조건 반사의 중추이다.

① 대뇌　　　② 소뇌　　　③ 간뇌
④ 연수　　　⑤ 중간뇌

20 신경계에 대한 설명으로 옳지 않은 것은?

① 중추 신경계는 뇌와 척수로 구성된다.
② 자율 신경은 내장 기관의 운동을 조절한다.
③ 신경계는 중추 신경계와 말초 신경계로 구분된다.
④ 말초 신경계는 감각 신경과 운동 신경으로 구성된다.
⑤ 말초 신경계는 모두 대뇌의 직접적인 조절을 받는다.

21 교감 신경의 작용에 대한 설명으로 옳지 <u>않은</u> 것은?

① 동공을 확대시킨다.
② 심장 박동을 억제한다.
③ 호흡 운동을 촉진한다.
④ 소화 운동을 억제한다.
⑤ 부교감 신경과 서로 반대 작용을 한다.

22 다음은 자극의 종류에 따른 반응 시간을 알아보는 실험이다.

(가) A는 자를 떨어뜨릴 준비를 하고, B는 자를 잡을 준비를 한다.
(나) A가 예고 없이 자를 떨어뜨리면 B는 자를 보고 잡아 자가 떨어진 거리를 측정한다.
(다) B의 눈을 가린 후 A가 '땅' 소리와 함께 자를 떨어뜨리면 B는 소리를 듣고 자를 잡아 자가 떨어진 거리를 측정한다.

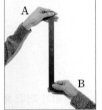

[결과]
(단위 : cm)

구분	1회	2회	3회	4회	5회	평균값
(나)의 결과	24	21	19	19	17	20
(다)의 결과	33	31	31	28	27	30

이에 대한 설명으로 옳지 <u>않은</u> 것은?

① 자가 떨어진 길이가 길수록 반응 시간이 길다.
② 자극에서 반응까지는 어느 정도 시간이 걸린다.
③ 자를 잡는 반응은 대뇌가 중추가 되어 일어난다.
④ 반응 시간은 자극의 종류와 관계없이 항상 일정하다.
⑤ (나)의 반응 경로는 시각 신경을 거치고, (다)의 반응 경로는 청각 신경을 거친다.

23 사람의 호르몬 중 혈압을 상승시키고 심장 박동을 촉진하는 호르몬과 이를 분비하는 내분비샘을 옳게 짝 지은 것은?

① 이자 – 인슐린   ② 갑상샘 – 티록신
③ 부신 – 에피네프린   ④ 정소 – 테스토스테론
⑤ 뇌하수체 – 항이뇨 호르몬

24 다음은 호르몬의 분비량 이상으로 나타나는 증상을 설명한 것이다.

(가) 코와 턱이 두꺼워지고, 손과 발이 커진다.
(나) 체중이 증가하고, 쉽게 피로해지며, 추위를 잘 탄다.

(가), (나)의 증상과 관계있는 호르몬을 각각 옳게 짝 지은 것은?

	(가)	(나)
①	인슐린	티록신
②	생장 호르몬	티록신
③	생장 호르몬	인슐린
④	에스트로젠	글루카곤
⑤	항이뇨 호르몬	에피네프린

[25~26] 그림은 건강한 사람이 식사와 운동을 했을 때 혈당량 변화를 나타낸 것이다.

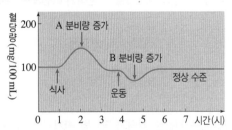

25 호르몬 A와 B의 이름을 각각 쓰시오. (단, A와 B는 같은 내분비샘에서 분비되는 호르몬이다.)

26 이에 대한 설명으로 옳은 것을 보기에서 모두 고른 것은?

• 보기 •
ㄱ. 호르몬 A와 B는 서로 반대로 작용한다.
ㄴ. 호르몬 A의 분비량이 증가하면 혈당량이 감소한다.
ㄷ. 호르몬 B는 간에서 포도당을 글리코젠으로 합성하여 저장하는 과정을 촉진한다.

① ㄱ   ② ㄴ   ③ ㄷ
④ ㄱ, ㄴ   ⑤ ㄴ, ㄷ

Step 3 만점! 도전 문제

27 자극에 대한 반응의 중추가 옳게 짝 지어지지 <u>않은</u> 것은?

① 연수 – 코에 먼지가 들어가서 재채기가 났다.

② 대뇌 – 주전자를 들어 컵에 물을 가득 따랐다.

③ 간뇌 – 음식을 빨리 먹고 일어났더니 딸꾹질이 났다.

④ 중간뇌 – 밝은 낮에 어두운 극장으로 들어갔더니 동공의 크기가 커졌다.

⑤ 척수 – 라면을 끓이다가 뜨거운 냄비에 손이 닿아 자신도 모르게 손을 떼었다.

28 뇌하수체에서 분비하는 호르몬의 자극을 받아 호르몬을 분비하는 기관을 보기에서 모두 고르시오.

> • 보기 •
> ㄱ. 이자　　　ㄴ. 콩팥　　　ㄷ. 갑상샘

29 뇌하수체에서 분비되어 콩팥에 작용하며, 땀을 많이 흘려 몸속 물의 양이 부족해질 때 분비가 촉진되는 호르몬은?

① 인슐린　　　② 티록신　　　③ 에피네프린

④ 테스토스테론　　　⑤ 항이뇨 호르몬

30 그래프는 건강한 사람과 당뇨병 환자의 식사 후 시간에 따른 혈당량과 혈액 속 인슐린 농도를 나타낸 것이다.

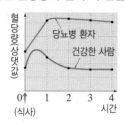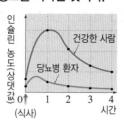

이에 대한 설명으로 옳지 <u>않은</u> 것은?

① 건강한 사람은 식사 후 혈당량이 높아진다.

② 건강한 사람은 혈당량이 정상으로 돌아오면 인슐린 농도가 낮아진다.

③ 당뇨병 환자는 건강한 사람보다 혈당량이 낮게 유지된다.

④ 당뇨병 환자는 건강한 사람보다 혈액 속 인슐린 농도가 낮다.

⑤ 당뇨병 환자는 이자의 인슐린 분비 기능에 이상이 있을 것이다.

31 어떤 사람이 교통사고를 당한 후 걸을 때 몸의 균형을 잘 잡지 못하고 자주 넘어졌다. 이와 가장 관계 깊은 뇌 구조의 기호와 이름을 쓰고, 그 기능을 서술하시오.

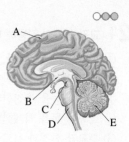

32 손가락이 가시에 찔리면 자신도 모르게 손을 재빨리 움츠린다. 반응 속도와 관련하여 이와 같은 무조건 반사가 생활에서 유리한 점을 서술하시오.

33 날씨가 더워 체온이 높아졌을 때 열 방출량을 증가시키기 위해 우리 몸에서 일어나는 변화를 두 가지만 서술하시오.

34 그림은 이자에서 분비되는 호르몬의 종류와 작용을 나타낸 것이다.

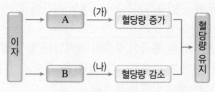

(1) 호르몬 A와 B의 이름을 쓰시오.

(2) 호르몬 B에 의해 (나)에서 혈당량이 조절되는 과정을 서술하시오. (단, 다음 용어를 모두 포함하여 서술하시오.)

> 간, 세포, 포도당, 글리코젠

시험 하루 전!! 끝내주는~

내공 점검

1 그림은 화학 변화를 입자 모형으로 나타낸 것이다.

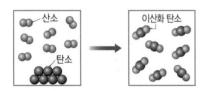

이에 대한 설명으로 옳지 <u>않은</u> 것을 모두 고르면?(2개)

① 원자의 개수가 변한다.
② 원자의 종류가 변한다.
③ 원자의 배열이 변한다.
④ 물질의 종류가 변한다.
⑤ 물질의 성질이 변한다.

2 다음 변화에 대한 설명으로 옳지 <u>않은</u> 것은?

> 설탕을 물에 녹였더니 설탕물 전체에서 단맛이 났다.

① 원자의 종류가 변한다.
② 분자의 배열이 달라진다.
③ 원자의 수는 변하지 않는다.
④ 분자의 종류는 변하지 않는다.
⑤ 물질의 성질은 그대로 유지된다.

3 물질 변화의 종류가 나머지와 <u>다른</u> 하나는?

① 오이가 썩는다.
② 과일이 익는다.
③ 석회암 동굴이 형성된다.
④ 물이 끓어 수증기가 발생한다.
⑤ 식물의 잎이 광합성을 하여 영양분을 만든다.

4 그림은 마그네슘 리본과 마그네슘 리본을 구부린 것, 마그네슘 리본이 타고 남은 재를 나타낸 것이다.

마그네슘 리본 　(가) 구부린 마그네슘 리본 　(나) 마그네슘 리본이 타고 남은 재

이에 대한 설명으로 옳은 것은?

① 마그네슘 리본이 구부러지는 것은 화학 변화이다.
② (가)는 마그네슘의 성질을 그대로 가지고 있다.
③ (가)와 (나)는 원자의 종류와 배열이 같다.
④ (가)와 (나)에 자석을 가까이 하면 모두 자석에 붙는다.
⑤ (가)와 (나)에 묽은 염산을 떨어뜨리면 서로 다른 종류의 기체가 발생한다.

[5~6] 그림은 물의 두 가지 변화를 모형으로 나타낸 것이다.

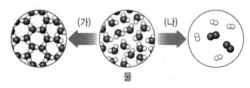

(가) ← 물 → (나)

5 (가)와 같은 종류의 물질 변화를 보기에서 모두 고른 것은?

• 보기 •
ㄱ. 나뭇잎에 서리가 생긴다.
ㄴ. 병에 담긴 물이 얼어 병이 깨진다.
ㄷ. 용광로에서 나온 용융된 철이 굳는다.
ㄹ. 발포정을 물에 넣으면 기포가 발생한다.
ㅁ. 질산 은 수용액에 아이오딘화 칼륨 수용액을 넣으면 노란색의 앙금이 생성된다.

① ㄱ, ㄴ 　　② ㄱ, ㄹ 　　③ ㄴ, ㅁ
④ ㄱ, ㄴ, ㄷ 　　⑤ ㄴ, ㄷ, ㅁ

6 (가)와 (나)에 대한 설명으로 옳은 것을 모두 고르면?(2개)

① (가)에서 물의 질량이 증가한다.
② (나)에서 물질의 고유한 성질은 변하지 않는다.
③ 물을 전기 분해하면 (나)와 같은 변화가 일어난다.
④ (가)와 (나)에서 분자의 종류가 달라진다.
⑤ (가)와 (나)에서 원자의 종류는 변하지 않는다.

7 화학 반응을 화학 반응식으로 나타내는 방법에 대한 설명으로 옳지 <u>않은</u> 것을 모두 고르면?(2개)

① 반응 과정을 '+'와 '='로 나타낸다.
② 반응물과 생성물을 화학식으로 나타낸다.
③ 반응 전후 분자의 종류와 수가 같도록 계수를 맞춘다.
④ 계수가 1일 경우 생략한다.
⑤ 계수는 가장 간단한 정수로 나타낸다.

8 다음은 메테인(CH_4) 연소 반응을 화학 반응식으로 나타낸 것이다.

$$(\ )CH_4 + (\ )O_2 \longrightarrow (\ )H_2O + (\ )CO_2$$

빈칸에 들어갈 계수를 순서대로 옳게 짝 지은 것은? (단, 계수가 1인 경우에도 나타낸다.)

① 1, 1, 2, 2 ② 1, 2, 2, 1 ③ 1, 3, 2, 1
④ 2, 1, 1, 2 ⑤ 2, 1, 2, 1

9 그림은 암모니아가 생성되는 반응을 모형으로 나타낸 것이다.

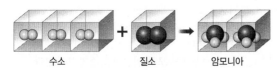

수소   질소   암모니아

이 반응의 화학 반응식으로 옳은 것은?

① $H_3 + N \longrightarrow NH_3$
② $H_2 + N_2 \longrightarrow NH_3$
③ $3H_2 + N_2 \longrightarrow 2NH$
④ $3H_2 + N_2 \longrightarrow 2NH_3$
⑤ $6H + 2N \longrightarrow 2NH_3$

10 화학 반응식을 옳게 나타낸 것을 보기에서 모두 고른 것은?

┌─ 보기 ─────────────────────
ㄱ. $H_2 + Cl_2 \longrightarrow HCl_2$
ㄴ. $2Cu + O_2 \longrightarrow 2CuO$
ㄷ. $2H_2O_2 \longrightarrow 2H_2O + O_2$
ㄹ. $2CH_3OH + 3O_2 \longrightarrow 2CO_2 + 4H_2O$
└────────────────────────

① ㄱ, ㄹ ② ㄴ, ㄷ ③ ㄷ, ㄹ
④ ㄱ, ㄴ, ㄷ ⑤ ㄴ, ㄷ, ㄹ

[11~12] 다음은 수소와 산소가 반응하여 물이 생성되는 반응의 화학 반응식이다.

$$2H_2 + O_2 \longrightarrow 2H_2O$$

11 반응 전과 후를 비교하였을 때 변하지 <u>않는</u> 것을 보기에서 모두 고른 것은?

┌─ 보기 ─────────────────────
ㄱ. 원자의 개수   ㄴ. 원자의 배열
ㄷ. 분자의 개수   ㄹ. 분자의 종류
ㅁ. 물질의 전체 질량
└────────────────────────

① ㄱ, ㅁ ② ㄴ, ㄹ ③ ㄱ, ㄴ, ㄷ
④ ㄱ, ㄷ, ㅁ ⑤ ㄴ, ㄷ, ㄹ

12 이 화학 반응식을 보고 알 수 있는 내용으로 옳은 것을 보기에서 모두 고른 것은?

┌─ 보기 ─────────────────────
ㄱ. 반응물을 구성하는 원소는 두 종류이다.
ㄴ. 생성물은 두 종류이다.
ㄷ. 반응 후 총 분자 수가 감소한다.
ㄹ. 반응하거나 생성되는 물질의 원자 수비는 수소 : 산소 : 물=2 : 1 : 2이다.
└────────────────────────

① ㄱ, ㄷ ② ㄴ, ㄷ ③ ㄱ, ㄴ, ㄷ
④ ㄱ, ㄷ, ㄹ ⑤ ㄴ, ㄷ, ㄹ

1 그림은 탄산 나트륨 수용액과 염화 칼슘 수용액의 반응에서 질량 변화를 알아보는 실험을 나타낸 것이다.

이에 대한 설명으로 옳은 것을 보기에서 모두 고른 것은?

● 보기 ●
ㄱ. (나)에서 탄산 칼슘 앙금이 생성된다.
ㄴ. (나)의 질량은 '(가)의 질량+앙금의 질량'과 같다.
ㄷ. 반응이 일어나도 각 물질의 성질은 변하지 않는다.
ㄹ. 열린 용기에서 실험해도 같은 결과가 나타난다.

① ㄱ, ㄴ   ② ㄱ, ㄹ   ③ ㄴ, ㄷ
④ ㄱ, ㄴ, ㄹ   ⑤ ㄴ, ㄷ, ㄹ

[2~3] 그림은 묽은 염산과 탄산 칼슘의 반응에서 질량 변화를 알아보는 실험을 나타낸 것이다.

(가) 반응 전   (나) 반응 후   (다) 뚜껑을 열었을 때

2 (나)에서 발생한 기체와 (가)~(다)의 질량을 비교한 것을 옳게 짝 지은 것은?

	발생한 기체	질량 비교
①	산소	(가)>(나)>(다)
②	산소	(가)>(나)=(다)
③	수소	(가)=(나)=(다)
④	이산화 탄소	(가)=(나)>(다)
⑤	이산화 탄소	(가)=(나)<(다)

3 (가)에서 묽은 염산의 질량은 27.3 g, 탄산 칼슘의 질량은 10.0 g이었다. (다)에서 병 속에 남아 있는 물질의 질량이 32.9 g일 때 발생한 기체의 질량(g)을 구하시오.

4 그림은 염화 나트륨 수용액과 질산 은 수용액의 반응에서 반응물을 입자 모형으로 나타낸 것이다.

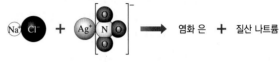

염화 나트륨   질산 은

이에 대한 설명으로 옳은 것을 모두 고르면?(2개)

① 이 반응의 화학 반응식은 $NaCl + AgNO_3 \longrightarrow AgCl + NaNO_3$이다.
② 반응물과 생성물의 부피비는 1 : 1이다.
③ 반응 전후 원자의 종류와 수는 같다.
④ 염화 나트륨과 질산 나트륨의 질량은 같다.
⑤ 열린 용기에서 반응이 일어나면 반응 전보다 질량이 감소한다.

5 그림은 숯(탄소)과 강철 솜을 공기 중에서 연소시키는 모습이다.

(가)   (나)

이에 대한 설명으로 옳은 것을 보기에서 모두 고른 것은?

● 보기 ●
ㄱ. (가)와 (나)에서 숯과 강철 솜은 모두 공기 중의 산소와 결합한다.
ㄴ. (가)와 (나)에서 모두 이산화 탄소가 발생한다.
ㄷ. 숯은 연소 전보다 질량이 증가하고, 강철 솜은 연소 전보다 질량이 감소한다.
ㄹ. (나)에서 연소 전후 질량을 비교하면 결합한 산소의 질량을 알 수 있다.

① ㄱ, ㄹ   ② ㄴ, ㄷ   ③ ㄷ, ㄹ
④ ㄱ, ㄴ, ㄷ   ⑤ ㄴ, ㄷ, ㄹ

[6~7] 표는 오른쪽 그림과 같은 도가니에 구리 가루를 넣고 공기 중에서 충분히 가열할 때 반응하는 구리와 생성되는 산화 구리(Ⅱ)의 질량 관계를 나타낸 것이다.

실험	1	2	3	4
구리(g)	1.0	2.0	4.0	6.0
산화 구리(Ⅱ)(g)	1.25	2.5	5.0	7.5

6 산화 구리(Ⅱ) 25 g을 얻기 위해 필요한 구리와 산소의 최소 질량을 옳게 짝 지은 것은?

	구리	산소		구리	산소
①	10 g	15 g	②	12 g	13 g
③	15 g	10 g	④	17 g	8 g
⑤	20 g	5 g			

7 이 실험에서 도가니에 넣는 구리 가루의 질량이 달라져도 변하지 않는 것을 모두 고르면?(2개)

① 반응하는 산소의 질량
② 생성되는 산화 구리(Ⅱ)의 질량
③ 반응하는 구리와 산소의 질량비
④ 산화 구리(Ⅱ)에 포함된 산소의 질량
⑤ 산화 구리(Ⅱ)를 구성하는 구리와 산소의 질량비

8 오른쪽 그래프는 마그네슘을 연소시켜 산화 마그네슘이 생성될 때의 질량 관계를 나타낸 것이다. 이에 대한 설명으로 옳지 않은 것은?

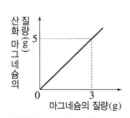

① 반응하는 마그네슘과 산소의 질량비는 3 : 2이다.
② 마그네슘 6 g을 모두 연소시킬 때 생성되는 산화 마그네슘은 10 g이다.
③ 마그네슘 15 g을 모두 연소시킬 때 필요한 최소한의 산소는 10 g이다.
④ 산화 마그네슘 20 g을 생성하기 위해 필요한 최소한의 산소는 12 g이다.
⑤ 마그네슘의 질량이 증가하면 반응하는 산소의 질량도 비례하여 증가한다.

9 표는 수소와 산소가 반응하여 물이 생성될 때 반응하는 두 기체의 질량 관계를 나타낸 것이다.

실험	혼합한 수소(g)	혼합한 산소(g)	남은 기체의 종류와 질량(g)
1	0.2	2.4	산소, 0.8
2	(가)	1.6	수소, 0.1
3	0.4	1.6	(나)

이에 대한 설명으로 옳지 않은 것은?

① 반응하는 수소와 산소의 질량비는 1 : 8이다.
② (가)는 0.3이다.
③ (나)는 산소, 0.2이다.
④ 실험 1에서 생성된 물의 질량은 1.8 g이다.
⑤ 일정 성분비 법칙과 질량 보존 법칙이 성립한다.

10 오른쪽 그림은 암모니아 분자를 모형으로 나타낸 것이다. 원자의 질량비는 질소(N) : 수소(H)=14 : 1이다. 암모니아 25.5 g을 구성하는 질소와 수소의 질량을 옳게 짝 지은 것은?

	질소	수소		질소	수소
①	18 g	7.5 g	②	20 g	5.5 g
③	21 g	4.5 g	④	22 g	3.5 g
⑤	24 g	1.5 g			

11 볼트(B) 20개와 너트(N) 30개를 사용하여 오른쪽 그림과 같은 화합물 모형 BN_3을 최대한 많이 만들었다.

BN₃

이때 볼트 20개의 질량은 20 g이고, 만들어진 BN_3의 전체 질량은 25 g이다. BN_3을 구성하는 볼트와 너트의 질량비(볼트 : 너트)는?

① 1 : 2 ② 2 : 3 ③ 3 : 2
④ 3 : 4 ⑤ 4 : 5

1 기체 반응 법칙에 대한 설명으로 옳은 것을 보기에서 모두 고른 것은?

• 보기 •
ㄱ. 모든 화학 반응에 적용된다.
ㄴ. 일정한 온도와 압력 조건에서 반응이 일어나야 한다.
ㄷ. 반응하는 기체와 생성되는 기체의 질량에도 적용된다.
ㄹ. 반응에 관여하는 기체의 부피 사이에 정수비가 성립한다.
---

① ㄱ, ㄷ   ② ㄴ, ㄹ   ③ ㄷ, ㄹ
④ ㄱ, ㄴ, ㄷ   ⑤ ㄴ, ㄷ, ㄹ

2 표는 일정한 온도와 압력에서 수소 기체와 산소 기체를 반응시켜 수증기를 생성할 때 기체의 부피 관계를 나타낸 것이다.

실험	반응 전 기체의 부피(mL)		반응 후 남은 기체의 부피(mL)		생성된 수증기의 부피(mL)
	수소	산소	수소	산소	
1	15	5	5	0	10
2	20	20	0	10	20
3	40	30	0	10	40

기체의 부피비(수소 : 산소 : 수증기)를 구하시오.

3 그림은 일정한 온도와 압력에서 수소 기체와 질소 기체가 반응하여 암모니아 기체가 생성될 때 기체의 부피 관계를 나타낸 것이다.

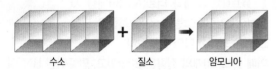

수소 기체 60 mL와 질소 기체 30 mL가 반응할 때 생성되는 암모니아 기체의 부피는?

① 20 mL   ② 30 mL   ③ 40 mL
④ 60 mL   ⑤ 90 mL

4 표는 일정한 온도와 압력에서 기체 A와 B가 반응하여 기체 C가 생성될 때 기체의 부피 관계를 나타낸 것이다.

실험	반응 전 기체의 부피(mL)		반응 후 남은 기체의 종류와 부피(mL)	생성된 기체 C의 부피(mL)
	A	B		
1	30	20	A, 20	(가)
2	20	30	A, 5	30
3	10	30	(나)	20

(가)와 (나)에 해당하는 내용을 옳게 짝 지은 것은?

   (가)   (나)   (가)   (나)
① 10   A, 10   ② 10   B, 10
③ 20   A, 10   ④ 20   B, 10
⑤ 30   B, 15

5 0 °C, 1기압에서 수소 기체, 산소 기체, 이산화 탄소 기체가 각각 같은 부피의 용기 안에 들어 있다. 각 용기 안에 들어 있는 기체 분자의 개수를 옳게 비교한 것은?

① 수소<산소<이산화 탄소
② 수소>산소>이산화 탄소
③ 수소=산소<이산화 탄소
④ 수소<산소=이산화 탄소
⑤ 수소=산소=이산화 탄소

6 그림은 일정한 온도와 압력에서 수소와 산소가 반응하여 수증기가 생성되는 반응을 분자 모형으로 나타낸 것이다.

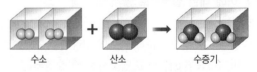

이에 대한 설명으로 옳은 것을 모두 고르면?(2개)

① 반응 전후에 원자의 종류가 같다.
② 반응 전후에 분자의 개수가 같다.
③ 반응하는 수소와 산소의 질량비는 2 : 1이다.
④ 같은 부피 속에 들어 있는 각 기체의 원자 수는 같다.
⑤ 화학 반응식으로 나타내면 $2H_2 + O_2 \longrightarrow 2H_2O$이다.

7 메테인(CH_4) 기체가 연소하면 이산화 탄소 기체와 수증기가 생성된다. 메테인 연소 반응에 대한 설명으로 옳지 않은 것은? (단, 온도와 압력은 일정하며, 원자의 질량비는 탄소 : 산소＝3 : 4이다.)

① 반응하는 메테인과 산소의 분자 수비는 1 : 2이다.
② 생성되는 이산화 탄소를 구성하는 탄소와 산소의 질량비는 3 : 8이다.
③ 생성되는 수증기의 부피는 이산화 탄소 부피의 2배이다.
④ 메테인 기체 15 mL가 모두 연소하면 수증기 30 mL가 생성된다.
⑤ 메테인 기체 20 mL가 모두 연소하기 위해 필요한 최소한의 산소 기체는 20 mL이다.

8 화학 반응이 일어날 때 주변의 온도가 높아지는 반응을 보기에서 모두 고른 것은?

┌─ 보기 ─────────────────────────┐
ㄱ. 공기 중에 놓아 둔 철이 녹슨다.
ㄴ. 묽은 염산에 마그네슘 조각을 넣는다.
ㄷ. 호흡을 통해 포도당과 산소가 반응한다.
ㄹ. 수산화 바륨과 염화 암모늄이 반응한다.
└────────────────────────────┘

① ㄱ, ㄹ   ② ㄴ, ㄷ   ③ ㄱ, ㄴ, ㄷ
④ ㄱ, ㄷ, ㄹ   ⑤ ㄴ, ㄷ, ㄹ

9 흡열 반응을 보기에서 모두 고른 것은?

┌─ 보기 ─────────────────────────┐
ㄱ. 소금과 물이 반응한다.
ㄴ. 염산과 수산화 나트륨이 반응한다.
ㄷ. 물을 전기 분해하면 기포가 발생한다.
ㄹ. 운동을 할 때 몸속의 지방이 연소한다.
└────────────────────────────┘

① ㄱ, ㄷ   ② ㄴ, ㄹ   ③ ㄱ, ㄴ, ㄷ
④ ㄱ, ㄷ, ㄹ   ⑤ ㄴ, ㄷ, ㄹ

10 다음은 철 가루를 이용하여 손난로를 만드는 과정에 대한 설명이다.

┌────────────────────────────┐
부직포 주머니에 철 가루, 숯가루, 소금을 각각 한 숟가락씩 넣고 섞은 후 물을 조금 넣어 밀봉한 다음, 부직포 주머니를 흔든다.
└────────────────────────────┘

이에 대한 설명으로 옳은 것은?

① 흡열 반응을 이용한 온열 장치이다.
② 철 가루와 소금의 중화 반응을 이용한다.
③ 주변으로 에너지를 방출하는 반응을 이용한다.
④ 부직포 주머니 대신 비닐 팩을 사용할 수 있다.
⑤ 숯가루와 산소의 반응에서 출입하는 열을 이용한다.

11 오른쪽 그림과 같이 질산 암모늄이 들어 있는 투명 봉지에 물이 들어 있는 지퍼 백을 넣어 밀봉하였다. 지퍼 백을 눌러 질산 암모늄과 물이 반응하게 하였을 때에 대한 설명으로 옳은 것을 모두 고르면?(2개)

① 투명 봉지가 따뜻해진다.
② 물이 얼면서 온도가 낮아진다.
③ 휴대용 손 냉장고를 만들 수 있다.
④ 주변에서 에너지를 흡수하는 것을 이용한다.
⑤ 질산 암모늄 대신 수산화 나트륨을 사용해도 같은 용도의 제품을 만들 수 있다.

12 다음은 화학 반응에서의 에너지 출입을 이용한 예이다.

┌────────────────────────────┐
(가) 메테인을 연소시켜 음식을 조리한다.
(나) 겨울철 쌓여 있는 눈에 염화 칼슘을 뿌린다.
(다) 산화 칼슘과 물의 반응을 이용하여 컵을 만든다.
(라) 빵을 만들 때 밀가루 반죽에 베이킹파우더를 넣어 구우면 탄산수소 나트륨이 분해되어 빵이 부풀어 오른다.
└────────────────────────────┘

이용하는 에너지 출입이 나머지와 <u>다른</u> 하나를 골라 기호를 쓰시오.

01 기권과 지구 기온

1 기권에 대한 설명으로 옳은 것은?

① 모든 높이에 공기가 골고루 퍼져 있다.
② 지표면에서 높이 약 600 km까지 공기가 분포한다.
③ 대기는 산소가 약 78 %로 가장 많은 양을 차지한다.
④ 수증기는 기상 현상이 일어나는 데 중요한 역할을 한다.
⑤ 높이에 따른 기온 변화에 따라 2개 층으로 구분된다.

[2~5] 그림은 기권의 층상 구조를 나타낸 것이다.

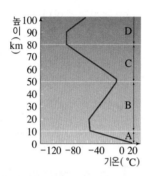

2 A~D 각 층의 이름을 옳게 짝 지은 것은?

	A	B	C	D
①	열권	중간권	성층권	대류권
②	대류권	성층권	중간권	열권
③	대류권	중간권	성층권	열권
④	성층권	열권	중간권	대류권
⑤	성층권	대류권	열권	중간권

3 A에서 높이 올라갈수록 기온이 낮아지는 까닭은?

① 대류가 일어나기 때문
② 오존이 자외선을 흡수하기 때문
③ 태양 에너지에 의해 직접 가열되기 때문
④ 높이 올라갈수록 수증기가 적어지기 때문
⑤ 높이 올라갈수록 지표면에서 방출하는 복사 에너지가 적게 도달하기 때문

4 B의 특징으로 옳은 것은?

① 유성이 관측된다.
② 기상 현상이 일어난다.
③ 오로라 현상이 관측된다.
④ 대기가 불안정하여 대류가 일어난다.
⑤ 자외선을 흡수하는 오존이 밀집되어 있다.

5 A~D 중 다음과 같은 특징이 나타나는 층의 기호와 이름을 옳게 짝 지은 것은?

- 대류가 일어나지 않아 안정하다.
- 밤낮의 기온 차이가 매우 크게 나타난다.
- 인공위성의 궤도로 이용된다.

① A - 열권　② B - 성층권　③ C - 중간권
④ D - 열권　⑤ D - 성층권

6 그림 (가)와 같이 적외선등을 켜고 2분 간격으로 알루미늄 컵 속의 온도를 측정하여 (나)와 같은 결과를 얻었다.

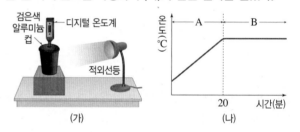

이에 대한 설명으로 옳은 것은?

① A 구간에서 컵이 방출하는 복사 에너지양은 0이다.
② B 구간에서 컵이 흡수하는 복사 에너지양은 0이다.
③ A 구간에서 컵이 흡수하는 복사 에너지양은 방출하는 복사 에너지양보다 많다.
④ B 구간에서 컵이 흡수하는 복사 에너지양은 방출하는 복사 에너지양보다 적다.
⑤ 컵과 적외선등 사이의 거리를 멀리하면 복사 평형에 더 빨리 도달한다.

7 온실 효과에 대한 설명으로 옳지 <u>않은</u> 것은?

① 대기가 없다면 지구의 평균 기온은 현재보다 높을 것이다.
② 지구는 대기의 온실 효과로 생물이 살기에 적합한 환경이 되었다.
③ 대기는 지구 복사 에너지를 흡수한 후 지표로 다시 방출한다.
④ 대기 중에 온실 기체가 많을수록 보다 높은 온도에서 복사 평형이 일어난다.
⑤ 온실 기체로는 이산화 탄소, 메테인 등이 있다.

[8~9] 그림은 지구의 복사 평형을 나타낸 것이다.

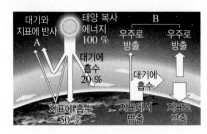

8 지구로 들어오는 태양 복사 에너지의 양을 100 %라고 할 때, 지구에서 방출되는 복사 에너지의 양 B는 얼마인가?

① 20 %　　② 30 %　　③ 50 %
④ 70 %　　⑤ 100 %

9 이에 대한 설명으로 옳지 **않은** 것은?

① 지구가 흡수하지 못하고 반사하는 태양 복사 에너지의 양(A)은 30 %이다.
② 구름과 대기에 흡수되는 태양 복사 에너지의 양은 20 %이다.
③ 지표가 흡수하는 태양 복사 에너지의 양은 50 %이다.
④ 지구가 흡수하는 태양 복사 에너지의 양은 지구가 우주로 방출하는 지구 복사 에너지의 양보다 많다.
⑤ 지구는 복사 평형을 이루고 있어 일정한 온도를 유지한다.

10 다음은 수성과 금성의 특징을 비교한 표이다.

구분	태양으로부터의 거리 (지구=1)	대기	표면 온도(°C)
수성	0.4	거의 없음	약 427
금성	0.7	이산화 탄소가 주성분인 두꺼운 대기	약 477

이에 대한 설명으로 옳지 **않은** 것은?

① 수성에서는 복사 평형이 일어난다.
② 수성에서는 온실 효과가 일어난다.
③ 금성에서는 복사 평형이 일어난다.
④ 금성에서는 온실 효과가 일어난다.
⑤ 금성이 수성보다 표면 온도가 높은 까닭은 온실 효과가 일어나기 때문이다.

11 최근 일어나고 있는 지구 온난화에 가장 큰 영향을 미치는 온실 기체는?

① 산소　　② 오존　　③ 메테인
④ 수증기　　⑤ 이산화 탄소

[12~13] 그림은 최근 대기 중 이산화 탄소의 농도 변화를 나타낸 것이다.

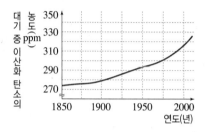

12 대기 중 이산화 탄소의 농도가 증가한 주요 원인은?

① 화석 연료의 사용 증가　　② 평균 기온 하강
③ 삼림 면적 증가　　④ 해수면 상승
⑤ 화산 활동

13 그림과 같은 변화가 계속될 때 미래의 지구의 환경 변화로 옳은 것을 보기에서 모두 고른 것은?

보기
ㄱ. 지구의 평균 기온이 상승한다.
ㄴ. 극지방의 빙하가 늘어난다.
ㄷ. 해수면이 높아진다.
ㄹ. 육지가 늘어난다.
ㅁ. 여름의 길이가 길어진다.
ㅂ. 동해의 한류성 어종이 증가한다.

① ㄱ, ㄴ, ㅁ　　② ㄱ, ㄷ, ㅁ　　③ ㄱ, ㄷ, ㅂ
④ ㄴ, ㄹ, ㅂ　　⑤ ㄴ, ㅁ, ㅂ

14 지구 온난화를 줄이기 위한 노력으로 옳지 **않은** 것은?

① 에너지를 절약한다.
② 온실 기체 배출을 규제해야 한다.
③ 화석 연료의 사용을 더 늘려야 한다.
④ 나무를 많이 심어 광합성량을 늘린다.
⑤ 일회용품 사용을 줄이고, 자원을 재활용한다.

1 그림은 기온에 따른 포화 수증기량 곡선을 나타낸 것이다.

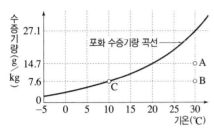

A, B, C 공기의 이슬점을 옳게 비교한 것은?

① A=B<C
② A=B>C
③ A>B=C
④ A>B>C
⑤ A=B=C

[2~3] 다음은 기온에 따른 포화 수증기량을 나타낸 표이다.

기온(℃)	0	5	10	15	20	25	30
포화 수증기량(g/kg)	3.8	5.4	7.6	10.6	14.7	20.0	27.1

2 현재 기온이 25 ℃이고, 1 kg 속에 7.6 g의 수증기가 들어 있는 공기가 있다. 이 공기에 대한 설명으로 옳지 않은 것은?

① 현재 공기는 불포화 상태이다.
② 이 공기의 이슬점은 20 ℃이다.
③ 기온을 10 ℃로 낮추면 포화 상태가 된다.
④ 기온을 10 ℃로 낮추면 응결이 일어나기 시작한다.
⑤ 12.4 g의 수증기를 더 넣어 주면 포화 상태가 된다.

3 기온이 25 ℃, 이슬점이 20 ℃인 공기 1 kg의 기온을 5 ℃로 낮추면 응결되는 수증기량은 얼마인가?

① 5.3 g
② 5.4 g
③ 7.1 g
④ 9.3 g
⑤ 14.6 g

4 그림은 기온에 따른 포화 수증기량을 나타낸 것이다.

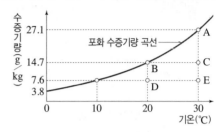

이에 대한 설명으로 옳지 않은 것은?

① A와 B 공기의 상태에서는 빨래가 잘 마르지 않는다.
② B와 C 공기는 포화 수증기량이 다르지만, 상대 습도는 같다.
③ C와 E 공기는 포화 수증기량이 같지만, 이슬점은 E 공기가 더 낮다.
④ A 공기 3 kg을 10 ℃로 냉각시키면 58.5 g의 수증기가 응결한다.
⑤ E 공기의 상대 습도를 구하면 약 28 %이다.

5 상대 습도에 대한 설명으로 옳은 것은?

① 포화 상태인 공기의 상대 습도는 100 %이다.
② 기온이 일정할 때 이슬점이 높을수록 상대 습도가 낮다.
③ 수증기량이 일정할 때 대기가 가열되면 상대 습도는 높아진다.
④ 수증기량이 일정할 때 대기가 냉각되면 상대 습도는 낮아진다.
⑤ 상대 습도는 기온이나 포함되어 있는 수증기량과 관계가 없다.

6 오른쪽 그림은 맑은 날 하루 동안의 기온과 상대 습도의 변화를 나타낸 것이다. 이에 대한 설명으로 옳은 것은?

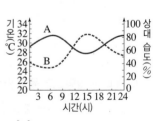

① A는 기온, B는 상대 습도이다.
② 기온이 낮아질 때 상대 습도도 낮아진다.
③ 6시경에 포화 수증기량이 가장 많다.
④ 15시경에 빨래가 가장 잘 마른다.
⑤ 하루 동안 이슬점의 변화는 매우 크다.

7 그림은 구름의 생성 과정을 나타낸 것이다.

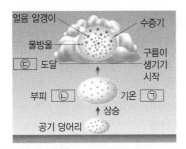

㉠~㉢에 들어갈 말을 옳게 짝 지은 것은?

	㉠	㉡	㉢
①	상승	압축	이슬점
②	상승	압축	어는점
③	상승	팽창	어는점
④	하강	압축	이슬점
⑤	하강	팽창	이슬점

8 오른쪽 그림과 같이 플라스틱 병에 따뜻한 물과 향 연기를 약간 넣고, 간이 가압 장치를 단 뚜껑을 닫는다. 압축 펌프를 누른 다음 뚜껑을 열고 플라스틱 병 내부를 관찰한다. 이에 대한 설명으로 옳지 않은 것은?

① 구름 발생 실험 장치이다.
② 압축 펌프를 눌렀을 때가 구름이 발생하는 원리에 해당한다.
③ 뚜껑을 열면, 플라스틱 병 내부 공기의 부피는 팽창하고, 기온은 하강한다.
④ 뚜껑을 열었다가 닫은 후, 압축 펌프를 다시 누르면 플라스틱 병 내부는 맑아진다.
⑤ 향 연기는 수증기가 쉽게 응결하도록 도와주는 역할을 한다.

9 구름이 생성될 수 있는 경우가 아닌 것은?

10 적운형 구름과 층운형 구름의 특징을 옳게 비교한 것은?

		적운형 구름	층운형 구름
①	모양	옆으로 퍼짐	위로 솟음
②	상승 기류	약할 때	강할 때
③	강수 형태	소나기성 비	지속적인 비
④	강수 범위	넓은 지역	좁은 지역
⑤	발달 위치	온난 전선 앞	한랭 전선 뒤

11 다음은 어느 지방의 강수 이론을 설명한 글이다.

> 구름 속 큰 물방울이 작은 물방울들과 충돌하여 점점 성장하면서 무거워지면 떨어져 비가 내린다.

이에 대한 설명으로 옳은 것은?

① 빙정설에 대한 설명이다.
② 고위도 지방의 강수 이론이다.
③ 구름의 온도는 0 ℃ 이상이다.
④ 눈과 비가 내리는 과정을 모두 설명할 수 있다.
⑤ 이 강수 이론의 구름 속에는 얼음 알갱이가 많다.

12 그림은 강수 과정에 대한 두 이론을 나타낸 것이다.

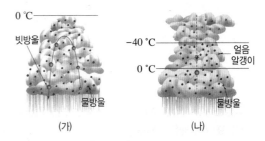

(가)　　　　(나)

이에 대한 설명으로 옳은 것은?

① (가)는 빙정설에 해당된다.
② (가)는 온대나 한대 지방의 강수 과정을 설명한다.
③ (나)에서는 크고 작은 물방울이 합쳐져 따뜻한 비가 내린다.
④ (나)의 −40 ℃~0 ℃ 구간에서 얼음 알갱이는 점점 작아지고 물방울은 점점 커진다.
⑤ 우리나라는 주로 (나)와 같은 과정을 통해 눈 또는 비가 내린다.

1 기압에 대한 설명으로 옳지 <u>않은</u> 것은?

① 1기압은 101300 hPa이다.
② 기압은 모든 방향으로 작용한다.
③ 기압은 지표면에서 높이 올라갈수록 낮아진다.
④ 기압은 공기가 단위 넓이에 작용하는 힘(압력)이다.
⑤ 기압은 높이뿐만 아니라 측정하는 장소와 시간에 따라 달라진다.

2 오른쪽 그림과 같이 유리관에 수은을 가득 채운 후, 수은이 담긴 수조에 거꾸로 세웠더니 유리관 속의 수은 기둥이 내려오다가 76 cm 높이에서 멈췄다. 이에 대한 설명으로 옳은 것은?

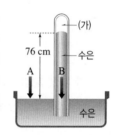

① 실험 장소의 기압은 2기압이다.
② 수은 기둥이 멈춘 까닭은 기압의 크기(A)와 유리관 속의 수은 기둥의 압력(B)이 같기 때문이다.
③ 유리관을 기울이면 수은 기둥의 높이는 76 cm보다 낮아진다.
④ 유리관의 굵기를 더 얇게 하면 수은 기둥의 높이는 76 cm보다 높아진다.
⑤ 높은 산에 올라가서 이 실험을 하면 수은 기둥의 높이는 76 cm보다 높아진다.

3 그림은 각각 다른 지역에서 측정한 수은 기둥의 높이를 한번에 표현해 놓은 것이다.

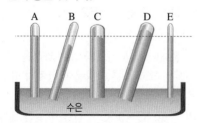

A~E 중 기압이 가장 높은 곳에서 측정한 것은?

① A   ② B   ③ C
④ D   ⑤ E

4 오른쪽 그림은 기압의 크기를 측정하기 위한 실험 장치로, 1기압일 때의 모습이다. 이에 대한 설명으로 옳은 것은?

① 수은 기둥이 멈춘 높이 h_1은 74 cm이다.
② A와 B 지점에 작용하는 압력의 크기는 다르다.
③ C 지점에 작용하는 압력은 대기압과 같은 1기압이다.
④ 유리관을 기울이면 수은 기둥의 높이가 h_2가 낮아진다.
⑤ 수은 대신 물을 사용하면 기둥의 높이가 높아진다.

5 다음은 지표면의 서로 다른 지역에서 측정한 압력이다. 크기가 큰 것부터 나열하시오.

> (가) 1기압
> (나) 80 cmHg
> (다) 물기둥 1 m가 누르는 압력

6 높이에 따른 공기 밀도의 변화를 그래프로 옳게 나타낸 것은?

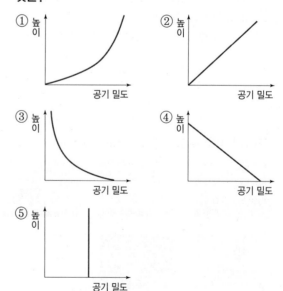

7 기압과 바람에 대한 설명으로 옳은 것을 보기에서 모두 고른 것은?

• 보기 •
ㄱ. 바람은 기압이 높은 곳에서 낮은 곳으로 분다.
ㄴ. 두 지점 사이의 기압 차이가 클수록 바람이 세게 분다.
ㄷ. 바람의 방향을 풍향이라 하고, 바람이 불어오는 방향을 말한다.

① ㄱ ② ㄷ ③ ㄱ, ㄴ
④ ㄴ, ㄷ ⑤ ㄱ, ㄴ, ㄷ

8 오른쪽 그림은 어느 해안 지방에서 나타난 공기의 이동 모습이다. 이와 같이 바람이 불 때 육지와 바다의 기온과 기압을 옳게 비교한 것은?

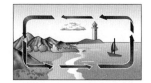

　　 기온　　　　 기압
① 육지<바다　　육지<바다
② 육지<바다　　육지>바다
③ 육지=바다　　육지=바다
④ 육지>바다　　육지<바다
⑤ 육지>바다　　육지>바다

9 어느 날 낮에 해안가 근처에 정지해 있던 배에서 연기가 그림과 같이 이동하고 있었다.

이때 바람이 부는 방향, 해륙풍의 이름, 육지가 있는 방향을 옳게 짝 지은 것은?

　　바람의 방향　　　해륙풍　　　육지의 방향
① 　서 → 동　　　　해풍　　　　동쪽
② 　서 → 동　　　　육풍　　　　동쪽
③ 　서 → 동　　　　해풍　　　　서쪽
④ 　동 → 서　　　　육풍　　　　서쪽
⑤ 　동 → 서　　　　해풍　　　　서쪽

10 그림 (가)와 (나)는 우리나라에서 부는 계절풍을 나타낸 것이다.

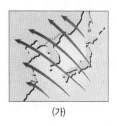 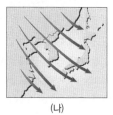
　　　　(가)　　　　　　　　　(나)

이에 대한 설명으로 옳은 것은?

① (가)는 겨울철, (나)는 여름철에 분다.
② (가)는 북서 계절풍, (나)는 남동 계절풍이다.
③ (가)에서는 대륙 쪽의 기온이 해양 쪽보다 높다.
④ (나)에서는 대륙 쪽의 기압이 해양 쪽보다 낮다.
⑤ (가)와 (나)는 하루를 주기로 풍향이 바뀐다.

11 오른쪽 그림과 같이 실험 장치를 설치한 후, 적외선등을 이용하여 모래와 물을 가열시키면서 온도를 측정하였다. 이 실험에 대한 설명으로 옳지 않은 것은?

① 해풍이 부는 원리를 알 수 있다.
② 모래는 물보다 더 빨리 가열된다.
③ 모래 위의 공기는 가벼워져 상승한다.
④ 물에서 모래 쪽으로 향 연기가 이동한다.
⑤ 적외선등을 끄면, 모래의 온도가 물의 온도보다 서서히 낮아진다.

12 우리나라의 해륙풍과 계절풍의 특징을 옳게 나타낸 것은?

	바람	부는 때	풍향	기압
①	해풍	낮	육지 → 바다	육지<바다
②	육풍	밤	바다 → 육지	육지>바다
③	남동 계절풍	여름	해양 → 대륙	대륙<해양
④	북서 계절풍	여름	대륙 → 해양	대륙>해양
⑤	북서 계절풍	겨울	해양 → 대륙	대륙<해양

1 기단에 대한 설명으로 옳지 <u>않은</u> 것은?

① 해양에서 형성된 기단은 습하다.

② 대륙에서 형성된 기단은 건조하다.

③ 고위도에서 형성된 기단은 기온이 낮다.

④ 저위도에서 형성된 기단은 기온이 높다.

⑤ 건조한 기단이 해양 쪽으로 이동하면 습도가 낮아진다.

[2~3] 그림은 우리나라에 영향을 주는 기단을 나타낸 것이다.

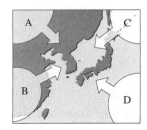

2 A~D 기단을 건조한 기단과 습한 기단으로 옳게 구분한 것은?

	건조한 기단	습한 기단
①	A, B	C, D
②	A, C	B, D
③	A, D	B, C
④	B, D	A, C
⑤	C, D	A, B

3 다음과 같은 날씨에 영향을 주는 기단을 순서대로 옳게 짝 지은 것은?

(가) 겨울에 한파가 나타난다.
(나) 여름에 부는 남동 계절풍에 영향을 준다.
(다) 초여름 동해안 저온 현상을 일으킨다.

	(가)	(나)	(다)		(가)	(나)	(다)
①	A	B	C	②	A	D	C
③	B	A	D	④	C	A	B
⑤	D	B	A				

4 오른쪽 그림은 어떤 전선의 단면을 나타낸 것이다. 이에 대한 설명으로 옳은 것은?

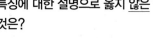

① 한랭 전선이다.

② 전선면의 기울기가 급하다.

③ 적운형 구름이 만들어진다.

④ 좁은 지역에 소나기가 내린다.

⑤ 전선 통과 후 기온이 높아진다.

5 오른쪽 그림과 같은 전선의 특징에 대한 설명으로 옳지 <u>않은</u> 것은?

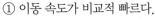

① 이동 속도가 비교적 빠르다.

② 층운형 구름이 만들어진다.

③ 좁은 지역에 소나기가 내린다.

④ 전선 통과 후 기온이 낮아진다.

⑤ 찬 기단이 따뜻한 기단 아래로 파고들며 만들어진다.

6 고기압과 저기압에 대한 설명으로 옳지 <u>않은</u> 것은?

① 바람은 고기압에서 저기압으로 분다.

② 고기압에서는 하강 기류가 있어 날씨가 맑다.

③ 저기압은 1000 hPa보다 기압이 낮은 곳이다.

④ 저기압의 중심에는 상승 기류가 있어 흐리거나 비가 온다.

⑤ 북반구 고기압의 중심에서는 지상에서 바람이 시계 방향으로 불어 나간다.

7 그림은 일기도에 나타난 온대 저기압이다.

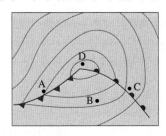

일기도를 옳게 해석한 것은?

① A 지역은 넓은 지역에서 지속적인 비가 내린다.
② B 지역은 기온이 높고 맑으며 남서풍이 분다.
③ C 지역은 기온이 낮고 소나기가 내린다.
④ D 지역은 기온이 높고 맑다.
⑤ 저기압의 중심은 B 지역이다.

[8~9] 그림은 우리나라 부근에 발달한 온대 저기압의 단면을 나타낸 것이다.

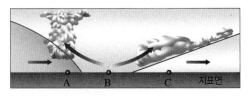

8 이에 대한 설명으로 옳은 것은?

① A 지역은 현재 기온이 높다.
② A 지역은 현재 소나기가 내리고 있다.
③ B 지역은 현재 이슬비가 내리고 있다.
④ C 지역은 온난 전선이 통과한 후이다.
⑤ C 지역에서는 적운형 구름이 발달한다.

9 A~C 지역에서 현재 비가 내리고 있지만, 곧 날씨가 맑아지고 기온이 높아질 것으로 예상되는 곳을 모두 고르면?

① A   ② B   ③ C
④ A, B   ⑤ B, C

10 그림은 우리나라 부근의 일기도를 나타낸 것이다.

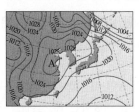

A 지역의 기압, 기류, 지상에서 바람의 방향을 옳게 나타낸 것은?

①
하강 기류

②
상승 기류

③
상승 기류

④
하강 기류

⑤
하강 기류

11 오른쪽 그림은 우리나라 주변의 일기도이다. 이와 같은 일기도가 나타나는 계절의 특징으로 옳은 것은?

① 첫서리가 내린다.
② 황사가 자주 발생한다.
③ 폭염과 무더위가 나타난다.
④ 시베리아 기단의 영향을 크게 받는다.
⑤ 이동성 고기압의 영향으로 날씨 변화가 심하다.

12 우리나라의 여름과 겨울 날씨의 특징을 비교한 것으로 옳은 것은?

	구분	여름	겨울
①	영향을 주는 기단	시베리아 기단	북태평양 기단
②	습도	높다.	낮다.
③	기압 배치	서고동저형	남고북저형
④	계절풍	북서 계절풍	남동 계절풍
⑤	특징	열대야	이동성 고기압

1 속력에 대한 설명으로 옳지 <u>않은</u> 것은?

① 물체의 빠르기를 나타낸다.
② 일정한 시간 동안 이동한 거리이다.
③ 같은 시간 동안 이동한 거리가 길수록 속력이 빠르다.
④ 같은 거리를 이동하는 데 걸리는 시간이 길수록 속력이 빠르다.
⑤ 평균 속력은 운동 중의 속력 변화와 관계없이 전체 이동 거리를 걸린 시간으로 나누어 구한다.

2 그림은 직선상에서 물체의 운동 모습을 0.2초 간격으로 찍은 다중 섬광 사진을 나타낸 것이다.

물체의 평균 속력은?

① 0.1 m/s　　② 0.2 m/s　　③ 1 m/s
④ 10 m/s　　⑤ 20 m/s

3 민수가 직선 도로에서 5초 동안 10 m를 걸어간 뒤 뒤로 돌아 10초 동안 50 m를 달려갔다. 민수의 평균 속력은?

① 1 m/s　　② 2 m/s　　③ 3 m/s
④ 4 m/s　　⑤ 5 m/s

4 야구 선수가 72 km/h의 속력으로 공을 던졌을 때, 이 선수로부터 50 m 거리에 있는 타자에게 공이 오는 데 걸리는 시간은?

① 1초　　② 1.5초　　③ 2초
④ 2.5초　　⑤ 5초

5 보기에서 속력이 빠른 순서대로 나열한 것은?

- 보기
(가) 5초 동안 50 m를 이동한 물체
(나) 2분 동안 120 m를 이동한 물체
(다) 1시간 동안 7.2 km를 이동한 물체

① (가) – (나) – (다)　　② (가) – (다) – (나)
③ (나) – (가) – (다)　　④ (나) – (다) – (가)
⑤ (다) – (나) – (가)

6 산의 정상에 올라가 맞은편 산봉우리를 향해 "야호"라고 외쳤더니 8초 후 메아리가 들렸다고 한다. 이 산의 정상에서 맞은편 산봉우리까지의 거리는? (단, 소리의 속력은 340 m/s이다.)

① 340 m　　② 680 m　　③ 1360 m
④ 2720 m　　⑤ 5440 m

7 그림은 직선상에서 오른쪽으로 운동하는 물체의 위치를 일정한 시간 간격으로 나타낸 것이다.

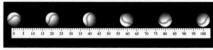

(단위 : cm)

이에 대한 설명으로 옳은 것을 보기에서 모두 고른 것은?

- 보기
ㄱ. 물체는 속력이 일정한 운동을 한다.
ㄴ. 시간에 관계없이 이동 거리가 일정한 운동이다.
ㄷ. 시간─속력 그래프에서 그래프 아랫부분의 넓이는 이동 거리를 나타낸다.

① ㄱ　　② ㄴ　　③ ㄱ, ㄷ
④ ㄴ, ㄷ　　⑤ ㄱ, ㄴ, ㄷ

8 그림은 영수와 민수가 자전거를 타고 이동하는 모습을 나타낸 것이다.

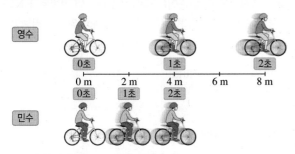

이에 대한 설명으로 옳은 것은?

① 1초일 때 영수의 속력은 2 m/s이다.
② 1초일 때 민수의 속력은 4 m/s이다.
③ 영수는 2초 동안 4 m를 이동했다.
④ 영수가 8 m를 이동하는 동안 평균 속력은 8 m/s이다.
⑤ 민수가 4 m를 이동하는 동안 평균 속력은 2 m/s이다.

9 오른쪽 그래프는 A∼E의 이동 거리를 시간에 따라 나타낸 것이다. 속력이 가장 빠른 것은?

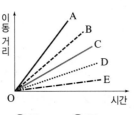

① A   ② B   ③ C   ④ D   ⑤ E

10 자유 낙하 운동을 하는 물체에 대한 설명으로 옳은 것만을 보기에서 모두 고른 것은? (단, 공기 저항은 무시한다.)

> • **보기** •
> ㄱ. 속력이 일정하게 증가한다.
> ㄴ. 물체의 질량이 클수록 빨리 떨어진다.
> ㄷ. 공의 운동 방향과 반대 방향으로 중력이 작용한다.

① ㄱ   ② ㄴ   ③ ㄱ, ㄴ
④ ㄱ, ㄷ   ⑤ ㄴ, ㄷ

11 공을 들고 있다가 가만히 놓았을 때, 공이 4초 후에 지면에 도달하였다. 이때 공을 떨어뜨린 높이는? (단, 중력 가속도 상수는 9.8이다.)

① 39.2 m   ② 49 m   ③ 78.4 m
④ 122.5 m   ⑤ 156.8 m

12 오른쪽 그래프는 어떤 물체의 속력을 시간에 따라 나타낸 것이다. 이에 대한 설명으로 옳은 것을 모두 고르면?(2개)

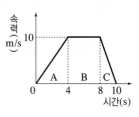

① A 구간에서 물체의 속력은 일정하게 증가한다.
② B 구간에서 물체는 정지해 있다.
③ 10초 동안 평균 속력은 8 m/s이다.
④ 8초 동안 이동한 거리는 80 m이다.
⑤ A 구간과 C 구간에서 평균 속력은 같다.

13 그래프는 직선상에서 운동하는 물체 A∼D의 시간에 따른 이동 거리, 시간에 따른 속력을 나타낸 것이다. A∼D의 운동 방향은 같다.

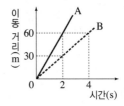 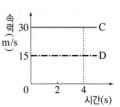

이에 대한 설명으로 옳지 <u>않은</u> 것은?

① A∼D는 모두 속력이 일정한 운동을 한다.
② A는 C와 같은 속력으로 운동을 한다.
③ 4초 동안 B의 평균 속력은 15 m/s이다.
④ 4초 동안 이동한 거리는 D가 A의 2배이다.
⑤ C의 이동 거리는 시간에 비례하여 증가한다.

14 오른쪽 그래프는 두 물체 A와 B의 속력을 시간에 따라 나타낸 것이다. 이에 대한 설명으로 옳은 것은?

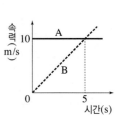

① A는 가만히 멈추어 있다.
② B는 속력이 일정한 운동을 한다.
③ 0초부터 5초까지 평균 속력은 A와 B가 같다.
④ 0초부터 5초까지 이동 거리는 A가 B의 2배이다.
⑤ A와 B는 같은 곳에서 출발하여 5초가 되는 순간 다시 만났다.

1 과학에서의 일을 한 경우가 <u>아닌</u> 것을 모두 고르면?(2개)

① 책가방을 들고 서 있다.
② 계단을 2 m 높이만큼 올라갔다.
③ 바닥에 떨어진 책을 들어 올렸다.
④ 가방을 들고 수평 방향으로 걸어갔다.
⑤ 지우개가 바닥으로 떨어지고 있다.

2 오른쪽 그래프는 수평면 위에 정지해 있는 물체에 힘을 작용하여 이동시켰을 때 힘과 이동 거리의 관계를 나타낸 것이다. 이 물체를 20 m 이동시켰을 때 한 일의 양은?

그래프: 세로축 힘(N), 가로축 이동 거리(m). 10 m까지 0에서 10 N으로 증가한 후 20 m까지 10 N 유지

① 50 J
② 100 J
③ 150 J
④ 200 J
⑤ 1500 J

3 철수는 (가)~(라)와 같이 다양한 일을 하였다.

> (가) 질량이 5 kg인 상자를 1 m 들어 올렸다.
> (나) 무게가 100 N인 화분을 들고 15 m 걸어갔다.
> (다) 무게가 30 N인 가방을 20 N의 힘으로 힘의 방향으로 2 m 끌어당겼다.
> (라) 1층 교실에 있는 무게가 100 N인 책상을 4 m 높이에 있는 2층 교실로 옮겼다.

일을 많이 한 경우부터 순서대로 옳게 나열한 것은?

① (가) – (나) – (다) – (라)
② (나) – (라) – (가) – (다)
③ (다) – (나) – (가) – (라)
④ (라) – (가) – (다) – (나)
⑤ (라) – (다) – (가) – (나)

4 그림과 같이 남중이는 질량이 10 kg인 가방을 1 N의 힘으로 2 m 밀고 가다가 1 m 높이의 책상 위에 올려놓았다.

남중이가 가방에 한 일의 양은?

① 0 J
② 2 J
③ 10.8 J
④ 98 J
⑤ 100 J

5 그림과 같이 철수는 무게가 100 N인 상자를 들고 A점에서 B점을 지나 높이 10 m인 D점까지 계단을 이용하여 이동하였다.

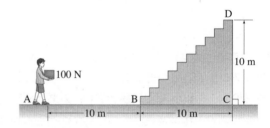

철수가 A점에서 D점까지 이동하는 동안 상자에 한 일의 양은?

① 0 J
② 1000 J
③ 1500 J
④ 2000 J
⑤ 2500 J

6 다음은 위치 에너지를 측정하기 위한 실험 과정을 나타낸 것이다.

> (가) 오른쪽 그림과 같이 장치한 후 질량이 100 g인 추를 낙하 높이가 10 cm인 곳에서 떨어뜨려 나무 도막이 밀려난 거리를 측정한다.
> (나) 질량이 100 g인 추의 낙하 높이를 20 cm, 30 cm로 변화시키면서 나무 도막이 밀려난 거리를 측정한다.

이 실험을 통해 알아보고자 하는 것은?

① 추의 질량이 클수록 위치 에너지가 크다.
② 추의 낙하 높이가 높을수록 위치 에너지가 크다.
③ 추의 낙하 높이가 높을수록 운동 에너지가 크다.
④ 나무 도막의 이동 거리는 추의 질량에 비례한다.
⑤ 추의 위치 에너지는 나무 도막의 마찰력에 비례한다.

7 위치 에너지와 질량, 높이와의 관계를 옳게 나타낸 그래프를 모두 고르면?(2개)

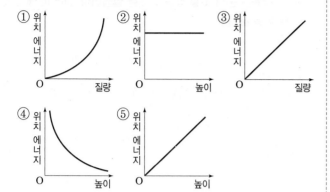

① 위치 에너지 / 질량
② 위치 에너지 / 높이
③ 위치 에너지 / 질량
④ 위치 에너지 / 높이
⑤ 위치 에너지 / 높이

8 오른쪽 그림과 같이 질량이 10 kg인 물체를 선반 A에서 B로 올려놓았다. 이에 대한 설명으로 옳은 것을 모두 고르면?(2개)

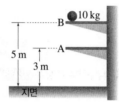

① 지면을 기준면으로 할 때, 위치 에너지 변화량은 196 J이다.
② 선반 A를 기준면으로 할 때, 위치 에너지는 0 J이다.
③ 선반 B를 기준면으로 할 때, 위치 에너지는 98 J이다.
④ 지면을 기준면으로 할 때, 위치 에너지는 98 J이다.
⑤ 기준면이 다르더라도 위치 에너지 변화량은 같다.

9 오른쪽 그림은 쇠구슬의 질량과 높이에 따른 위치 에너지의 변화를 알아보기 위한 실험 장치를 나타낸 것이다. 나무 도막과 레일 사이의 마찰력을 구하는 식으로 옳은 것은? (단, 쇠구슬과 레일 사이의 마찰은 무시한다.)

① 쇠구슬의 무게 × 쇠구슬의 높이
② 쇠구슬의 질량 × (쇠구슬의 속력)^2
③ 쇠구슬의 무게 × 쇠구슬의 높이 ÷ 나무 도막의 이동 거리
④ 쇠구슬의 무게 × (쇠구슬의 속력)^2 ÷ 나무 도막의 이동 거리
⑤ 9.8 × 쇠구슬의 무게 × 쇠구슬의 높이 ÷ 나무 도막의 이동 거리

10 각각 일정한 속력으로 운동하는 두 물체 A, B의 질량의 비가 2 : 3이고, 속력의 비가 3 : 2라면 운동 에너지의 비 A : B는?

① 1 : 2
② 2 : 3
③ 3 : 2
④ 3 : 4
⑤ 4 : 3

11 그림과 같이 마찰이 없는 수평면 위에 정지해 있는 질량이 4 kg인 물체에 일정한 크기의 힘을 계속 작용하여 2 m 이동시켰다.

이때 물체의 속력이 4 m/s가 되었다면, 물체에 작용한 힘의 크기는?

① 4 N
② 8 N
③ 16 N
④ 24 N
⑤ 32 N

12 오른쪽 그래프는 두 물체 A, B의 질량에 따른 운동 에너지를 나타낸 것이다. 이에 대한 설명으로 옳은 것을 보기에서 모두 고른 것은?

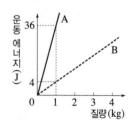

• 보기 •
ㄱ. A와 B의 질량이 같을 때, A의 운동 에너지는 B의 9배이다.
ㄴ. B의 질량이 1 kg일 때, B의 속력은 2 m/s이다.
ㄷ. A와 B의 질량이 같을 때, A의 속력은 B의 3배이다.

① ㄱ
② ㄴ
③ ㄷ
④ ㄱ, ㄴ
⑤ ㄱ, ㄷ

1 사람의 감각 중 가장 민감하며 쉽게 피로해지는 감각은?

① 시각 　　　　　② 청각
③ 후각 　　　　　④ 미각
⑤ 피부 감각

2 감각이 성립되는 경로로 옳지 **않은** 것은?

① 피부 자극 → 피부의 감각점 → 피부의 감각 신경 → 뇌
② 액체 상태의 물질 → 맛봉오리의 맛세포 → 미각 신경 → 뇌
③ 기체 상태의 물질 → 후각 상피의 후각 세포 → 후각 신경 → 뇌
④ 빛 → 각막 → 수정체 → 유리체 → 망막의 시각 세포 → 시각 신경 → 뇌
⑤ 소리 → 귓바퀴 → 외이도 → 고막 → 귓속뼈 → 귀인두관 → 달팽이관의 청각 세포 → 청각 신경 → 뇌

3 오른쪽 그림은 사람 눈의 구조를 나타낸 것이다. 다음 설명에 해당하는 곳의 기호를 옳게 짝 지은 것은?

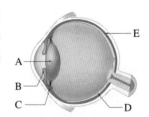

(가) 시각 세포가 있으며, 상이 맺히는 곳이다.
(나) 눈으로 들어오는 빛의 양을 조절하는 곳이다.
(다) 수정체의 두께를 조절하는 곳이다.

	(가)	(나)	(다)
①	A	C	D
②	D	A	B
③	D	B	C
④	E	A	C
⑤	E	C	B

4 다음은 눈의 조절 작용에 대한 설명이다. ㉠~㉢에 알맞은 말을 쓰시오.

- 멀리 있는 물체를 볼 때는 수정체의 두께가 (㉠)진다.
- 밝은 곳에서는 홍채가 (㉡)되어 동공의 크기가 (㉢)진다.

[5~7] 그림은 사람 귀의 구조를 나타낸 것이다.

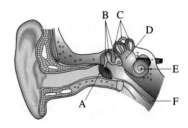

5 각 구조의 이름으로 옳지 **않은** 것은?

① A – 고막 　　　　② B – 귓속뼈
③ C – 반고리관 　　④ D – 전정 기관
⑤ F – 외이도

6 청각 세포가 분포하여 소리를 자극으로 받아들이는 구조의 기호와 이름을 쓰시오.

7 소리를 듣는 것과 직접적으로 관련된 구조만을 옳게 짝 지은 것은?

① A, B, C 　　② A, B, E 　　③ B, C, D
④ C, D, E 　　⑤ D, E, F

8 다음 현상과 관계 깊은 귀의 구조를 각각 옳게 짝 지은 것은?

> (가) 승강기가 하강할 때 몸이 가벼워지는 느낌이 들었다.
> (나) 회전하는 놀이 기구를 탔을 때 몸이 회전하는 것을 느꼈다.
> (다) 차를 타고 대관령을 넘어가다가 귀가 먹먹해지는 것을 느꼈는데, 침을 삼켰더니 증상이 사라졌다.

	(가)	(나)	(다)
①	반고리관	귀인두관	전정 기관
②	반고리관	전정 기관	귀인두관
③	전정 기관	반고리관	귀인두관
④	전정 기관	귀인두관	반고리관
⑤	귀인두관	반고리관	전정 기관

9 후각에 대한 설명으로 옳지 않은 것은?

① 다른 감각에 비해 둔감한 편이다.
② 기체 상태의 물질을 자극으로 받아들인다.
③ 후각은 음식 맛을 느끼는 것과 관계가 있다.
④ 쉽게 피로해져 같은 냄새를 오래 느끼지 못한다.
⑤ 후각 상피는 점액으로 덮여 있고 후각 세포가 분포한다.

10 그림은 사람 혀의 구조를 나타낸 것이다.

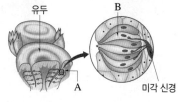

이에 대한 설명으로 옳은 것을 보기에서 모두 고른 것은?

> • 보기 •
> ㄱ. A는 맛봉오리로, 맛세포가 있다.
> ㄴ. B에서 기체 상태의 물질을 자극으로 받아들인다.
> ㄷ. 맛세포가 자극을 받아들여 직접 뇌로 전달한다.

① ㄱ   ② ㄴ   ③ ㄷ
④ ㄱ, ㄷ   ⑤ ㄴ, ㄷ

11 혀를 통해 느끼는 기본적인 맛이 아닌 것끼리 짝지어진 것은?

① 짠맛, 신맛   ② 단맛, 쓴맛
③ 신맛, 감칠맛   ④ 떫은맛, 매운맛
⑤ 감칠맛, 떫은맛

12 사람의 피부 감각에 대한 설명으로 옳지 않은 것은?

① 내장 기관에도 감각점이 분포한다.
② 냉점과 온점에서는 온도 변화를 감지한다.
③ 통증은 압점, 촉감은 촉점에서 받아들인다.
④ 감각점의 분포 수가 가장 많은 것은 통점이다.
⑤ 감각점의 분포 정도는 몸의 부위에 따라 다르다.

13 다음은 피부의 감각점 분포를 조사하기 위한 실험이다.

> (가) 오른쪽 그림과 같이 30 cm 자에 이쑤시개 두 개를 붙인다.
> (나) 한 사람(A)은 눈을 감고, 다른 사람(B)은 두 이쑤시개의 간격을 달리하면서 A의 손바닥을 이쑤시개로 눌러 두 개로 느끼는 최소 거리를 측정한다.
> (다) A의 손등, 손가락 끝, 입술에도 과정 (나)를 반복하고 두 개로 느끼는 최소 거리를 측정한다.

[결과]

부위	손바닥	손등	손가락 끝	입술
최소 거리(mm)	6	8	2	4

위 실험 결과로 보아 (가) 가장 예민한 부위와 (나) 가장 둔한 부위를 옳게 짝 지은 것은?

	(가)	(나)		(가)	(나)
①	손바닥	입술	②	입술	손등
③	입술	손바닥	④	손등	손가락 끝
⑤	손가락 끝	손등			

1 그림은 어떤 세포의 구조를 나타낸 것이다.

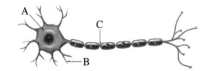

이에 대한 설명으로 옳지 <u>않은</u> 것은?

① 신경계를 구성하는 신경 세포이다.
② A는 핵과 세포질이 모여 있는 부분이다.
③ B는 다른 뉴런에서 자극을 받아들이는 부분이다.
④ C는 다른 뉴런으로 자극을 전달하는 부분이다.
⑤ 자극의 전달 방향은 A → B → C이다.

2 오른쪽 그림은 세 종류의 뉴런이 연결된 모습을 나타낸 것이다. 이에 대한 설명으로 옳은 것은?

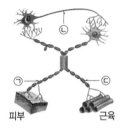

① ㉠은 운동 뉴런이다.
② ㉠은 연합 뉴런의 명령을 피부로 전달한다.
③ ㉡은 말초 신경계를 구성한다.
④ ㉢은 중추 신경계로 명령을 전달한다.
⑤ 자극이 전달되는 경로는 ㉠ → ㉡ → ㉢ 순이다.

3 오른쪽 그림은 사람의 신경계를 나타낸 것이다. 이에 대한 설명으로 옳지 <u>않은</u> 것은?

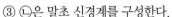

① A는 중추 신경계, B는 말초 신경계이다.
② A는 뇌와 척수로 이루어져 있다.
③ B는 감각 뉴런과 운동 뉴런으로 이루어져 있다.
④ B는 받아들인 자극을 느끼고 판단하여 적절한 명령을 내린다.
⑤ B에는 내장 기관에 분포하여 내장 기관의 운동을 자율적으로 조절하는 자율 신경이 있다.

[4~5] 오른쪽 그림은 중추 신경계의 구조를 나타낸 것이다.

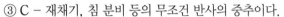

4 이에 대한 설명으로 옳은 것은?

① A – 근육 운동을 조절하여 몸의 균형을 유지한다.
② B – 기억, 추리, 감정 등 다양한 정신 활동을 담당한다.
③ C – 재채기, 침 분비 등의 무조건 반사의 중추이다.
④ D – 눈의 움직임과 동공의 크기를 조절한다.
⑤ E – 뇌와 몸의 각 부분 사이의 신호 전달 통로이다.

5 어떤 사람이 사고를 당했을 때 다음과 같은 증상이 나타났다.

> (가) 체온이 제대로 조절되지 않는다.
> (나) 사고 전의 일을 잘 기억하지 못한다.
> (다) 눈에 빛을 비추어도 동공의 크기가 변하지 않는다.

(가)~(다)는 각각 뇌의 어느 부분이 손상된 경우인지 옳게 짝 지은 것은?

	(가)	(나)	(다)
①	A	C	D
②	A	D	E
③	B	A	C
④	B	D	F
⑤	D	A	C

6 그림은 자극에 대한 반응이 일어나는 경로를 나타낸 것이다.

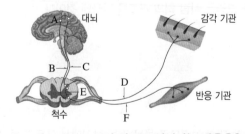

D → C → A → B → F의 경로로 일어나는 반응은?

① 음식을 입에 넣었더니 침이 나왔다.
② 손에 뜨거운 물체가 닿자마자 손을 움츠렸다.
③ 밥을 급하게 먹었더니 갑자기 딸꾹질이 났다.
④ 추운 날 손이 시려 코트 주머니에 손을 넣었다.
⑤ 뾰족한 유리 조각을 밟자마자 자신도 모르게 발을 들었다.

7 반응의 종류가 나머지와 다른 것은?

① 코가 간지러워 재채기를 했다.
② 날아오는 야구공을 보고 야구 방망이로 쳤다.
③ 어두운 방 안으로 들어갔더니 동공의 크기가 작아졌다.
④ 손이 선인장의 가시에 찔려 자신도 모르게 손을 움츠렸다.
⑤ 고무망치로 무릎뼈 아래를 살짝 쳤더니 자신도 모르게 다리가 들렸다.

8 호르몬에 대한 설명으로 옳은 것을 모두 고르면?(2개)

① 혈액을 통해 온몸으로 이동한다.
② 분비량이 적을 때는 과다증이 나타난다.
③ 신경과 함께 우리 몸의 항상성을 유지한다.
④ 몸의 변화를 조절하기 위해서는 많은 양이 필요하다.
⑤ 특정 세포에만 작용하지 않고 모든 세포에 영향을 미친다.

9 그림은 우리 몸의 내분비샘을 나타낸 것이다.

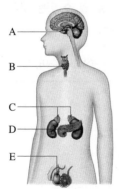

내분비샘 A~E에서 분비되는 호르몬의 종류와 기능을 옳게 짝 지은 것은?

	내분비샘	호르몬	기능
①	A	테스토스테론	세포 호흡 촉진
②	B	티록신	남자의 2차 성징 발현
③	C	에피네프린	심장 박동 촉진
④	D	글루카곤	혈당량 감소
⑤	E	생장 호르몬	몸의 생장 촉진

10 호르몬의 과다증과 결핍증에 대한 설명으로 옳지 않은 것은?

① 인슐린이 결핍되면 당뇨병이 생길 수 있다.
② 생장 호르몬이 과다 분비되면 거인증이 생길 수 있다.
③ 티록신이 과다 분비되면 갑상샘 기능 저하증이 생길 수 있다.
④ 티록신이 결핍되면 쉽게 피로해지고, 추위를 잘 타며, 체중이 증가할 수 있다.
⑤ 성장기 이후에 생장 호르몬이 과다 분비되면 손과 발이 비정상적으로 커질 수 있다.

11 호르몬과 신경의 작용을 비교한 설명으로 옳지 않은 것은?

① 효과가 지속되는 시간은 호르몬이 신경보다 길다.
② 작용 범위는 호르몬이 신경보다 좁다.
③ 신호가 전달되는 속도는 호르몬이 신경보다 느리다.
④ 호르몬은 혈액을 통해 이동하여 신호를 전달하고, 신경은 뉴런을 통해 신호를 전달한다.
⑤ 호르몬은 표적 기관이나 표적 세포에만 작용하고, 신경은 자극을 한쪽 방향으로만 전달한다.

12 체온이 낮아졌을 때 우리 몸에서 일어나는 체온 조절 반응을 보기에서 모두 고르시오.

> **보기**
> ㄱ. 근육이 떨린다.
> ㄴ. 땀 분비량이 늘어난다.
> ㄷ. 피부 근처 혈관이 수축한다.

13 그림은 혈당량이 조절되는 원리를 나타낸 것이다.

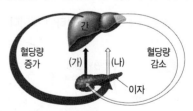

이에 대한 설명으로 옳은 것은?

① 호르몬 (가)와 (나)는 서로 같은 기능을 한다.
② (가)는 인슐린이다.
③ (가)는 혈당량이 증가하면 분비된다.
④ (나)가 결핍되면 당뇨병에 걸릴 수 있다.
⑤ (나)는 간에서 글리코젠을 포도당으로 분해하는 과정을 촉진한다.

01 물질 변화와 화학 반응식

01 그림은 마그네슘 리본과 마그네슘 리본을 구부린 것에 각각 묽은 염산을 떨어뜨리는 것을 나타낸 것이다.

(1) 묽은 염산을 떨어뜨렸을 때의 결과를 이용하여 마그네슘 리본이 구부러지는 것이 물리 변화인지 화학 변화인지 서술하시오.

_____

_____

(2) 마그네슘 리본이 구부러지는 것과 같은 물질 변화의 예를 세 가지만 서술하시오.

_____

_____

02 설탕을 이용하여 물리 변화와 화학 변화의 예를 각각 한 가지씩 서술하시오.

_____

_____

03 그림은 물 분자를 모형으로 나타낸 것이다.

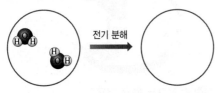

(1) 물을 전기 분해했을 때 물 분자 2개가 분해되어 생성되는 물질을 모형으로 나타내시오.

(2) 물을 전기 분해할 때 반응 전후에 변하는 것과 변하지 않는 것을 서술하시오.

_____

_____

04 그림은 원소 A와 B로 이루어진 화합물의 생성 반응을 모형으로 나타낸 것이다.

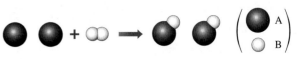

이 모형에 해당하는 반응을 화학 반응식으로 나타내시오.

_____

_____

05 다음은 과산화 수소 분해 반응의 화학 반응식이다.

$$(\quad)H_2O_2 \longrightarrow (\quad)H_2O + (\quad)O_2$$

(1) 화학 반응식을 완성하여 쓰시오.

_____

(2) 위와 같이 계수를 나타낸 근거 두 가지를 서술하시오.

_____

_____

06 화학 반응식으로 알 수 있는 것을 다음 용어를 모두 포함하여 서술하시오.

종류, 계수비, 입자 수

_____

_____

07 다음은 질소와 수소의 반응을 나타낸 것이다.

질소 + 수소 ⟶ 암모니아

반응 전후의 분자 수를 비교하고, 그 까닭을 화학 반응식을 이용하여 서술하시오.

_____

_____

02 질량 보존 법칙, 일정 성분비 법칙

01 그림은 탄산 칼슘과 염화 수소의 반응을 모형으로 나타낸 것이다.

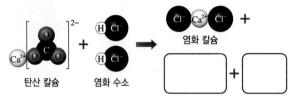

빈칸에 알맞은 생성물의 분자 모형을 각각 그리고, 이를 근거로 질량 보존 법칙을 서술하시오.

_____

_____

02 그림과 같이 유리병 속에 양초를 넣고 불을 붙인 다음, 뚜껑을 닫아 저울의 왼쪽 접시 위에 올려놓은 후 오른쪽 접시에 분동을 올려 수평을 맞추었다.

시간이 지나 촛불이 꺼질 때까지 저울의 변화를 쓰고, 그 까닭을 서술하시오.

_____

_____

03 오른쪽 그림과 같이 공기 중에서 강철 솜을 연소시키면 산화 철이 된다. 이때 산화 철의 질량을 연소하기 전의 강철 솜의 질량과 비교하고, 강철 솜의 연소에서 질량 보존 법칙을 서술하시오.

_____

_____

04 그래프는 구리를 연소시켜 산화 구리(Ⅱ)가 생성될 때 반응하는 구리와 생성되는 산화 구리(Ⅱ)의 질량 관계를 나타낸 것이다.

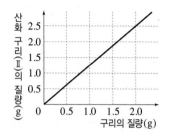

산화 구리(Ⅱ) 20 g을 얻기 위해 필요한 구리와 산소의 최소 질량을 각각 구하고, 풀이 과정을 서술하시오.

_____

_____

05 오른쪽 그림은 이산화 탄소 분자(CO_2)를 모형으로 나타낸 것이다.

(1) 탄소 원자(C) 1개와 산소 원자(O) 1개의 질량비는 3 : 4이다. 이산화 탄소를 구성하는 탄소와 산소의 질량비를 구하시오.

_____

_____

(2) 탄소 12 g이 충분한 양의 산소와 완전히 반응할 때 생성되는 이산화 탄소의 질량을 구하고, 풀이 과정을 서술하시오.

_____

_____

06 그림과 같이 볼트(B)와 너트(N)를 1 : 1의 개수비로 결합하여 화합물 모형 BN을 만들었다.

볼트 10개의 질량이 12 g, 너트 10개의 질량이 8 g일 때 볼트 5개와 너트 4개로 만들 수 있는 BN의 총질량을 구하고, 풀이 과정을 서술하시오.

_____

03 기체 반응 법칙 / 화학 반응에서의 에너지 출입

01 그림은 일정한 온도와 압력에서 수소 기체와 질소 기체가 반응하여 암모니아 기체가 생성될 때 기체의 부피 관계를 나타낸 것이다.

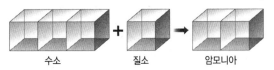

수소 기체 120 mL와 질소 기체 120 mL를 반응시킬 때 생성되는 암모니아 기체의 부피를 구하고, 풀이 과정을 서술하시오.

_____

_____

02 0 °C, 1기압에서 20 mL의 부피 속에 수소 분자 N개가 들어 있다고 할 때 같은 온도와 압력에서 100 mL의 부피 속에 들어 있는 산소 분자의 개수를 구하고, 그 까닭을 서술하시오.

_____

_____

03 그림은 일정한 온도와 압력에서 수소 기체와 염소 기체가 반응하여 염화 수소 기체가 생성되는 반응을 모형으로 나타낸 것이다.

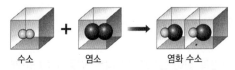

(1) 이 반응을 화학 반응식으로 나타내시오.

_____

(2) 이 반응에서 각 기체의 부피비(수소 : 염소 : 염화 수소)를 구하고, 그 까닭을 화학 반응식과 관련지어 서술하시오.

_____

04 오른쪽 그림과 같이 묽은 염산이 담긴 비커에 마그네슘 조각을 넣었더니, 반응이 진행됨에 따라 용액의 온도가 높아졌다.

(1) 묽은 염산과 마그네슘의 반응이 발열 반응인지 흡열 반응인지 쓰고, 그 까닭을 실험 결과를 이용하여 서술하시오.

_____

(2) 묽은 염산과 마그네슘의 반응에서와 같은 에너지 출입이 나타나는 화학 반응의 예를 두 가지만 서술하시오.

_____

_____

05 다음은 수산화 바륨과 염화 암모늄이 반응할 때의 에너지 출입을 알아보기 위한 실험이다.

① 나무판 위를 물로 적신 다음, 그 위에 수산화 바륨과 염화 암모늄을 넣은 삼각 플라스크를 올려놓는다.
② 유리 막대로 두 물질을 잘 섞은 후 삼각 플라스크를 들어 올린다.

(1) 삼각 플라스크를 들어 올렸을 때 관찰할 수 있는 현상과 그 까닭을 서술하시오.

_____

_____

(2) 위 (1)과 같은 결과가 나타나는 까닭을 화학 반응에서의 에너지 출입과 온도 변화와 관련지어 서술하시오.

_____

_____

06 철 가루를 이용하여 만든 손난로의 원리를 서술하시오. (단, 반응하는 물질, 에너지 출입, 온도 변화에 대한 내용을 모두 포함하여 서술하시오.)

_____

_____

01 기권과 지구 기온

01 오른쪽 그림은 기권의 높이에 따른 기온 분포를 나타낸 것이다.

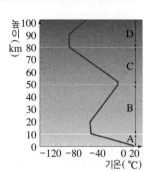

(1) A~D 중 대류가 일어나는 층을 모두 고르시오.

_____

(2) A에서 높이 올라갈수록 기온이 낮아지는 까닭을 서술하시오.

_____

(3) A와 C의 공통점과 차이점을 서술하시오.

• 공통점 : _____

• 차이점 : _____

02 지구의 기권에서 성층권에 오존층이 없다면, 높이에 따른 기온 변화가 어떻게 나타날지 오른쪽 그래프에 그려 보고, 기권이 몇 개의 층으로 구분될지 쓰시오.

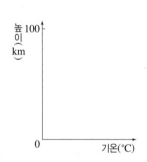

_____

03 지구의 연평균 기온이 일정한 까닭을 다음 용어를 모두 포함하여 서술하시오.

> 지구 복사 에너지, 태양 복사 에너지, 복사 평형

_____
_____

04 오른쪽 그림과 같이 뚜껑을 닫은 검은색 알루미늄 컵에 적외선등을 계속 비추면서 컵 속 공기의 온도를 측정하는 실험을 하였다.

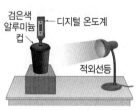

(1) 시간이 흐름에 따라 컵 속 공기의 온도 변화는 어떻게 나타나는지 서술하시오.

_____
_____

(2) 일정한 시간이 흐른 후, 위와 같은 결과가 나오는 까닭을 서술하시오.

_____
_____

05 오른쪽 그림에서 A는 지구로 들어오는 태양 복사 에너지의 양, B는 지표와 대기에서 반사되는 태양 복사 에너지의 양, C는 우주로 방출되는 지구 복사 에너지의 양을 의미한다. 이때 A, B, C의 관계를 수식으로 나타내시오.

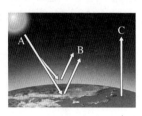

_____
_____

06 지구의 기온이 상승할 때 나타나는 지구 환경의 변화를 **세 가지**만 서술하시오.

_____
_____

07 지구 온난화를 억제하기 위한 대책을 **세 가지**만 서술하시오.

_____
_____

서술형 문제

01 그림은 기온과 포화 수증기량의 관계를 나타낸 것이다.

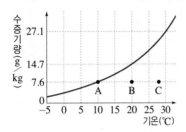

(1) A~C 공기의 이슬점을 등호나 부등호로 비교하시오.

_____

(2) B 공기의 상대 습도를 구하는 식을 세우고, 답을 구하시오. (단, 소숫점 첫째 자리에서 반올림하시오.)

_____

_____

02 다음은 기온과 포화 수증기량을 나타낸 표이다. 기온이 25 °C인 어떤 공기 1 kg 속에 수증기가 10.6 g 포함되어 있다.

기온(°C)	5	10	15	20	25	30
포화 수증기량 (g/kg)	5.4	7.6	10.6	14.7	20.0	27.1

(1) 이 공기의 이슬점은 몇 °C인지 쓰시오.

_____

(2) 이 공기 1 kg을 5 °C로 냉각시켰을 때 응결량은 몇 g 인지 구하시오.

_____

(3) 이 공기의 상대 습도를 구하는 식을 세우고, 답을 구하시오. (단, 소숫점 첫째 자리에서 반올림하시오.)

_____

_____

03 오른쪽 그림은 맑은 날 하루 동안의 기온과 이슬점 변화를 나타낸 것이다. 하루 동안 상대 습도는 어떻게 나타났는지 서술하시오.

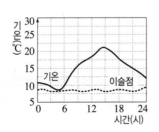

_____

04 다음은 구름의 생성 과정을 나타낸 것이다.

공기 상승 → 단열 팽창 → 기온 하강 → (가) → (나) → 구름 생성

(가)와 (나)에 알맞은 과정을 각각 쓰시오.

_____

_____

05 공기 덩어리가 상승하여 구름을 생성하는 경우를 세 가지 만 서술하시오.

_____

_____

06 오른쪽 그림과 같이 플라스틱 병에 약간의 물과 액정 온도계를 넣고, 간이 가압 장치가 달린 뚜껑을 닫았다. 압축 펌프를 여러 번 누른 후, 뚜껑을 열고 플라스틱 병 내부의 변화를 관찰하였다.

(1) 이 실험은 무엇을 알아보기 위한 것인지 쓰시오.

_____

(2) 뚜껑을 열었을 때 플라스틱 병 내부에서 일어나는 현상을 쓰고, 그 현상이 일어나는 원인을 서술하시오.

_____

_____

(3) 향 연기를 넣고 실험을 반복하면 결과를 더 뚜렷하게 관찰할 수 있다. 향 연기의 역할을 서술하고, 이러한 물질을 무엇이라고 하는지 쓰시오.

_____

_____

07 고위도 지방에서 비나 눈이 만들어지는 과정을 설명하는 이론을 쓰고, 그 이론에 따라 만들어진 구름에서 눈 결정이 커지는 과정을 서술하시오.

_____

03 기압과 바람

01 오른쪽 그림과 같이 플라스틱 병에 따뜻한 물을 조금 넣고 뚜껑을 닫은 후, 얼음 물에 담갔더니 플라스틱 병이 사방으로 찌그러졌다. 이것으로 알 수 있는 기압의 작용 방향을 서술하시오.

_____

_____

02 오른쪽 그림은 토리첼리의 기압 측정 실험을 나타낸 것이다.

(1) 1기압인 곳에서 실험을 했을 때 수은 기둥이 멈추는 높이는 몇 cm인지 쓰시오.

_____

(2) 수은 기둥이 멈추는 까닭을 서술하시오.

_____

_____

(3) 수은 기둥의 높이가 기압에 따라 어떻게 달라지는지 서술하시오.

_____

_____

03 에베레스트산처럼 높은 산의 정상에서는 산소마스크가 필요하다. 그 까닭을 서술하시오.

_____

_____

04 바람이 부는 원인은 무엇인지 서술하시오.

_____

_____

05 오른쪽 그림은 어느 해안 지역에서 나타난 공기의 이동 모습이다. 이와 같은 바람이 불 때, 육지의 기온과 기압을 바다와 비교하여 서술하시오.

_____

_____

06 그림 (가)와 (나)는 우리나라에서 여름철과 겨울철에 부는 계절풍을 순서 없이 나타낸 것이다.

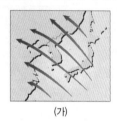 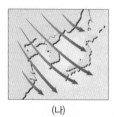

(가)   (나)

(1) 여름철에 부는 계절풍을 고르고, 계절풍의 이름을 쓰시오.

_____

(2) (나)와 같은 계절풍이 불 때 대륙과 해양의 기온과 기압을 비교하시오.

_____

_____

07 오른쪽 그림은 바람의 발생 원리를 알아보는 실험 장치이다. 적외선등을 켜고 10분 정도 가열한 후, 향 연기의 이동 방향을 관찰하였다.

(1) ㉠과 ㉡ 중 향 연기의 이동 방향을 고르고, 이에 해당하는 해륙풍을 쓰시오.

_____

(2) 향 연기가 이처럼 이동하는 까닭을 모래와 물의 기온과 기압을 비교하여 서술하시오.

_____

04 날씨의 변화

01 오른쪽 그림과 같이 한랭한 육지에서 발생한 기단이 따뜻한 바다 위로 이동할 때, 이 기단의 기온과 습도는 어떻게 변하는지 서술하시오.

_____

_____

02 오른쪽 그림은 우리나라에 영향을 주는 기단을 나타낸 것이다. A~D 중 우리나라의 봄철에 영향을 주는 기단을 골라 기호와 이름을 쓰고, 기단의 성질을 서술하시오.

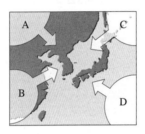

_____

_____

03 한랭 전선과 온난 전선이 만들어지는 과정을 각각 서술하시오.

_____

_____

04 오른쪽 그림과 같이 만들어지는 전선의 이름을 쓰고, 전선면의 기울기, 전선의 이동 속도, 구름의 모양, 강수 범위와 형태를 서술하시오.

05 북반구 저기압 중심부에서 나타나는 기류와 지상에서 바람의 방향을 서술하시오.

_____

_____

06 오른쪽 그림은 우리나라 부근에 발달한 온대 저기압을 나타낸 것이다.

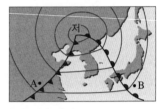

(1) A와 B 지역에서 나타나는 구름의 종류, 강수 범위, 강수 형태를 각각 서술하시오.

_____

_____

(2) 온대 저기압의 이동 방향을 쓰고, 그렇게 이동하는 까닭을 서술하시오.

_____

_____

07 그림은 온대 저기압의 단면을 나타낸 것이다.

현재 A 지역의 풍향을 쓰고, 앞으로 온대 저기압이 통과하면서 풍향과 기온이 어떻게 변하는지 서술하시오.

_____

_____

08 우리나라 봄과 가을에 날씨가 자주 변하는 까닭을 서술하시오.

_____

_____

01   운동

01 그림은 직선상에서 움직이는 두 물체 A, B를 1초 간격으로 찍은 다중 섬광 사진이다.

이때 A, B의 속력을 등호 또는 부등호를 사용하여 비교하고, A, B가 어떤 운동을 하는지 서술하시오.

_____

_____

02 그림과 같이 길이가 100 m인 기차가 어떤 다리를 25 m/s의 속력으로 통과하려고 한다.

기차가 다리를 완전히 통과하는 데 걸리는 시간이 24초일 때 다리의 길이는 몇 m인지 풀이 과정과 함께 서술하시오. (단, 풀이 과정과 단위를 함께 나타낸다.)

_____

_____

03 서울역에서 오전 9시 정각에 출발한 기차가 165 km 떨어진 대전역에 도착한 시각이 오전 11시 30분이었다. 이 기차의 평균 속력은 몇 km/h인지 풀이 과정과 함께 서술하시오.

_____

_____

04 오른쪽 그래프는 직선상에서 운동을 하는 어떤 물체의 이동 거리를 시간에 따라 나타낸 것이다.

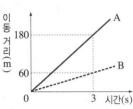

(1) A, B와 같은 운동을 무엇이라 하는지 쓰고, 이러한 운동의 특징을 한 가지 서술하시오.

_____

_____

(2) A, B의 속력은 각각 몇 m/s인지 풀이 과정과 함께 서술하시오.

_____

_____

05 오른쪽 그림은 공을 가만히 놓았을 때, 공의 위치를 1초 간격으로 찍은 다중 섬광 사진을 나타낸 것이다. 3초일 때 공의 속력은 몇 m/s인지 풀이 과정과 함께 서술하시오. (단, 공기 저항은 무시한다.)

_____

_____

06 오른쪽 그림은 질량이 50 g인 골프공과 질량이 5 g인 탁구공을 같은 높이에서 동시에 떨어뜨리는 모습을 나타낸 것이다. (단, 공기 저항은 무시한다.)

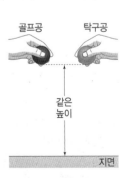

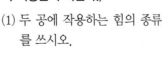

(1) 두 공에 작용하는 힘의 종류를 쓰시오.

_____

(2) 두 공 중 지면에 먼저 도달하는 것은 무엇인지 쓰고, 그 까닭을 서술하시오.

_____

_____

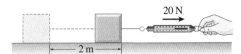

01 과학에서의 일이란 무엇인지 서술하시오.

_____

_____

02 그림과 같이 책상면에 놓인 나무 도막에 용수철저울을 걸고 천천히 끌어당겨 2 m 이동시켰다. 이때 용수철저울의 눈금이 20 N을 가리켰다.

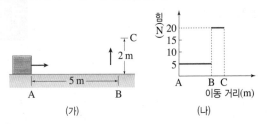

나무 도막에 작용한 힘이 한 일의 양을 풀이 과정과 함께 서술하시오.

_____

_____

03 그림 (가)와 같이 물체를 A에서 C까지 일정한 속력으로 이동시키는 일을 할 때, 이동 거리에 따라 물체에 작용한 힘의 크기 변화가 그래프 (나)와 같았다.

물체를 A에서 C까지 이동시키는 동안 한 일의 양은 몇 J인지 풀이 과정과 함께 서술하시오.

_____

_____

04 그림과 같이 질량이 60 kg인 현진이가 한 칸의 높이가 30 cm인 계단을 20개 올라갔다. 현진이가 계단을 모두 올라가는 동안 중력에 대해 한 일의 양은 몇 J인지 풀이 과정과 함께 서술하시오.

_____

05 그림과 같이 높은 곳에서 추를 낙하시켜 말뚝을 박는 실험을 하려고 한다.

이때 말뚝이 박히는 깊이에 영향을 주는 요인을 세 가지 서술하시오.

_____

_____

06 그림과 같이 장치하고 질량이 1 kg인 수레를 2 m/s의 속력으로 나무 도막에 충돌시켰더니 나무 도막이 20 cm 밀려난 후 정지하였다.

수레가 나무 도막을 밀고 갈 때 나무 도막과 바닥면 사이에 작용하는 마찰력의 크기를 풀이 과정과 함께 서술하시오. (단, 수레에 작용하는 마찰력은 무시한다.)

_____

_____

07 고속도로에서는 두 자동차 사이의 간격을 일반도로에서보다 더 넓게 유지해야 한다. 그 까닭을 다음 용어를 모두 포함하여 서술하시오.

> 제동 거리, 속력, 고속도로, 일반도로

_____

_____

01 감각 기관

01 오른쪽 그림은 사람 눈을 나타낸 것이다.

(1) A와 B의 이름을 쓰시오.

_____

(2) 밤에 밝은 방 안에 있다가 어두운 바깥으로 나갔을 때 A와 B의 변화를 서술하시오.

_____

_____

02 오른쪽 그림은 사람 눈의 구조를 나타낸 것이다.

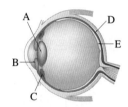

(1) A의 이름과 기능을 서술하시오.

_____

(2) 책을 읽다가 먼 산을 바라볼 때 A와 C의 변화를 서술하시오.

_____

_____

03 오른쪽 눈을 가리고 왼쪽 눈으로만 병아리 그림을 응시한 후 오른쪽 방향의 숫자를 차례대로 보면 어느 순간 병아리가 보이지 않는다.

| 1 | 2 | 3 | 4 | 5 | 6 | 7 | 8 |

이와 같은 현상이 나타나는 까닭을 눈의 구조와 관련지어 서술하시오.

_____

_____

04 그림은 귀의 구조를 나타낸 것이다.

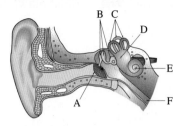

(1) 귀에서 소리가 전달되는 경로를 기호와 화살표를 사용하여 순서대로 나타내시오.

_____

(2) 영희는 배를 타고 가다가 갑자기 배가 기울어지는 것을 느꼈다. 이와 관계있는 구조의 기호와 이름을 쓰고, 그 기능을 서술하시오.

_____

_____

05 같은 냄새를 오래 맡으면 나중에는 그 냄새를 잘 느끼지 못하게 된다. 이와 관계있는 감각의 종류를 쓰고, 이러한 현상이 나타나는 까닭을 서술하시오.

_____

_____

06 혀를 통해 느낄 수 있는 기본 맛은 다섯 가지인데, 우리가 느낄 수 있는 음식 맛은 매우 다양하다. 이처럼 다양한 음식의 맛을 구분하여 느낄 수 있는 까닭을 서술하시오.

_____

_____

07 몸의 다른 부위에 비해 손가락 끝의 감각이 예민한 까닭을 감각점의 분포와 관련지어 서술하시오.

_____

02 신경계와 호르몬

01 긴장하거나 위험한 상황에 처했을 때 자율 신경에 의해 생기는 우리 몸의 변화를 <u>두 가지</u>만 서술하시오.

_____

_____

02 다음은 자극에 대한 반응의 예이고, 그림은 자극에 대한 반응의 경로를 나타낸 것이다.

> (가) 상자 속에 손을 넣어 공을 꺼냈다.
> (나) 발바닥에 뾰족한 압정이 닿아 자신도 모르게 발을 떼었다.

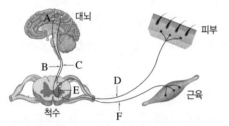

(1) (가)와 (나)의 반응이 일어나는 경로를 기호와 화살표를 사용하여 각각 순서대로 나타내시오.

_____

_____

(2) (가)와 (나) 중 반응이 일어나는 속도가 더 빠른 것을 쓰고, 그 반응의 유리한 점을 서술하시오.

_____

_____

03 다음은 무릎 반사가 일어나는 경로를 나타낸 것이다. A~C에 해당하는 말을 쓰시오.

> 자극 수용 → 감각 신경 → A → B → C → 반응

_____

04 다음은 사람의 호르몬에 대한 설명이다.

> 몸속에 호르몬 (가)의 분비량이 너무 적으면 오줌에 당이 섞여 나오고, 쉽게 피로해지며, 심한 갈증을 느끼는 증상이 나타날 수 있다.

호르몬 (가)의 이름을 쓰고, 그 기능을 서술하시오.

_____

_____

05 호르몬과 신경의 신호 전달 과정에서 호르몬과 신경의 신호 전달 속도 및 작용 범위의 차이점을 각각 서술하시오.

_____

_____

06 다음은 날씨가 추워 체온이 낮아졌을 때 호르몬에 의해 일어나는 체온 조절 과정이다.

> 체온이 낮아지면 간뇌에서 뇌하수체를 자극한다. → (가) → (나) → (다) → 열 발생량이 증가하여 체온이 정상으로 높아진다.

(가)~(다)에 해당하는 작용을 서술하시오.

_____

_____

07 오른쪽 그림은 건강한 사람이 식사와 운동을 했을 때 시간에 따른 혈당량 변화를 나타낸 것이다.

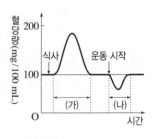

(1) (가)와 (나) 구간에서 분비량이 증가하는 호르몬을 각각 쓰시오.

_____

(2) (가)와 (나) 구간에서 호르몬에 의해 간에서 일어나는 작용을 각각 서술하시오.

_____

15개정 교육과정

내공의 힘

핵심만 빠르게~ 단기간에
내신 공부의 힘을 키운다

정답과 해설

중등 **과학**
3·1

 책 속의 가접 별책 (특허 제 0557442호)

'정답과 해설'은 본책에서 쉽게 분리할 수 있도록 제작되었으므로
유통 과정에서 분리될 수 있으나 파본이 아닌 정상제품입니다.

visang

정답과 해설

I 화학 반응의 규칙과 에너지 변화

01 물질 변화와 화학 반응식

개념 확인하기
p. 9

1 물리 **2** 화학 **3** (1) 물리 변화 (2) 화학 변화 (3) 물리 변화 (4) 화학 변화 (5) 화학 변화 **4** 화학, 원자 **5** (1) 물리 변화 (2) 화학 변화 **6** 화학 반응식 **7** 종류, 숫자(계수) **8** O_2, CO_2 **9** $2H_2 + O_2 \longrightarrow 2H_2O$ **10** 화학식, 계수비

3 (1), (3) 물질의 모양이나 상태가 변할 뿐 성질이 변하지 않으므로 물리 변화이다.
(2), (4) 철이 녹스는 것, 과일이 익는 것은 새로운 물질이 생성되는 화학 변화이다.
(5) 마그네슘 리본을 태우면 공기 중의 산소와 반응하여 새로운 물질인 산화 마그네슘이 생성된다.

5 (1) 분자 배열이 달라질 뿐 분자를 이루는 원자의 종류, 수, 배열이 달라지지 않으므로 물리 변화이다.
(2) 두 가지 물질을 이루고 있던 원자들의 배열이 달라지면서 새로운 물질이 생성되므로 화학 변화이다.

족집게 문제
p. 10~13

1 ⑤ **2** ④ **3** ④ **4** ③ **5** ①, ③ **6** ④ **7** ④ **8** ④
9 ② **10** ② **11** ④ **12** ②, ⑤ **13** ③ **14** ② **15** ④
16 ④ **17** ① **18** ③ **19** ① **20** ③, ④
[서술형 문제 21~23] 해설 참조

1 ⑤ 얼음이 녹아 물로 상태가 변하는 현상은 융해이며, 상태 변화는 물리 변화이다.

2 일반적으로 화학 변화가 일어날 때에는 열과 빛이 발생하거나 색과 냄새가 변하거나, 앙금이나 기체가 생성되는 등의 현상이 나타난다.
④ 물질의 상태 변화는 물리 변화이다.

3 ㄱ, ㄴ, ㄹ, ㅂ은 화학 변화이고, ㄷ과 ㅁ은 물리 변화이다.
ㄷ. 잉크 입자가 물 분자 사이로 퍼져 나가도 잉크와 물의 성질은 변하지 않는다.
ㅁ. 용광로에서 나온 용융된 철이 굳는 것은 상태 변화인 응고이다.
ㅂ. 과산화 수소가 분해되면서 산소가 발생하기 때문에 거품이 생긴다.

4 ① 마그네슘 리본이 묽은 염산과 반응하면 화학 변화가 일어나고, 이때 수소 기체가 발생한다.
②, ④, ⑤ 마그네슘 리본이 공기 중에서 연소하면 마그네슘과는 성질이 다른 새로운 물질인 산화 마그네슘이 생성된다(화학 변화). 연소 결과 생성된 산화 마그네슘은 묽은 염산과 반응하지만 기체가 발생하지는 않는다.

③ 마그네슘 리본을 구부리는 것은 물리 변화로, 물질의 모양만 변할 뿐 물질의 종류는 달라지지 않는다.

5 화학 변화가 일어나면 물질을 이루는 원자의 배열이 변해 전혀 다른 성질을 가진 새로운 물질이 생성된다. 이와 같은 화학 변화가 일어나도 원자의 종류와 개수는 변하지 않는다.

6 ①, ② (가)는 물이 수증기로 상태가 변하는 것을 나타낸 모형이므로 물리 변화이고, (나)는 물이 수소와 산소로 분해되는 것을 나타낸 모형이므로 화학 변화이다.
③ (가)에서 물 분자를 이루는 원자의 배열은 변하지 않고 물 분자 간의 거리만 달라진다.
④ (나)에서 물 분자(H_2O)를 이루는 원자의 배열이 달라져 수소 분자(H_2)와 산소 분자(O_2)가 생성된다.
⑤ 물이 수증기로 변해도 물의 고유한 성질이 변하지 않는다. 그러나 물이 화학 변화하여 생성된 수소와 산소는 물과 성질이 다른 물질이다.

7 반응 전후 질소 원자와 수소 원자의 개수가 같도록 계수를 맞춰야 한다. $N_2 + 3H_2 \longrightarrow 2NH_3$

8 각 물질의 화학식은 과산화 수소 H_2O_2, 물 H_2O, 산소 O_2이다. 분자 수비는 과산화 수소(H_2O_2) : 물(H_2O) : 산소(O_2)= 2 : 2 : 1이고, 분자 수비는 화학 반응식의 계수비와 같으므로 이 반응의 화학 반응식은 $2H_2O_2 \longrightarrow 2H_2O + O_2$이다.

9 연소는 물질이 산소와 반응하여 빛과 열을 내며 빠르게 타는 반응이다. 메테인(CH_4)이 공기 중의 산소(O_2)와 반응하여 연소되면 물(H_2O)과 이산화 탄소(CO_2)가 생성되므로, 반응 전후의 탄소 원자, 수소 원자, 산소 원자의 개수가 같도록 계수를 맞춰 화학 반응식을 나타낸다.

10 계수를 맞추어 화학 반응식을 완성하면 다음과 같다.
• $2Cu + O_2 \longrightarrow 2CuO$
• $2Mg + O_2 \longrightarrow 2MgO$
• $Na_2CO_3 + CaCl_2 \longrightarrow CaCO_3 + 2NaCl$
• $2NaHCO_3 \longrightarrow Na_2CO_3 + CO_2 + H_2O$
따라서 ㉠+㉡+㉢+㉣=1+2+2+2=7이다.

11 ①, ②, ④ 반응물은 질소(N_2)와 수소(H_2)이고 생성물은 암모니아(NH_3)이다. 즉, 반응이 진행되면 새로운 분자가 생성된다.
③, ⑤ 반응하거나 생성되는 물질의 분자 수비는 질소(N_2) : 수소(H_2) : 암모니아(NH_3)=1 : 3 : 2이다. 따라서 반응물과 생성물의 분자 수비는 (N_2+H_2) : NH_3=2 : 1이므로, 반응 후가 반응 전보다 분자 수가 적다.

12 ① 화학 반응이 일어나도 반응 전후 원자의 종류와 수는 변하지 않는다.
②, ③ 반응하거나 생성되는 물질의 분자 수의 비가 수소 : 산소 : 물=2 : 1 : 2이다. 따라서 반응물의 전체 분자 수가 생성물의 분자 수보다 많다.
④ 반응하는 수소와 생성되는 물의 분자 수비가 1 : 1이므로 물 분자 2개가 생성되려면 수소 분자가 최소 2개 필요하다.
⑤ 반응하는 수소와 산소의 분자 수비가 2 : 1이므로, 산소 분자 3개가 모두 반응하려면 수소 분자가 최소 6개 필요하다.

13 설탕을 오래 가열하여 색과 맛이 변하는 것은 화학 변화이다.
④ 향수 냄새가 퍼지는 확산은 물리 변화이다.
⑤ 드라이아이스가 시간이 지나 사라지는 것은 고체에서 액체를 거치지 않고 기체로 승화하여 없어지기 때문이다. 상태 변화는 물리 변화이다.

14 두 종류의 물질이 서로 섞였을 뿐 물질의 종류는 변하지 않으므로 물리 변화를 나타낸 것이다.
② 물리 변화에서는 분자의 배열이 달라질 뿐 분자를 이루는 원자의 배열은 달라지지 않는다.
⑤ 설탕이 물에 녹는 것은 설탕 분자가 물 분자 사이로 섞여 들어가는 물리 변화이다.

15 연소 반응이므로 반응물에 산소(O_2)가 있어야 한다. 따라서 반응 전후 탄소, 수소, 산소의 원자 수가 같도록 계수를 맞추면 메탄올 연소 반응의 생성물은 물과 이산화 탄소(CO_2)이다.

16 ④ $4Fe + 3O_2 \longrightarrow 2Fe_2O_3$

17 ① 수소 분자와 염소 분자가 반응하여 염화 수소 분자가 생성되는 반응이다.
② 반응물을 이루는 원자는 수소 원자와 염소 원자이다.
③ 반응 전후 원자의 수가 변하지 않으므로 화학 반응에서 반응물과 생성물을 이루는 원자 수의 합은 같다.
④, ⑤

$$H_2 \quad + \quad Cl_2 \quad \longrightarrow \quad 2HCl$$
수소 분자　염소 분자　　염화 수소 분자
계수비=분자 수비　1　:　1　:　2
분자 수비가 ($H_2 + Cl_2$) : HCl=1 : 1이므로 반응물과 생성물의 분자 수는 같다.

18 달걀을 가열하면 단백질의 구조가 변해 원래의 성질을 잃게 되므로 달걀이 익는 것은 화학 변화이다.
①, ② 화학 변화에서도 원자의 종류와 수는 변하지 않는다.
③, ④ 달걀이 익으면 성질이 달라지면서 색과 맛이 변한다.
⑤ 달걀이 익는 것은 상태 변화인 응고 현상이 아니다.

19 A 입자 2개와 B 입자 3개를 반응시켰을 때 C 입자 4개가 생성되고 B 입자 1개가 그대로 남아 있으므로, B 입자는 2개만 반응한 것이다. 화학 반응에서 반응하거나 생성되는 입자 수의 비는 화학 반응식의 계수비와 같으므로 $2A + 2B \longrightarrow 4C$로 나타낼 수 있는데, 화학 반응식의 계수는 가장 간단한 정수로 나타내야 하므로 화학 반응식은 $A + B \longrightarrow 2C$이다.

20 ① 생성물은 C 한 가지이다.
② 반응 전후 원자의 종류는 변하지 않는다.
③, ④ 화학 반응식의 계수비=물질의 입자 수비이다. 입자 수비가 반응물 : 생성물=1 : 1이므로 반응 전후 물질의 입자의 수는 변하지 않는다.
⑤ 물질 C는 A와 B의 성분 원소가 결합하여 생성된 화합물로 물질 A, B와는 다른 성질을 나타낸다.

21 | 모범 답안 | 화학 변화, 반응 전후 **분자**를 이루는 **원자**의 **배열**이 달라져 **성질**이 다른 새로운 물질이 생성된다.

채점 기준	배점
화학 변화를 쓰고, 그 까닭을 제시된 용어를 모두 포함하여 옳게 서술한 경우	100 %
화학 변화를 쓰고, 그 까닭을 제시된 용어 중 세 개를 포함하여 옳게 서술한 경우	60 %
화학 변화를 쓰고, 그 까닭을 제시된 용어 중 두 개를 포함하여 옳게 서술한 경우	40 %
화학 변화만 쓴 경우	20 %

22 | 모범 답안 | $C_3H_8 + 5O_2 \longrightarrow 4H_2O + 3CO_2$
| 해설 | 반응물은 프로페인(C_3H_8)과 산소(O_2)이고, 생성물은 물(H_2O)과 이산화 탄소(CO_2)이다.
먼저 프로페인 연소 반응의 반응물과 생성물을 화학식으로 나타낸다.
➡ $C_3H_8 + O_2 \longrightarrow H_2O + CO_2$
탄소 원자의 개수는 반응 전 3개이므로 반응 후에도 3개가 되도록 CO_2의 계수를 3으로 한다.
➡ $C_3H_8 + O_2 \longrightarrow H_2O + 3CO_2$
수소 원자의 개수는 반응 전 8개이므로 반응 후에도 8개가 되도록 H_2O의 계수를 4로 한다.
➡ $C_3H_8 + O_2 \longrightarrow 4H_2O + 3CO_2$
산소 원자의 개수는 반응 전 2개이지만 반응 후 10개이므로 O_2의 계수를 5로 하여 화학 반응식을 완성한다.
➡ $C_3H_8 + 5O_2 \longrightarrow 4H_2O + 3CO_2$

채점 기준	배점
화학 반응식을 옳게 나타낸 경우	100 %
반응물과 생성물을 화학식으로 옳게 나타냈으나 계수를 옳게 맞추지 못한 경우	20 %

23 | 모범 답안 | (1) ⬤⬤ + 🔴🔴 🔴🔴

(2) 반응하거나 생성되는 분자 수의 비가 메테인 : 산소 : 이산화 탄소=1 : 2 : 1이다. 따라서 메테인 분자 2개가 모두 연소하려면 산소 분자가 최소 4개가 필요하고, 반응 결과 이산화 탄소 분자 2개가 생성된다.

	채점 기준	배점
(1)	이산화 탄소와 물의 분자 모형과 개수를 옳게 나타낸 경우	40 %
	이산화 탄소와 물의 분자 모형만 옳게 나타낸 경우	20 %
(2)	필요한 산소 분자 수와 생성되는 이산화 탄소 분자 수를 풀이 과정과 함께 옳게 서술한 경우	60 %
	필요한 산소 분자 수와 생성되는 이산화 탄소 분자 수만 옳게 쓴 경우	30 %

02 질량 보존 법칙, 일정 성분비 법칙

 확인하기　　　　　　　　　　p. 15

1 질량 보존　**2** 원자　**3** (가)=(나)>(다)　**4** 산소, 물(수증기)
5 산소, 32 g　**6** 일정 성분비　**7** 개수비　**8** 32 g　**9** 마
그네슘 : 산소=3 : 2　**10** 1개

3 화학 반응에서 질량이 보존되므로 (가)=(나)이다. 탄산 칼슘과 묽은 염산이 반응하면 이산화 탄소 기체가 발생한다. 따라서 반응 후 용기의 뚜껑을 열면 생성된 이산화 탄소 기체가 공기 중으로 날아가 질량이 감소하여 (가)=(나)>(다)가 된다.

5 탄소의 연소 반응($C + O_2 \longrightarrow CO_2$)에서 반응 전후 질량은 보존된다. 따라서 탄소 12 g과 산소가 반응하여 생성된 이산화 탄소가 44 g이므로, 탄소와 반응한 산소는 32(=44−12) g이다.

9 질량 보존 법칙에 따라 마그네슘과 반응한 산소의 질량=산화 마그네슘의 질량−마그네슘의 질량=50 g−30 g=20 g이다. 따라서 마그네슘 30 g과 반응한 산소의 질량이 20 g이므로 산화 마그네슘을 구성하는 마그네슘과 산소의 질량비는 30 : 20=3 : 2이다.

10 화합물 BN_3 1개를 만들기 위해 필요한 너트(N)의 최소 개수가 3개인데, 너트가 3개 있으므로 BN_3 1개를 만들 수 있다.

족집게 문제
p. 16~19

1 ①, ⑤	2 ④	3 ①	4 ③	5 ①	6 ②	7 ④	8 ④, ⑤
9 ③	10 ①	11 ②	12 ②	13 ②	14 ⑤	15 ②
16 ③	17 ①	18 ⑤	19 ③				

[서술형 문제 20~22] 해설 참조

1 염화 나트륨 + 질산 은 $\longrightarrow$ 염화 은(앙금) + 질산 나트륨
(반응물) / (생성물)
흰색 앙금인 염화 은이 생성되는 반응으로, 밀폐된 용기뿐만 아니라 열린 용기에서 실험해도 반응 전후에 물질의 총질량이 같다.

2 묽은 염산은 염화 수소를 녹인 수용액이고, 달걀 껍데기의 주성분은 탄산 칼슘이다.
탄산 칼슘 + 염화 수소 $\longrightarrow$
염화 칼슘 + 물 + 이산화 탄소(기체)
반응 전후 원자의 종류와 수가 변하지 않으므로, 반응물의 총질량과 생성물의 총질량은 같다.
④ 달걀 껍데기와 묽은 염산을 반응시킨 후 뚜껑을 열면 발생한 이산화 탄소 기체가 공기 중으로 빠져나가므로 질량이 감소한다.

3 화학 반응 전과 후에 원자의 종류와 개수는 변하지 않고, 원자의 배열만 달라지기 때문에 질량 보존 법칙이 성립한다.

4 묽은 염산과 탄산 칼슘이 반응하면 이산화 탄소 기체가 발생하는데, (나)에서는 반응 용기가 밀폐되어 있으므로 질량이 변하지 않는다. 그러나 (다)에서 용기의 뚜껑을 열면 이산화 탄소 기체가 빠져나가 질량이 감소한다. 따라서 (다)에서 감소한 질량 2.2(=20.0−17.8) g이 생성된 기체의 질량이다.

5 ①, ② 강철 솜을 가열하면 공기 중의 산소와 결합하여 강철 솜과는 성질이 다른 새로운 물질 산화 철이 된다. 즉, 강철 솜 (가)와 연소 후의 (나) 산화 철은 구성하는 원자의 종류와 수가 다른 물질이다.

③ 강철 솜을 가열하면 산소와 결합하여 질량이 증가하므로 저울이 가열하는 물질 (나) 쪽으로 기울어진다.
④ 화학 반응으로 생성된 화합물 산화 철에서 산소가 자연적으로 분리되지는 않는다. 따라서 충분한 시간이 흘러도 저울은 수평이 되지 않는다.
⑤ 같은 질량의 나무 조각을 막대저울의 양쪽에 매달아 저울이 수평을 이루게 한 후, 한쪽 나무 조각을 가열하면 생성된 수증기와 이산화 탄소가 공기 중으로 날아가므로 질량이 감소한다. 따라서 나무 조각으로 실험을 하면 가열하지 않은 물질 쪽으로 저울이 기울어진다.

6 구리 4 g이 산소와 반응하여 산화 구리(Ⅱ) 5 g을 생성하므로 산소는 1 g이 반응하였다. 따라서 산화 구리(Ⅱ)를 구성하는 구리와 산소의 질량비는 4 : 1이므로 산화 구리(Ⅱ) 40 g 속에는 구리 32 g과 산소 8 g이 들어 있다.
$$40 \text{ g} \times \frac{1}{5} = 8 \text{ g}$$

7 마그네슘 3 g은 산소 2 g과 반응하므로 산화 마그네슘을 구성하는 마그네슘과 산소의 질량비는 3 : 2이다. 따라서 마그네슘 21 g과 반응하는 산소의 질량(x)은 다음과 같다.
$3 : 2 = 21 \text{ g} : x \text{ g}$ ∴ $x = 14$
즉, 마그네슘 21 g을 완전히 연소시키면 산소 14 g과 반응하여 산화 마그네슘 35 g이 생성된다.

8 화합물이 생성될 때 원자가 항상 일정한 개수비로 결합한다. 이때 원자는 각각 일정한 질량이 있으므로 화합물을 구성하는 성분 원소 사이에는 항상 일정한 질량비가 성립한다.

9 암모니아 분자를 구성하는 수소 원자와 질소 원자의 개수비는 3 : 1이고, 수소 원자 1개와 질소 원자 1개의 질량비는 1 : 14 이다. 따라서 암모니아를 구성하는 수소와 질소의 질량비는 수소 : 질소=3×1 : 1×14=3 : 14이다. 따라서 42 g의 질소를 모두 반응시키기 위해 필요한 수소의 질량(x)은 다음과 같이 구할 수 있다.
$3 : 14 = x \text{ g} : 42 \text{ g}$ ∴ $x = 9 \text{ g}$

10 실험 1과 3에서 반응하는 A와 B의 질량비는 다음과 같다.
A : B=0.2 g : 1.6 g(=2.0 g−0.4 g)
=0.4 g(=0.6 g−0.2 g) : 3.2 g=1 : 8
따라서 실험 2에서 A 0.3 g과 B 2.4 g이 반응하고, A 0.1 g이 남는다.

11 BN_2를 구성하는 B와 N의 개수비는 1 : 2이다. 따라서 B 3개와 N 6개를 사용하여 BN_2 3개를 만들고, N 4개가 남는다. B 1개의 질량은 6 g이고, N 1개의 질량은 2 g이므로 BN_2를 구성하는 B와 N의 질량비는 다음과 같다.
B : N=1×6 g : 2×2 g=6 : 4=3 : 2

12 ① 질량 보존 법칙은 프랑스의 과학자 라부아지에가 처음 제안하였다. 프루스트는 일정 성분비 법칙을 제안하였다.
③ 기체가 발생하는 반응의 경우, 열린 공간에서 실험을 하여 공기 중으로 날아간 생성물의 질량을 고려하지 않으면 질량이 감소하여 질량 보존 법칙이 성립하지 않는 것처럼 보인다. 그러나 반응물과 생성물 전체를 고려하면 질량 보존 법칙이 성립한다.

④ 앙금이 생성되는 반응은 밀폐된 공간뿐만 아니라 열린 공간에서도 반응 전후에 물질의 질량이 변하지 않고 일정하다.

⑤ 열린 공간에서 금속을 연소시키면 금속이 공기 중의 산소와 결합하므로 반응 전보다 물질의 질량이 증가한다. 이때 반응물 전체, 즉 금속과 산소를 모두 고려하면 질량 보존 법칙이 성립한다.

13 화학 반응 전후 원자의 종류와 수가 같으므로 화학 반응식을 완성하면 생성물 ㉠은 이산화 탄소(CO_2)이다.
질량 보존 법칙에 따라 탄산수소 나트륨 84 g이 모두 분해되어 생성된 물질의 총질량은 84 g이다.
탄산수소 나트륨의 질량=(탄산 나트륨+물+이산화 탄소)의 질량 ➡ 84 g=53 g+9 g+이산화 탄소의 질량
∴ 이산화 탄소 질량=22 g

14 화합물은 성분 원소 사이에 일정한 질량비가 성립하지만, 혼합물은 성분 물질이 섞이는 비율이 일정하지 않으므로 일정 성분비 법칙이 성립하지 않는다. 염화 나트륨이 물에 녹아 생성된 염화 나트륨 수용액은 혼합물이다.

15 물 분자를 구성하는 수소 원자와 산소 원자의 개수비는 2 : 1이고, 수소 원자 1개와 산소 원자 1개의 질량비는 1 : 16이다. 따라서 물을 구성하는 수소와 산소의 질량비는 수소 : 산소 =2×1 : 1×16=2 : 16=1 : 8이다.

16 물을 구성하는 수소와 산소의 질량비는 1 : 8이므로 산소 32 g과 반응하는 수소는 4 g이고, 이때 생성되는 물은 36 g(= 32 g+4 g)이다.

17 물 36 g과 산소 32 g이 모두 반응하였으므로 질량 보존 법칙에 따라 생성된 과산화 수소의 질량은 68 g이다. 과산화 수소가 생성될 때 수소 원자와 산소 원자는 2 : 2=1 : 1의 개수비로 결합한다. 이때 원자의 질량비가 수소 : 산소=1 : 16이므로, 과산화 수소를 구성하는 수소와 산소의 질량비는 1 : 16이다. 따라서 과산화 수소 68 g에는 수소 4 g과 산소 64 g이 들어 있다.

18 볼트 2개와 너트 3개가 결합하여 화합물 X(B_2N_3) 1개를 만들므로, 볼트와 너트가 2 : 3의 개수비로 결합한다.

19 볼트 5개와 너트 10개를 사용하여 최대로 만들 수 있는 화합물 X(B_2N_3)는 2개이고, 이때 볼트 1개와 너트 4개가 남는다. 볼트 1개의 질량은 4 g이고 너트 1개의 질량은 2 g이므로, 화합물 X 2개의 질량은 28 g이다.

🖋 서술형 문제

20 | 모범 답안 | $Na_2CO_3 + CaCl_2 \longrightarrow CaCO_3 + 2NaCl$, 반응 전과 후에 물질을 이루는 원자의 종류와 개수가 변하지 않으므로 반응 전후에 질량이 변하지 않고 보존된다.

채점 기준	배점
화학 반응식을 옳게 쓰고, 질량이 보존되는 까닭을 원자의 종류와 수를 언급하여 옳게 서술한 경우	100 %
화학 반응식을 옳게 쓰고, 질량이 보존되는 까닭을 원자의 종류와 수 중 하나만 언급하여 서술한 경우	50 %
화학 반응식만 옳게 쓴 경우	20 %

21 | 모범 답안 | (1) (나)의 질량이 (가)보다 작다. 나무가 연소할 때 생성되는 이산화 탄소와 수증기가 공기 중으로 날아가기 때문이다.

(2) 나무가 연소할 때 반응하는 산소와 생성되는 이산화 탄소, 수증기를 모두 고려하면 질량 보존 법칙이 적용된다. 즉, (나무+산소)의 질량은 (재+이산화 탄소+수증기)의 질량과 같다.

| 해설 | 나무가 연소하고 남은 재는 나무보다 질량이 작다. 그러나 반응물인 산소와 공기 중으로 날아간 이산화 탄소와 수증기를 모두 고려하면 질량 보존 법칙이 성립한다.

	채점 기준	배점
(1)	(가)와 (나)의 질량을 옳게 비교하고 그 까닭을 옳게 서술한 경우	40 %
	(가)와 (나)의 질량만 옳게 비교한 경우	20 %
(2)	반응물과 생성물을 구체적으로 모두 언급하여 질량 보존 법칙을 옳게 서술한 경우	60 %
	질량 보존 법칙이 성립한다고만 서술한 경우	20 %

22 | 모범 답안 | 산소 0.8 g, 산화 구리(Ⅱ) 4.0 g, 산화 구리(Ⅱ)를 생성할 때 반응하는 구리와 산소의 질량비가 4 : 1이다. 따라서 구리 3.2 g을 모두 연소시키기 위해 필요한 산소의 최소 질량은 0.8 g이고, 이때 생성되는 산화 구리(Ⅱ)의 질량은 4.0 (=3.2+0.8) g이다.

| 해설 | 실험 1에서 구리 2.0 g과 반응하는 산소의 질량은 0.5 g이다. 따라서 질량비는 구리 : 산소 : 산화 구리(Ⅱ)= 2.0 g : 0.5 g : 2.5 g=4 : 1 : 5이다.

채점 기준	배점
산소와 산화 구리(Ⅱ)의 질량을 모두 옳게 구하고, 질량비를 언급하여 풀이 과정을 옳게 서술한 경우	100 %
산소와 산화 구리(Ⅱ)의 질량만 모두 옳게 구한 경우	50 %
산소와 산화 구리(Ⅱ)의 질량 중 한 가지만 옳게 구한 경우	20 %

03 기체 반응 법칙 / 화학 반응에서의 에너지 출입

개념 확인하기
p. 21

1 기체 반응 **2** 질소 : 수소 : 암모니아=1 : 3 : 2 **3** 계수비
4 수소 : 산소 : 수증기=2 : 1 : 2 **5** 20 mL **6** 발열
7 낮아 **8** 방출, 높아 **9** 흡수, 흡열 **10** 흡수, 손 냉장고

5 반응물과 생성물이 기체인 반응에서 반응하거나 생성되는 기체의 부피비는 화학 반응식의 계수비와 같다. 염화 수소 생성 반응의 화학 반응식에서 계수비가 수소(H_2) : 염소(Cl_2) : 염화 수소(HCl)=1 : 1 : 2이므로, 반응하거나 생성되는 기체의 부피비는 10 mL : 10 mL : 20 mL이다. 따라서 수소 기체 20 mL와 염소 기체 10 mL를 반응시키면, 수소 기체와 염소 기체가 각각 10 mL씩 반응하여 염화 수소 기체 20 mL가 생성되고, 수소 기체 10 mL는 반응하지 않고 남는다.

10 흡열 반응이 일어날 때 에너지를 흡수하여 주변의 온도가 낮아지므로, 이를 이용해 냉각 장치를 만들 수 있다.

족집게 문제　　　　　　　　　　p. 22~25

1 ②　**2** ②　**3** ㉠ A, 10, ㉡ 20　**4** ③　**5** ⑤　**6** ②
7 ③　**8** ④　**9** ②　**10** ①　**11** ②, ⑤　**12** ⑤　**13** ⑤
14 ④, ⑤　**15** ③　**16** ③

[서술형 문제 17~19] 해설 참조

1 수증기가 생성될 때 각 물질의 부피비는 수소 : 산소 : 수증기
=2 : 1 : 2이다. 따라서 수소와 산소를 각각 10 mL씩 반응
시키면 수소 10 mL와 산소 5 mL가 반응하여 수증기
10 mL가 생성되고, 산소 5 mL가 남는다.

2 실험 1~3에서의 부피비는 A : B : C=10 mL : 30 mL
(=40 mL−10 mL) : 20 mL=25 mL(=30 mL−5 mL)
: 75 mL : 50 mL=20 mL(=40 mL−20 mL) : 60 mL
: 40 mL=1 : 3 : 2이다.

3 실험 1에서 반응 후 A가 10 mL 남으므로, 반응하거나 생성
되는 기체의 부피비는 A : B : C=20 mL : 30 mL :
10 mL=2 : 3 : 1이다. 따라서 실험 2에서는 A : B :
C=40 mL : 60 mL : 20 mL로 반응하고, A 10 mL가 반
응하지 않고 남는다.

4 반응물과 생성물이 모두 기체이므로 부피비와 분자 수비는 수
소 : 질소 : 암모니아=3 : 1 : 2이다.
③ 같은 부피 속에 들어 있는 각 기체의 분자 수는 같지만, 원
자 수는 분자의 종류에 따라 다르다. 수소 분자(H_2)와 질소 분
자(N_2)는 구성하는 원자 수가 2개로 같지만, 암모니아 분자
(NH_3)는 원자 4개로 이루어져 있다. 따라서 같은 부피 속에
들어 있는 각 기체의 원자 수의 비는 수소 : 질소 : 암모니아
=2 : 2 : 4=1 : 1 : 2로, 모두 같지는 않다.

5 ① 질소 분자(N_2)와 산소 분자(O_2)를 이루는 원자 수가 같으
므로, 같은 부피 속에 들어 있는 질소 기체와 산소 기체의 원
자 수는 같다.
②, ③ 화학 반응식의 계수비=기체의 부피비=분자 수비=
질소 : 산소 : 이산화 질소=1 : 2 : 2이다.
④ 질량 보존 법칙에 따라 반응 전후 물질의 총질량은 같다.
⑤ 이산화 질소 기체 30 mL를 생성하기 위해 필요한 최소한
의 질소 기체는 15 mL이다.

6 수소(H_2)와 염소(Cl_2)가 반응하여 염화 수소(HCl)가 생성되는
반응의 화학 반응식은 다음과 같다.

$$H_2 + Cl_2 \longrightarrow 2HCl$$

ㄱ. 분자 수비가 반응물 : 생성물=(H_2+Cl_2) : HCl=1 : 1이
므로 반응이 일어나도 전체 분자 수는 변하지 않는다.
ㄴ. 염소 분자 20개를 수소 분자 10개와 반응시키면, 염소 분
자 10개만 반응하고 10개는 그대로 남는다.
ㄷ. 부피비가 수소 : 염소 : 염화 수소=1 : 1 : 2이므로 수소
기체 20 mL와 염소 기체 20 mL가 반응하면 염화 수소 기체
40 mL가 생성된다.

7 ① 화학 반응이 일어날 때 항상 에너지가 출입하며, 상태 변화
와 같은 물리 변화에서도 에너지가 출입한다.
③ 흡열 반응이 일어날 때 에너지를 흡수하므로 주변의 온도
가 낮아진다.

8 염화 칼슘과 물의 반응은 열에너지를 방출하는 발열 반응이다.
ㄱ. 동물의 호흡은 발열 반응으로, 이때 방출한 에너지는 생명
활동을 하는 데 사용된다.
ㄴ, ㄹ. 전기 분해와 열분해는 주변에서 가해 준 전기 또는 열
에너지를 흡수하여 일어나는 흡열 반응이다.
ㄷ. 철이 녹스는 것은 철이 산소와 반응하여 산화되는 반응으
로 발열 반응이다.
ㅁ. 산과 염기의 중화 반응은 발열 반응이다.

9 ①, ②, ③ 수산화 바륨과 염화 암모늄의 반응은 열에너지를
흡수하는 흡열 반응이다. 따라서 삼각 플라스크 안의 두 물질
을 섞으면 흡열 반응이 일어나 주변의 온도가 낮아지므로 나
무판 위의 물이 얼면서 나무판이 삼각 플라스크에 달라붙는다.
⑤ 수산화 바륨과 염화 암모늄의 반응을 이용하여 냉찜질 주
머니와 같은 냉각 장치를 만들 수 있다.

10 온열 장치를 만들 때는 열에너지를 방출하는 발열 반응을 이
용한다. 소금과 물의 반응은 열에너지를 흡수하는 흡열 반응
이다.

11 온도와 압력이 같을 때 같은 부피 속에 들어 있는 수소 기체,
산소 기체, 암모니아 기체의 분자 수가 같다. 따라서 기체의
부피비와 분자 수의 비가 같고, 이는 반응하거나 생성되는 입
자 수비를 나타내는 화학 반응식의 계수비와 같다.

12 반응하거나 생성되는 기체의 부피비와 분자 수의 비는 질소 :
수소 : 암모니아=1 : 3 : 2이다. 따라서 반응하는 분자 수는
수소가 질소의 3배이고, 생성되는 암모니아 분자 수는 반응하
는 질소 분자 수의 2배이다.
②, ④ 질소 원자와 수소 원자는 1 : 3의 개수비로 결합하여
암모니아를 생성한다. 원자의 질량비가 질소 : 수소=14 : 1이
므로, 암모니아를 구성하는 질소와 수소의 질량비는 1×14 :
3×1=14 : 3이다. 질량 보존 법칙에 따라 질량비는 질소 :
수소 : 암모니아=14 : 3 : 17(=14+3)이다.

13 철 가루와 공기 중의 산소가 반응하여 산화 철이 생성될 때 열
에너지를 방출하므로 부직포 주머니가 따뜻해진다.

14 탄산수소 나트륨이 열에너지를 흡수하면서 분해되어 이산화
탄소 기체를 생성하므로 빵이 부풀어 오른다.

15 ㄱ. 반응 후 남은 기체가 없는 (다)를 통해 기체 A와 B가 2 :
1의 부피비로 반응하는 것을 알 수 있다. 그러나 생성물인 C
의 부피는 알 수 없으므로 화학 반응식은 알 수 없다.
ㄴ. (가)에서 기체 A 10 mL와 B 5 mL가 반응하고, B
15 mL가 남는다. (나)에서 기체 A 15 mL와 기체 B 7.5 mL
가 반응하고, B 7.5 mL가 남는다. 따라서 (가)와 (나)에서 남
은 기체는 B이다.
ㄷ. (다)를 기준으로 양쪽 그래프의 기울기가 같으려면 (라)에
서 남은 기체의 부피가 (나)와 같아야 한다. 그러나 (라)에서는
기체 A 15 mL가 남으므로 기울기가 다르다.
ㄹ. 반응 부피비가 A : B=2 : 1이므로 A 40 mL가 모두 반
응하려면 B가 최소 20 mL가 있어야 한다.

16 ① A의 연소 반응에서 부피비는 반응물 : 생성물=7 : 6이므
로, 연소 반응 후 기체의 부피는 감소한다.

② B의 연소 반응에서 분자 수비는 반응물 : 생성물=6 : 7이므로, 연소 반응 후 기체의 분자 수가 증가한다.

③ 연소 반응에서의 부피비가 A : 산소=2 : 5이고 B : 산소는 1 : 5이므로, 예를 들어 산소 50 mL로 연소시킬 수 있는 기체의 부피는 A는 20 mL, B는 10 mL이다. 즉, 같은 부피의 산소로 연소시킬 수 있는 기체의 부피는 A가 B의 2배이다.

④ A와 B의 연소 반응에서 산소와 이산화 탄소의 부피비는 다음과 같다.

• A 연소 ➡ 산소 : 이산화 탄소=5 : 4=15 : 12
• B 연소 ➡ 산소 : 이산화 탄소=5 : 3=20 : 12

따라서 같은 부피의 이산화 탄소가 생성될 때 반응하는 산소의 부피는 B가 A보다 크다.

⑤ A의 연소 반응에서 부피비가 A : 수증기=1 : 1이므로, A 10 mL를 완전히 연소시키면 수증기 10 mL가 생성된다. B의 연소 반응에서 부피비가 B : 수증기=1 : 4이므로, B 10 mL를 완전히 연소시키면 수증기 40 mL가 생성된다. 따라서 A와 B를 각각 10 mL씩 완전히 연소시켰을 때 생성되는 수증기의 부피는 B가 A의 4배이다.

 **서술형 문제**

17 | 모범 답안 | 100 mL, 실험 1과 2에서 기체 C를 생성할 때 반응하는 기체 A와 B의 부피비는 30 mL : 60 mL=40 mL : 80 mL=1 : 2이기 때문이다.

채점 기준	배점
B의 부피를 옳게 구하고, 풀이 과정을 실험 결과를 이용하여 옳게 서술한 경우	100 %
B의 부피를 옳게 구하고, 부피비가 1 : 2라고만 서술한 경우	60 %
B의 부피만 옳게 구한 경우	30 %

18 | 모범 답안 | (1) H_2O, 메테인 연소 반응의 화학 반응식은 $CH_4 + 2O_2 \longrightarrow CO_2 + 2H_2O$이므로, 생성물의 부피비는 CO_2 : H_2O=1 : 2이다. 따라서 (가)는 부피가 더 큰 물이다.
(2) 10 L, 반응하는 메테인과 생성되는 이산화 탄소의 부피비가 1 : 1이므로, 연소한 메테인과 같은 부피의 이산화 탄소가 생성된다.

	채점 기준	배점
(1)	물의 화학식을 쓰고, 그 까닭을 화학 반응식과 부피비를 근거로 옳게 서술한 경우	60 %
	물의 화학식을 썼지만, 그 까닭에 대한 서술이 미흡한 경우	40 %
	물의 화학식만 쓴 경우	20 %
(2)	이산화 탄소의 부피를 옳게 구하고, 풀이 과정을 옳게 서술한 경우	40 %
	이산화 탄소의 부피만 옳게 구한 경우	20 %

19 | 모범 답안 | 질산 암모늄과 물이 반응할 때 열에너지를 흡수하여 주변의 온도가 낮아지는 것을 이용한 냉각 장치이다.

채점 기준	배점
화학 반응과 에너지 출입을 근거로 냉각 장치를 옳게 서술한 경우	100 %
화학 반응과 에너지 출입 중 한 가지만 근거로 하여 냉각 장치를 옳게 서술한 경우	50 %
냉각 장치라고만 쓴 경우	20 %

Ⅱ 기권과 날씨

01 기권과 지구 기온

개념 확인하기
p. 27

1 질소, 산소   2 기온   3 하강, 상승, 하강, 상승   4 오존층
5 대류권   6 복사 평형   7 (1) 50 % (2) 20 % (3) 30 %
8 온실 효과, 온실 기체   9 지구 온난화, 이산화 탄소
10 상승, 상승, 줄어든다

5 대류권에서는 높이 올라갈수록 기온이 낮아지므로 대류가 잘 일어난다. 대류가 잘 일어나고 수증기가 존재하기 때문에 기상 현상이 나타난다.

10 지구의 평균 기온이 상승하면 열에 의해 해수의 부피가 팽창하여 해수면이 상승하고, 이에 따라 해발 고도가 낮은 지역이 바닷물에 잠겨 육지의 면적이 줄어든다.

족집게 문제
p. 28~29

1 ①   2 A : 대류권, B : 성층권, C : 중간권, D : 열권   3 ②
4 ④   5 ⑤   6 ③   7 ①   8 ②   9 ③   10 ④   11 ②
[서술형 문제 12~13] 해설 참조

1 ② 기상 현상을 일으키는 기체는 수증기이다.
③ 공기는 높이 약 1000 km까지 분포하는데, 대부분 대류권에 분포하고 높이 올라갈수록 희박해진다.
④ 오로라는 열권에서 관측된다.
⑤ 기권에서 최저 기온이 나타나고 유성이 관측되는 층은 중간권이다.

2 기권은 높이에 따른 기온 변화를 기준으로 지표에서부터 대류권(A), 성층권(B), 중간권(C), 열권(D)의 4개 층으로 구분한다.

3 따뜻한 공기는 찬 공기보다 밀도가 작으므로, 따뜻한 공기가 아래에 있고 찬 공기가 위에 있으면 따뜻한 공기는 상승하고 찬 공기는 하강하여 대류가 잘 일어난다. 따라서 높이 올라갈수록 기온이 하강하는 층(A, C)에서 대류가 잘 일어나고, 높이 올라갈수록 기온이 상승하는 층(B, D)에서는 대류가 잘 일어나지 않아 안정하다.

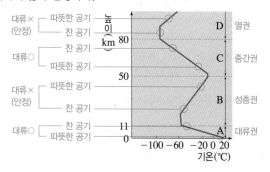

4 ① 안정하여 장거리 비행기의 항로로 이용되는 층은 B이다.
② 기상 현상이 나타나는 층은 대류가 잘 일어나고 수증기가 많이 분포하는 A이다.
③ B 성층권에 존재하는 오존층은 오존이 집중적으로 분포해 있는 구간으로, 오존은 태양으로부터 오는 자외선을 흡수하여 태양의 자외선이 지표에 도달하는 양을 줄여준다.
⑤ A∼D로 구분한 기준은 높이에 따른 기온 변화이다.

5 컵 속의 온도는 처음에는 점점 높아지지만, 어느 정도 시간이 지나면 복사 평형에 도달하여 온도가 더 이상 높아지지 않고 일정하게 유지된다.

6 ③ 복사 평형이 이루어지기 전까지는 컵이 흡수하는 에너지양이 방출하는 에너지양보다 많아서 온도가 높아진다.

7 ① 화석 연료를 사용할 때 이산화 탄소가 배출된다. 이 기간 동안 대기 중 이산화 탄소의 농도가 증가한 까닭은 화석 연료의 사용량이 증가했기 때문이다.

8 ① 지구가 흡수하는 태양 복사 에너지양은 지구가 방출하는 지구 복사 에너지양과 같아 복사 평형을 이룬다.
③ 지구의 대기는 태양 복사 에너지를 잘 통과시키지만, 지구 복사 에너지는 대부분 흡수한다.
④ 온실 효과가 일어나면 대기가 지구 복사 에너지를 흡수하였다가 재방출하여 기온을 높이므로 대기가 없을 때보다 높은 온도에서 복사 평형이 이루어진다.
⑤ 대기가 없어도 복사 평형은 일어나며, 대기가 있을 때보다 낮은 온도에서 복사 평형이 이루어진다.

9 ③ 지구가 방출하는 복사 에너지양 C는 지구가 태양으로부터 흡수하는 복사 에너지양(A+B=100 %−30 %)과 같다.

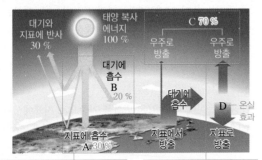

10 ② 지구 온난화로 기온이 상승하면 고위도 지방의 기후가 따뜻해져서 열대 식물의 서식지가 고위도로 이동한다.
③ 만년설은 기온이 낮은 고산 지대에서 일 년 내내 녹지 않는 눈이다. 지구 온난화로 고산 지대의 기온이 높아지면 만년설이 녹아 줄어든다.
④, ⑤ 지구 온난화로 기온이 상승하면 해수의 부피가 팽창하고 대륙 빙하가 녹아 해수면이 높아진다. 이에 따라 해발 고도가 낮은 지역은 바닷물에 잠겨 육지의 면적이 줄어든다.

11 ㄴ. 기상 현상이 일어나는 데 중요한 역할을 하는 기체는 수증기이다.
ㄷ. 온실 효과를 일으키는 기체는 이산화 탄소 등의 온실 기체로, 산소(B)는 온실 기체가 아니다.

---

12 **| 모범 답안 |** (1) 높이에 따른 기온 변화
(2) 오존층에서 오존이 태양의 자외선을 흡수하기 때문이다.
(3) C, C에는 수증기가 거의 없기 때문이다.
| 해설 | (3) 대류는 높이 올라갈수록 기온이 낮아지는 A와 C에서 일어나고, 그중 기상 현상은 수증기가 존재하는 A에서만 일어난다.

	채점 기준	배점
(1)	구분 기준을 옳게 쓴 경우	30 %
(2)	오존층과 자외선을 모두 포함하여 옳게 서술한 경우	30 %
(3)	C를 고르고, 그 까닭을 옳게 서술한 경우	40 %
	C만 고르고, 그 까닭을 옳게 서술하지 못한 경우	20 %

13 **| 모범 답안 |** 달의 평균 온도가 지구의 평균 온도보다 낮다. 그 까닭은 대기가 거의 없는 달에서는 온실 효과가 일어나지 않아 낮은 온도에서 복사 평형이 이루어지기 때문이다.

채점 기준	배점
평균 온도를 옳게 비교하고, 그 까닭을 달에서는 온실 효과가 일어나지 않기 때문이라고 옳게 서술한 경우	100 %
평균 온도만 옳게 비교한 경우	50 %

02 구름과 강수

개념 확인하기
p. 32

1 포화, 포화 수증기량 **2** 응결 **3** 이슬점 **4** (1) 불포화
(2) 15 (3) ㉠ 10.6, ㉡ 7.6, ㉢ 3 (4) ㉠ 10.6, ㉡ 20.0, ㉢ 53
5 낮아, 높아 **6** 단열 팽창 **7** 상승, 하강, 응결 **8** 적운형, 층운형 **9** (1) − ㉡ (2) − ㉠ **10** 얼음 알갱이, 물방울

4 (1) A 공기는 포화 수증기량보다 실제 수증기량이 적으므로 수증기를 더 포함할 수 있는 불포화 상태이다.
(2) 이슬점은 공기를 냉각시킬 때 실제 수증기량으로 포화 상태가 되어 응결이 시작되는 온도이므로 A 공기의 이슬점은 10.6 g/kg이 포화 수증기량이 되는 15 ℃이다.
(3) A 공기 1 kg의 응결량=실제 수증기량(10.6 g)−냉각된 기온의 포화 수증기량(7.6 g)=3 g

5 수증기량이 일정하고 기온이 상승하면 포화 수증기량이 증가하므로 상대 습도가 낮아진다. 기온이 일정할 때 포화 수증기량이 일정하므로 수증기량이 증가하면 상대 습도가 높아진다.

10 A 구간의 온도는 −40 ℃∼0 ℃이므로 얼음 알갱이와 물방울이 함께 존재한다. 이곳에서 얼음 알갱이가 성장하여 떨어지면 눈이나 비가 내린다. 구름 속에서는 0 ℃ 이하에서도 얼지 않고 물방울이 존재하기도 한다.

1 ④ 2 ④ 3 ③ 4 ② 5 ④ 6 ⑤ 7 ② 8 ④
9 ② 10 ⑤ 11 ③ 12 ② 13 ④ 14 ② 15 ①
16 ② 17 ③ 18 ③ 19 ④ 20 ③ 21 ⑤ 22 ③
23 ④ 24 ① 25 ②, ⑤ 26 ③ 27 ⑤ 28 ②
[서술형 문제 29~32] 해설 참조

1 포화 수증기량 곡선 상에 위치하는 공기는 포화 상태이다. A 공기는 곡선 아래쪽에 위치하므로 불포화 상태이다. A 공기를 포화 상태로 만들려면 수증기 9.4 g/kg(=20.0−10.6)을 더 공급하거나 기온을 15 ℃까지 낮춰야 한다.

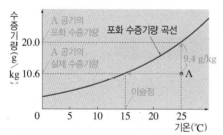

2 ① 현재 기온이 이슬점일 때는 실제 수증기량이 포화 수증기량과 같으므로 상대 습도는 100 %이다.
④ 공기 중에 포함된 수증기량이 많을수록 이슬점이 높고, 수증기량이 적을수록 이슬점이 낮다.

3 상대 습도(%) = $\dfrac{\text{현재 공기 중의 실제 수증기량}}{\text{현재 기온의 포화 수증기량}} \times 100$

$= \dfrac{\text{이슬점(15 ℃)에서의 포화 수증기량}}{\text{현재 기온(30 ℃)의 포화 수증기량}} \times 100$

$= \dfrac{10.6 \text{ g/kg}}{27.1 \text{ g/kg}} \times 100 ≒ 39.1$ %

4 ① 포화 수증기량 곡선에서 멀어질수록 상대 습도가 낮다. A 공기는 포화 수증기량 곡선상에 있으므로 상대 습도가 100 %이고, E 공기는 A~E 중 상대 습도가 가장 낮다.
② B, D 공기는 실제 수증기량이 같다. 이슬점은 실제 수증기량으로 포화되는 온도이므로 B, D 공기 모두 10 ℃이다.
③ 포화 수증기량 곡선상에 있는 A 공기가 포화 상태이고, B, C, D, E 공기는 불포화 상태이다.
④ D 공기 1 kg의 응결량=실제 수증기량−냉각된 기온(0 ℃)의 포화 수증기량=7.6 g−3.8 g=3.8 g
⑤ B 공기를 포화 상태로 만들려면 10 ℃로 냉각시켜야 한다.

5 (가) 이슬점은 현재 공기 중의 실제 수증기량이 많을수록 높다.
➡ C>B=D>A=E
(나) 상대 습도는 포화 수증기량에 비해 실제 수증기량이 적을수록 낮다. ➡ A>C>B>D>E

6 밀폐된 실내에서 난방을 하면, 공간이 밀폐되어 수증기의 출입이 없으므로 실제 수증기량은 그대로이다. 따라서 이슬점은 변화 없고, 기온이 올라가면서 포화 수증기량이 증가하므로 상대 습도는 낮아진다.

7 맑은 날 이슬점은 변화가 거의 없고, 기온과 상대 습도는 반대로 나타나며, 기온은 낮에 가장 높고 새벽에 가장 낮다.

8 낮에 상대 습도가 낮아지는 까닭은 공기 중의 수증기량이 거의 그대로인데, 기온이 상승하면서 포화 수증기량이 증가하기 때문이다.

9 지표 부근의 공기가 상승하면 주변 공기의 압력이 낮아져 상승하는 공기의 부피가 팽창(단열 팽창)한다. 이때 기온이 하강하여 이슬점에 도달하면 공기 속의 수증기가 응결하여 구름이 생성된다.

10 구름이 생성되려면 공기가 상승하여 단열 팽창에 의해 공기의 온도가 낮아져야 한다.
① 지표면의 일부가 가열되면 가열된 부분의 공기가 주변보다 밀도가 작아져 가벼워지므로 상승한다.
② 이동하던 공기가 산과 같은 장애물을 만나면 상승한다.
③ 따뜻한 공기와 찬 공기가 만나면 따뜻한 공기가 찬 공기 위로 상승한다.
④ 주변보다 기압이 낮은 곳(저기압 지역)은 주변에서 공기가 모여들고, 모여든 공기는 위로 상승한다.
⑤ 주변보다 기압이 높은 곳(고기압 지역)에서는 중심부에서 주변으로 공기가 빠져나가는데, 이를 보충하기 위해 위에서 아래로 공기가 하강하므로 구름이 생성되지 않는다.

11 구름이 발생하는 원리를 알아보기 위한 실험이다.

(가) 압축 펌프를 누를 때	구분	(나) 뚜껑을 열 때
압축	부피	팽창
증가	기압	감소
상승	기온	하강
변화 없음 (맑음)	현상	뿌옇게 흐려짐 (구름 발생)

ㄱ. 플라스틱 병 내부가 뿌옇게 흐려지는 것은 (나)이다.
ㄷ. (가)는 기온이 상승하고, (나)는 기온이 하강한다.

12 향 연기는 플라스틱 병 속의 수증기가 더 잘 응결하도록 돕는 응결핵 역할을 한다. 실제 구름이 생성될 때에는 먼지와 같은 작은 입자가 응결핵 역할을 한다.

13 ①, ② 그림은 중위도나 고위도 지방에서 비나 눈이 내리는 과정(빙정설)을 나타낸 것으로, 차가운 비가 내리는 과정이다.
③ A 구간은 얼음 알갱이로 이루어져 있다.
④, ⑤ 빙정설에 따르면, 구름 속의 물방울에서 증발한 수증기가 얼음 알갱이에 달라붙어서 얼음 알갱이가 커지고, 무거워진 얼음 알갱이가 그대로 떨어지면 눈이 되고, 떨어지다가 녹으면 비가 된다.

14 '응결량=실제 수증기량−냉각된 기온의 포화 수증기량'이다. 실제 수증기량은 이슬점에서의 포화 수증기량이므로 16.7 g/kg이고, 냉각된 기온(20 ℃)에서의 포화 수증기량은 14.7 g/kg이며, 공기 3 kg을 냉각시켰으므로 응결량은 다음과 같다.
응결량=3 kg×(16.7 g/kg−14.7 g/kg)=6 g

15 30 ℃에서의 포화 수증기량은 27.1 g/kg이므로, 기온이 30 ℃이면서 상대 습도가 70 %인 공기의 실제 수증기량은 약 19 g/kg이다. 실제 수증기량은 이슬점에서의 포화 수증기량과 같으므로 약 19 g/kg이 포화 상태가 되는 기온(약 24 ℃)이 이슬점이다.

16 수증기가 컵의 표면에서 응결되어 작은 물방울로 맺히기 시작하는 온도는 이슬점이다.

17 기온이 25 °C이므로 포화 수증기량은 20.0 g/kg이다. 물방울이 맺히기 시작하는 온도, 즉 이슬점이 20 °C이고, 이슬점에서 포화 수증기량(실제 수증기량)은 14.7 g/kg이다.

$$상대 습도 = \frac{실제 수증기량}{현재 기온의 포화 수증기량} \times 100$$
$$= \frac{14.7 \text{ g/kg}}{20.0 \text{ g/kg}} \times 100 = 73.5 \%$$

18 ① 수증기가 응결하여 물방울이 지표 부근에 떠 있는 것이 안개이다.
② 이른 아침 기온이 이슬점보다 낮아지면 응결이 일어나 풀잎에 이슬이 맺힌다.
③ 빨래가 마르는 현상은 증발이 일어나 나타나는 현상이다.
④ 차가워진 유리창 표면의 공기가 냉각되어 이슬점에 도달하면 응결이 일어나 물방울이 맺혀 김이 서린다.
⑤ 차가운 음료수 병 주변의 공기가 냉각되어 이슬점에 도달하면 응결이 일어나 음료수 병 표면에 물방울이 맺힌다.

19 압축 펌프를 여러 번 누른 후 뚜껑을 열면, 공기가 단열 팽창하여 플라스틱 병 내부의 기압이 낮아지고, 기온이 낮아지면서 이슬점에 도달하면 수증기가 응결하여 병 내부가 흐려진다.

20 구름의 모양이 위로 솟는 모양이므로 적운형 구름이다. 적운형 구름은 공기가 강하게 상승할 때 수직으로 높이 발달하며, 좁은 지역에 소나기가 내린다.

21 그림은 병합설에 의해 비가 내리는 과정으로, 저위도 지방에서 나타나는 강수 과정이다. 저위도 지방에서는 구름 속의 크고 작은 물방울들이 합쳐져서 무거워지면 비로 내린다.
②, ④ 얼음 알갱이에 수증기가 달라 붙어서 눈이 내리고, 내리다가 녹아서 비가 되는 강수 이론은 빙정설이다.

22 구름 속의 크고 작은 물방울들이 합쳐지고 무거워져 비로 내리는 지역은 저위도 지방(열대 지방)이다. 중위도 지방에 속하는 우리나라 겨울철에 만들어진 구름 속에는 얼음 알갱이와 물방울이 공존하여 빙정설에 따라 강수 과정을 설명할 수 있다.

23 며칠 후, (가) 비커 주변의 공기는 불포화 상태, (나) 수조 속 비커 주변의 공기는 포화 상태가 된다. 따라서 (나) 비커 주변의 공기는 최대한으로 수증기를 포함하고 있다.

24 ㄱ. (가)에서는 온도가 상승하여 포화 수증기량이 증가하므로 증발에 의해 플라스크 내부가 맑아진다.
ㄴ. (나)에서 온도가 하강하면서 응결이 일어나 플라스크 내부에 물방울이 맺혀 뿌옇게 흐려진다.
ㄷ. (가)보다 (나)에서 온도가 낮아 포화 수증기량이 적다.
ㄹ. (가)에서는 증발에 의해 플라스크 내부의 수증기량이 증가하고, (나)에서는 응결에 의해 플라스크 내부의 수증기량이 감소한다.

25 ①, ④ 기온과 포화 수증기량은 C>B>A이다.
②, ⑤ A~C 공기는 공기 중에 포함되어 있는 실제 수증기량이 같으므로 이슬점이 같다.
③ 상대 습도는 포화 수증기량에 대한 실제 수증기량의 비율이 클수록 높으므로 A>B>C이다.

26 ㄱ. 상승하는 공기 덩어리는 단열 팽창에 의해 기온이 낮아진다.
ㄴ, ㄷ. (가)에서는 공기 덩어리에 수증기밖에 없고, (나) 이후에 물방울이 있으므로 (나)에서 이슬점에 도달하여 응결이 시작된다.

27 공기의 상승 속도가 빠를 때는 (가)와 같이 위로 솟는 모양의 적운형 구름이 생성되고, 공기의 상승 속도가 느릴 때는 (나)와 같이 옆으로 퍼지는 모양의 층운형 구름이 생성된다.

28 병합설에 따르면, 저위도 지방에서는 구름의 온도가 0 °C보다 높으므로 구름은 물방울만으로 이루어져 있고, 크고 작은 물방울이 합쳐져서 빗방울이 된다.

29 | 모범 답안 | 기온을 20 °C로 낮춘다. 수증기 12.4 g/kg을 공급한다.
| 해설 | 불포화 상태의 공기를 포화 상태로 만들려면 기온을 낮추거나 수증기를 공급하여 포화 수증기량 곡선과 만나게 한다.

채점 기준	배점
정확한 수치를 포함하여 두 가지 방법을 모두 옳게 서술한 경우	100 %
두 가지 방법 중 한 가지만 옳게 서술한 경우	50 %
수치를 포함하지 않고, 두 가지 방법을 옳게 서술한 경우	50 %

30 | 모범 답안 | 맑은 날에는 실제 수증기량의 변화가 거의 없고, 기온이 높아지면 포화 수증기량이 증가하여 상대 습도는 낮아지기 때문에 기온과 상대 습도의 변화가 반대로 나타난다.
| 해설 | 상대 습도는 실제 수증기량에 비례하고, 포화 수증기량에 반비례한다.

채점 기준	배점
수증기량이 일정하다는 내용을 포함하여 기온 변화에 따른 포화 수증기량 변화로 상대 습도 변화를 옳게 서술한 경우	100 %
수증기량이 일정하다는 내용을 포함하지 않고 기온 변화에 따른 포화 수증기량 변화로만 상대 습도 변화를 옳게 서술한 경우	50 %

31 | 모범 답안 | 공기 덩어리가 상승하면 **부피**가 팽창하여 **기온**이 낮아지다가 **이슬점**에 도달하면 수증기가 **응결**하여 구름이 생성된다.

채점 기준	배점
주어진 용어를 모두 포함하여 구름의 생성 과정을 옳게 서술한 경우	100 %
주어진 용어 중 과정을 옳게 서술하는 데 포함된 단어 한 가지당 부분 배점	20 %

32 | 모범 답안 | 빙정설, 물방울에서 증발한 수증기가 얼음 알갱이에 달라붙어(승화) 얼음 알갱이가 커지면 무거워져 떨어지고, 떨어지다가 지표 부근의 기온이 높으면 녹아서 비가 내린다.

채점 기준	배점
강수 이론을 옳게 쓰고, 수증기가 얼음 알갱이에 달라붙어 얼음 알갱이가 성장하는 과정을 포함하여 강수 과정을 옳게 서술한 경우	100 %
강수 과정만 옳게 서술한 경우	70 %
강수 이론만 옳게 쓴 경우	30 %

03 기압과 바람

개념 확인하기

p. 39

1 기압 **2** (1) 76 cm (2) 기압과 같다 (3) 변하지 않는다
3 76, 1013, 10 **4** 적어, 낮아 **5** 기압 차이 **6** (1) ×
(2) ○ (3) × **7** 해륙풍 **8** 낮고, 해풍 **9** 계절풍 **10** 높고,
북서 계절풍

2 (2) 수은 기둥의 압력과 기압(대기압)이 같아질 때 수은 기둥이
내려오다가 멈춘다.
(3) 수은 기둥이 멈추는 높이는 유리관의 굵기에 관계없고 기
압에 따라 달라진다. 따라서 기압이 같을 때는 더 굵은 유리관
을 쓰더라도 수은 기둥이 멈추는 높이가 같다.

6 (1) 바람은 기압이 높은 곳에서 낮은 곳으로 분다.
(3) 풍향은 바람이 불어오는 방향이다.

족집게 문제

p. 40~43

1 ② **2** ⑤ **3** ③ **4** ② **5** ① **6** ④ **7** ① **8** ②
9 ④ **10** ② **11** ③ **12** ① **13** ② **14** ② **15** ④
16 ① **17** ④ **18** ⑤
[서술형 문제 19~22] 해설 참조

1 ① 기압은 모든 방향으로 작용한다.
② 높이 올라갈수록 공기의 양이 적어지므로 기압이 낮아진다.
③ 기압의 단위는 hPa(헥토파스칼)이나 cmHg를 사용한다.
④ 공기는 끊임없이 움직이므로 기압은 시간과 장소에 따라
변한다.
⑤ 1기압은 76 cm 높이의 수은 기둥이 누르는 압력과 같고,
약 10 m 높이의 물기둥이 누르는 압력과 같다.

2 ③ 수은 기둥이 멈춘 까닭은 수은 면에 작용하는 기압(A)과
수은 기둥이 누르는 압력(B)이 같기 때문이다.
④ 수은은 물보다 밀도가 크다. 따라서 1기압일 때 수은 기둥
은 76 cm이지만, 물기둥은 약 10 m이므로 수은 대신 물을
사용하면 더 긴 유리관이 필요하다.
⑤ 기압이 변하지 않으면 유리관의 굵기나 기울기가 변해도
수은 기둥의 높이는 변하지 않는다. 따라서 유리관을 기울여
도 수은 기둥의 높이는 h로 유지된다.

3 높은 산으로 올라가면 공기의 양이 적어지므로 기압이 낮아진
다. 즉, 공기가 수은 면을 누르는 힘이 약해지므로 수은 기둥
의 높이가 낮아진다.

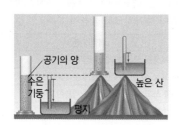

4 1기압=76 cmHg=약 1013 hPa=물기둥 약 10 m의 압력
=수은 기둥 76 cm의 압력
② 76 mmHg는 7.6 cmHg와 같으므로 1기압보다 작다.

5 ㄱ, ㄴ. 공기가 가열되어 기온이 높아지면 공기 밀도가 작아져
공기가 상승한다. 따라서 (가)에서는 공기가 상승하여 기압이
낮아진다. 공기가 냉각되어 기온이 낮아지면 공기 밀도가 커
져 공기가 하강한다. 따라서 (나)에서는 공기가 하강하여 기압
이 높아진다.
ㄷ. 기압이 높은 (나)에서 기압이 낮은 (가) 방향으로 공기가
이동하므로 향 연기는 (나)에서 (가) 방향으로 이동한다.
ㄹ. 냉각에 의해 기압이 높아진 (나)에서 가열에 의해 기압이
낮아진 (가)로 공기가 이동하므로 바람의 발생 원리를 알 수
있다.

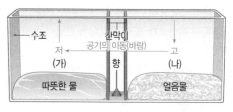

6 바다에서 불어오는 해풍이다. 공기가 바다에서 육지로 이동하
므로 바다의 기압이 육지보다 높고, 육지가 빨리 가열되어 기
압이 낮아진 낮에 부는 바람이다.
④ 바다 쪽의 기압이 육지 쪽보다 높으므로 바다 쪽의 기온이
육지 쪽보다 낮다.

7 유리컵에 물을 담고 종이를 덮은 후 거꾸로 뒤집어도 물이 쏟
아지지 않는 까닭은 기압이 모든 방향에서 작용하기 때문이다.

8 ① 1기압일 때 수은 기둥이 멈추는 높이 h_1는 76 cm이다.
②, ③, ④ 수은 기둥의 높이는 장소와 시각에 따라 달라진다.
하지만 같은 장소 같은 시각일 때(기압이 같은 경우)는 유리관
의 굵기나 기울기가 변해도 수은 기둥의 높이가 변하지 않는다.
따라서 $h_1=h_2=h_3$이다.
⑤ 기울어진 수은 기둥을 똑바로 세워도 수은 기둥의 높이는 변
함없다.

9 지표면에 가까울수록 공기가 많이 모여 있으므로 기압이 높
고, 지표면에서 높이 올라갈수록 기압이 급격히 낮아진다.

10 ① 높이 올라갈수록 기압이 낮아지므로 풍선이 커진다.
② 높은 산에 올라갈 때 기압이 낮아지므로 과자 봉지가 부풀
어 오른다.
③ 해발 고도가 높은 산 정상에는 공기의 양이 적어 숨을 쉬기
어렵다.
④ 비행기를 타고 하늘 높이 올라가면 기압이 몸속의 기압보
다 낮아져 귀가 먹먹해진다.
⑤ 고지대보다 저지대의 기압이 높으므로 고지대보다 저지대
에서 수은 기둥의 높이가 높아진다.

11 지표의 성질에 따라 가열과 냉각 차이에 의해 기온 차이가 발
생하면서 나타나는 기압 차이 때문에 바람이 분다.

12 ①, ②, ③ A에서 지표면이 냉각되어 지표 부근의 공기는 밀도가 커지므로 주변 공기보다 무거워져 하강한다. B에서 지표면이 가열되어 지표 부근의 공기는 밀도가 작아지므로 주변 공기보다 가벼워져 상승한다.
④, ⑤ 지표 부근의 기압은 A가 B보다 높고, 바람은 기압이 높은 곳에서 낮은 곳으로 불므로 A에서 B 방향으로 바람이 분다.

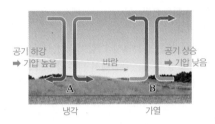

13 ① 북서쪽에서 불어오는 북서 계절풍이 분다.
② 대륙이 해양보다 빨리 냉각되어 기압이 높아지므로 겨울철에 해당한다.
③ 계절풍은 1년을 주기로 풍향이 바뀐다.
④ 바람이 대륙에서 해양 쪽으로 불므로 대륙 쪽의 기압이 해양 쪽보다 높다.
⑤ 대륙 쪽이 빨리 냉각되어 기압이 높으므로 대륙 쪽의 기온이 해양 쪽보다 낮다.

14 ② 물은 모래보다 열용량이 커서 1 °C를 높이는 데 더 많은 열량이 필요하다. 따라서 같은 조건으로 가열했을 때 모래의 온도가 물보다 더 높아진다.
③ 적외선등을 켜면 모래가 물보다 빨리 가열되어 모래 쪽의 기압이 물 쪽의 기압보다 낮아진다.

15 ① 풍속은 바람의 세기를 나타내며, 바람이 불어오는 방향을 나타내는 것은 풍향이다.
② 바람은 기압이 높은 곳에서 낮은 곳으로 분다.
③ 두 지점 사이의 기압 차이가 클수록 바람이 강하게 분다.
④ 지표면의 성질에 따라 가열과 냉각되는 정도가 다르므로 지표면이 차등 가열된다. 이에 따라 기온 차이가 생기고 기압 차이가 발생하여 바람이 분다.
⑤ 해풍은 바다에서 육지로 부는 바람이고, 바람은 기압이 높은 곳에서 낮은 곳으로 분다. 따라서 해풍이 불 때는 바다가 육지보다 기압이 높으므로 수은 기둥의 높이는 바다에서 더 높게 나타난다.

16 ① 1기압이 76 cmHg이므로 80 cmHg는 1기압보다 크다.
②, ③ 1기압≒1013 hPa≒101300 Pa
④ 1기압은 물기둥 약 10 m의 압력과 같으므로 물기둥 76 cm의 압력은 1기압보다 작다.
⑤ 1기압은 1013 hPa이고, 100 N의 힘으로 1 m²에 미치는 압력은 1 hPa이므로 1기압보다 작다.

17 깃발이 바다 쪽으로 날리고 있으므로 육지에서 바다로 육풍이 불고 있다. 밤에는 육지가 바다보다 빨리 냉각되어 기온은 바다 쪽이 육지 쪽보다 높고, 기압은 육지 쪽이 바다 쪽보다 높다.

18 (가)는 바다에서 불어오는 해풍, (나)는 남동쪽에서 불어오는 남동 계절풍이다. (가)와 (나)는 모두 육지가 바다보다 빨리 가열되어 육지의 기압이 낮아지면서 부는 바람이다.

⑤ 해륙풍은 하루를 주기로 풍향이 바뀌고, 계절풍은 1년을 주기로 풍향이 바뀐다.

19 | 모범 답안 | A＝B＝C, 수은 면에 작용하는 기압과 유리관 속 수은 기둥의 압력이 같기 때문에 수은이 더 이상 내려오지 않는다.
| 해설 | 기압이 같을 때는 유리관의 굵기나 기울기에 관계없이 수은 면으로부터 수은 기둥의 높이가 같다.

채점 기준	배점
수은 기둥의 높이를 옳게 비교하고, 수은 기둥이 더 이상 내려오지 않는 까닭을 옳게 서술한 경우	100 %
수은 기둥의 높이만 옳게 비교한 경우	50 %
수은 기둥이 더 이상 내려오지 않는 까닭만 옳게 서술한 경우	50 %

20 | 모범 답안 | 지표면에서 높이 올라갈수록 공기의 양이 적어지기 때문이다.
| 해설 | 공기는 대부분 대류권에 분포하며, 높이 올라갈수록 공기의 양이 적어져 공기 밀도가 작아지므로 기압이 급격히 낮아진다.

채점 기준	배점
높이 올라갈수록 공기의 양이 적어지기 때문이라고 옳게 서술한 경우	
높이 올라갈수록 공기 밀도가 작아지기 때문이라고 옳게 서술한 경우	100 %
높이를 언급하지 않고 공기의 양이 적어지기 때문이라고만 서술한 경우	50 %

21 | 모범 답안 | (1) 얼음물 → 따뜻한 물
(2) 기압은 얼음물 쪽이 따뜻한 물 쪽보다 높다. 기압 차이가 나타나는 까닭은 따뜻한 물과 얼음물의 온도 차이 때문이다.
| 해설 | 따뜻한 물 쪽의 공기는 가열되어 밀도가 작아지므로 상승하여 기압이 낮아진다. 얼음물 쪽의 공기는 냉각되어 밀도가 커지므로 공기가 하강하여 기압이 높아진다.

	채점 기준	배점
(1)	향 연기의 이동 방향을 옳게 쓴 경우	40 %
(2)	기압을 옳게 비교하고, 기압 차이가 나타나는 까닭을 옳게 서술한 경우	60 %
	기압만 옳게 비교한 경우	30 %

22 | 모범 답안 | (1) 밤, 육풍
(2) 육지, 밤에 육지가 바다보다 빨리 냉각되기 때문에 바다보다 기압이 높다.
| 해설 | 지표 부근의 공기가 육지에서 바다로 이동하므로 육지에서 불어오는 육풍이다. 밤에는 육지가 바다보다 빨리 냉각되어 기압이 높아지므로 육풍이 분다.

	채점 기준	배점
(1)	밤과 육풍을 모두 옳게 쓴 경우	40 %
	밤과 육풍 중 한 가지만 옳게 쓴 경우	20 %
(2)	육지를 쓰고, 그 까닭을 옳게 서술한 경우	60 %
	육지만 쓴 경우	30 %

04 날씨의 변화

개념 확인하기
p. 46

1 기단　　**2** 건조하고, 높다　　**3** (1) - ㉠ (2) - ㉢ (3) - ㉣
(4) - ㉡　　**4** 전선면, 전선　　**5** ㉠ 적운형, ㉡ 층운형, ㉢ 소나기
6 폐색　　**7** ㉠ 하강, ㉡ 상승, ㉢ 맑음, ㉣ 흐림　　**8** B, A
9 남고북저형　　**10** 서고동저형

5 한랭 전선은 전선면의 기울기가 급하여 공기의 강한 상승 운동으로 적운형 구름이 생성된다. 온난 전선은 전선면의 기울기가 완만하여 공기의 약한 상승 운동으로 층운형 구름이 생성된다.

6 정체 전선은 세력이 비슷한 두 기단이 만나 한 곳에 오래 머무르면서 형성된 전선이다.

8 B는 한랭 전선과 온난 전선 사이로, 따뜻한 공기가 있어 기온이 높다. A와 C는 찬 공기가 있어 기온이 낮다.
A는 한랭 전선 뒤쪽으로, 적운형 구름이 발달하여 소나기성 비가 내린다.

내신 족집게 문제
p. 47~51

1 ②　**2** ④　**3** ④　**4** ⑤　**5** ③　**6** ③　**7** ③　**8** ②
9 ④　**10** ①　**11** ③　**12** ③　**13** ⑤　**14** ④　**15** ④
16 ⑤　**17** ⑤　**18** ①　**19** E　**20** ①　**21** ⑤　**22** ⑤
23 ③　**24** ①　**25** ④　**26** ⑤　**27** ㄱ, ㄴ

[서술형 문제 28~30] 해설 참조

1

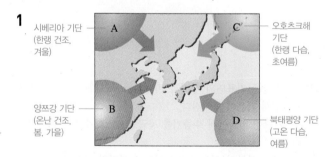

시베리아 기단 (한랭 건조, 겨울) — A
오호츠크해 기단 (한랭 다습, 초여름) — C
양쯔강 기단 (온난 건조, 봄, 가을) — B
북태평양 기단 (고온 다습, 여름) — D

2 ① 시베리아 기단(A)은 겨울 날씨에 영향을 준다. 봄과 가을 날씨에 영향을 주는 기단은 양쯔강 기단(B)이다.
② 양쯔강 기단(B)은 저위도의 대륙에서 발생하여 온난 건조한 성질을 띤다.
③ 고위도의 해양에서 발생한 오호츠크해 기단(C)의 영향으로 우리나라는 초여름에 동해안 지역에서 서늘하고 습한 날씨가 나타난다.
④ 북태평양 기단(D)은 저위도의 해양에서 발생하여 고온 다습하므로 무덥고 습한 여름 날씨에 영향을 준다.
⑤ 북태평양 기단(D)은 북쪽의 찬 기단과 만나 정체 전선을 형성하기도 한다.

3 한랭 전선과 온난 전선의 특징 비교

	구분	한랭 전선	온난 전선
①	전선면의 기울기	급하다.	완만하다.
②	일기 기호	▲▲▲	◖◖◖
③	구름의 종류	적운형 구름	층운형 구름
④	강수 범위	좁은 지역	넓은 지역
⑤	통과 후 기온 변화	찬 공기가 다가오므로 기온 하강	따뜻한 공기가 다가오므로 기온 상승
	통과 후	기압 상승	기압 하강
	강수 형태	소나기성 비	지속적인 비
	이동 속도	빠르다.	느리다.

4 ① (가)는 찬 공기가 따뜻한 공기를 파고들면서 전선이 만들어지므로 한랭 전선이다. (나)는 따뜻한 공기가 찬 공기 위로 올라가면서 전선이 만들어지므로 온난 전선이다.
②, ③ (가)는 전선면의 기울기가 급하므로 공기가 강하게 상승하여 적운형 구름이 형성되고, 좁은 지역에 소나기성 비가 내린다.
④ (나)는 전선면의 기울기가 완만하므로 공기가 약하게 상승하여 층운형 구름이 형성되고, 넓은 지역에 지속적인 비가 내린다.

5 고기압에서는 바람이 주변으로 시계 방향(북반구)으로 불어 나가고, 하강 기류가 나타난다. 저기압에서는 바람이 주변으로부터 시계 반대 방향(북반구)으로 불어 들어오고, 상승 기류가 나타난다.

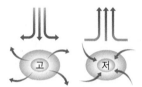

6 ② 고기압 지역은 공기가 하강하면서 압축되어 기온이 높아지므로 구름이 소멸하여 날씨가 맑다.
③ 고기압 중심에서는 공기가 주변으로 빠져나가므로 이를 채우기 위해 상공의 공기가 중심을 향해 모여들어 하강 기류가 발달한다.
④ 저기압에서는 지표면에서 공기가 상승하면서 단열 팽창으로 기온이 낮아져 구름이 생성되므로 흐리거나 비가 온다.
⑤ 북반구의 경우, 바람이 저기압 중심에서는 시계 반대 방향으로, 고기압 중심에서는 시계 방향으로 휘어진다.

7 ① (가)는 한랭 전선, (나)는 온난 전선이다.
③ 넓은 지역에 오랫동안 비가 내리는 곳은 온난 전선의 앞쪽인 C 지역이다.
④ 날씨가 맑고 기온이 높은 곳은 한랭 전선과 온난 전선 사이에 있는 B 지역이다.
⑤ 온대 저기압은 편서풍의 영향을 받아 서쪽에서 동쪽으로 이동하므로 저기압 중심은 앞으로 동쪽으로 이동할 것이다.

8 온대 저기압의 두 전선 사이에는 따뜻한 공기가 있고, 그 양쪽에 찬 공기가 있다. 한랭 전선에서 전선면의 기울기는 급하고, 온난 전선에서 전선면의 기울기는 완만하게 나타난다.

9 봄과 가을에는 온난 건조한 성질을 띠는 양쯔강 기단의 영향을 받아 따뜻하고 건조한 날씨가 나타난다. 오호츠크해 기단은 한랭 다습한 성질을 띤다.

10 ①, ② (가)는 서고동저형 기압 배치가 나타나므로 겨울철 일기도이다. 여름철 일기도는 남고북저형 기압 배치가 나타나는 (나)이다.
③ (가)에서는 북서 계절풍이, (나)에서는 남동 계절풍이 분다.
④ (나)에서는 우리나라에 정체 전선이 형성되어 있으므로 많은 비가 내린다.
⑤ (가)에서는 시베리아 기단, (나)에서는 북태평양 기단의 영향을 크게 받는다.

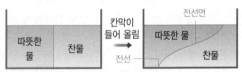

(가) 겨울철　　　　(나) 여름철

11 대륙이나 해양 등 넓은 지역에 오랫동안 머물러 있는 공기는 지표면의 영향을 받아 지표면과 비슷하게 기온과 습도 등의 성질이 일정해지는데, 이러한 공기 덩어리를 기단이라고 한다.

12 (가) 밀도가 큰 찬 기단이 밀도가 작은 따뜻한 기단의 아래로 파고들면서 만들어진 기단은 한랭 전선이다.
(나) 두 기단의 세력이 비슷하여 한 곳에 오래 머무르면서 만들어진 기단은 정체 전선이다.

13 따뜻한 물과 찬물은 밀도가 다르므로 따뜻한 물과 찬물이 만나면 바로 섞이지 않고 찬물이 따뜻한 물 아래로 파고들면서 경계면을 만든다. 이와 마찬가지로 따뜻한 기단과 찬 기단이 만나면 경계면인 전선면이 생긴다. 따라서 이 실험으로 성질이 다른 두 기단이 만나서 전선이 형성되는 원리를 알 수 있다.

14 칸막이를 들어 올리면 밀도가 큰 찬물이 밀도가 작은 따뜻한 물 아래로 파고들면서 경계면을 만든다.

| 따뜻한 물 | 찬물 | 칸막이 들어 올림 | 따뜻한 물 | 전선면 찬물 |

15 ① 온난 전선(⌒⌒⌒)의 모습이다.
② 완만한 전선면을 따라 공기가 약하게 상승하여 층운형 구름이 발달한다.
③ 층운형 구름에서 넓은 지역에 지속적인 비가 내린다.
④ 온난 전선은 따뜻한 기단이 찬 기단 위를 오르면서 만들어지므로 A 지역에 따뜻한 공기, B 지역에 찬 공기가 위치한다.
⑤ 온난 전선은 한랭 전선에 비해 이동 속도가 느리다.

16 ①, ② 우리나라에 정체 전선이 길게 형성되어 있고, 남고북저형 기압 배치가 나타나므로 계절은 여름이다.
③ 정체 전선은 한 곳에 오래 머무르므로 정체 전선이 우리나라에 있으면 오랫동안 많은 비를 내려 장마가 나타난다.
④ 우리나라 부근에서 정체 전선은 남쪽의 북태평양 기단과 북쪽의 찬 기단이 만나 세력이 비슷할 때 형성된다.
⑤ 전선 남쪽에 있는 북태평양 기단의 세력이 확장되면 전선이 북쪽으로 이동하고 우리나라는 북태평양 기단의 영향을 받아 날씨가 더워질 것이다.

17 ⑤ (나) 중심에서는 상승 기류가 발달하여 단열 팽창이 일어나 구름이 잘 생성되므로 대체로 날씨가 흐리다.

18 ① 온대 저기압 중심에서 남서쪽으로는 한랭 전선이 발달하고, 남동쪽으로는 온난 전선이 발달한다.
⑤ 온대 저기압이 통과할 때 온난 전선이 먼저 통과하고 한랭 전선이 나중에 통과한다. 온난 전선 앞쪽에서는 남동풍, 뒤쪽에서는 남서풍이 불고, 한랭 전선 뒤쪽에서는 북서풍이 불므로 온대 저기압이 통과할 때 풍향은 남동풍 → 남서풍 → 북서풍으로 바뀐다.

19 층운형 구름에서 지속적인 비가 내리고, 남동풍이 부는 지역은 온난 전선의 앞쪽인 E 지역이다.

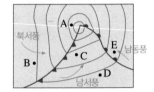

20 ㄱ은 한랭 전선 뒤쪽(A), ㄴ은 온난 전선과 한랭 전선 사이(B), ㄷ은 온난 전선 앞쪽(C)의 날씨 변화에 해당한다.

21 ① 이동성 고기압이 나타나므로 봄이나 가을의 일기도이다.
② 남동 계절풍은 여름에 분다.
③ 열대야나 무더위는 여름에 자주 나타난다. 봄에는 황사나 꽃샘추위, 가을에는 첫서리 등이 나타난다.
④ 봄, 가을에는 양쯔강 기단의 영향을 가장 많이 받는다.
⑤ 규모가 작은 이동성 고기압과 저기압이 번갈아 지나면서 날씨가 자주 변한다. 고기압이 지나갈 때는 날씨가 맑고, 저기압이 지나갈 때는 날씨가 흐리다.

22 양쯔강 기단은 저위도의 대륙에서 발생하여 온난 건조하며, 우리나라의 봄과 가을에 영향을 준다.

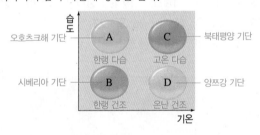

23 ㄱ. 기단은 지표면의 성질과 비슷해지므로 따뜻한 바다 위를 지나면서 기온이 높아진다.
ㄴ. 기단이 바다에서 수증기를 공급받으므로 수증기량이 많아진다.
ㄷ. 기단 하부의 기온이 높아지므로 공기의 상승이 강해지면서 구름이 잘 발생한다.

24 ① 전선을 경계로 성질이 다른 두 기단이 위치하므로 기온, 습도 등이 크게 변한다.
② 성질이 다른 두 기단이 만나는 경계면은 전선면이고, 전선은 전선면이 지표면과 만나는 경계선이다.
③ 따뜻한 기단이 찬 기단보다 밀도가 작아 상승한다.
④ 구름은 공기가 상승할 때 생성된다. 따라서 전선면을 따라 공기가 상승하면서 구름이 생성된다.
⑤ 이동 속도가 빠른 한랭 전선이 온난 전선과 겹쳐지면서 폐색 전선을 형성한다.

25 ①, ② A는 주변보다 기압이 높으므로 고기압이다. 고기압에서는 하강 기류가 발달한다.
③ B는 주변보다 기압이 낮으므로 저기압이다. 저기압에서는 상승 기류가 발달하여 구름이 잘 생성되므로 날씨가 흐리다.
④ 북반구 저기압(B)의 지상에서는 바람이 시계 반대 방향으로 불어 들어간다.
⑤ 바람은 기압이 높은 곳에서 낮은 곳으로 공기가 이동하는 것이므로 고기압(A)에서 저기압(B) 방향으로 분다.

26 (가)는 남고북저형의 기압 배치가 나타나므로 여름철 일기도이고, 여름철에는 북태평양 기단(D)의 영향을 받는다.

27 ㄱ. 기상 영상에서 A 지역은 일기도에서 고기압이 위치하는 곳으로, 고기압 중심에서는 하강 기류가 발달하여 구름이 잘 생성되지 않으므로 대체로 날씨가 맑다.
ㄴ. 기상 영상에서 B 지역은 일기도에서 한랭 전선 부근이므로 적운형 구름이 발달한다.
ㄷ. 온대 저기압은 서쪽에서 동쪽으로 이동하므로 B 지역의 구름은 다음 날 우리나라와 반대쪽(동쪽)으로 이동할 것이다.

서술형 문제

28 | 모범 답안 | A, 시베리아 기단, 한랭 건조하다.
| 해설 | 우리나라는 겨울철에 고위도의 대륙에서 발생한 시베리아 기단의 영향을 받아 춥고 건조한 날씨가 나타난다.

채점 기준	배점
기단의 기호와 이름을 옳게 쓰고, 성질을 옳게 서술한 경우	
기단의 기호와 이름을 옳게 쓰고, 기단의 성질을 기온과 습도가 낮다고 서술한 경우에도 정답 인정	100 %
기단의 기호와 이름만 옳게 쓴 경우	50 %
기단의 성질만 옳게 서술한 경우	50 %

29 | 모범 답안 | 적운형 구름이 발달하고, 좁은 지역에 소나기성 비가 내린다.
| 해설 | A 지역은 한랭 전선의 뒤쪽에 해당하므로 전선면의 기울기가 급하여 적운형 구름이 발달한다.

채점 기준	배점
구름의 종류와 강수의 특징을 모두 옳게 서술한 경우	100 %
구름의 종류와 강수의 특징 중 한 가지만 옳게 서술한 경우	50 %

30 | 모범 답안 | (1) 서고동저형 기압 배치, 겨울
(2) 한파가 나타난다, 폭설이 내린다, 북서 계절풍이 분다, 춥고 건조한 날씨가 나타난다, 시베리아 기단의 영향을 받는다.
| 해설 | 우리나라 서쪽에 고기압이, 동쪽에 저기압이 발달하였으므로 서고동저형 기압 배치가 나타난다. 따라서 시베리아 기단의 영향을 받는 겨울철 일기도이다.

	채점 기준	배점
(1)	기압 배치와 계절을 모두 옳게 쓴 경우	60 %
	기압 배치와 계절 중 한 가지만 옳게 쓴 경우	30 %
(2)	날씨의 특징 중 두 가지를 옳게 서술한 경우	40 %
	날씨의 특징 중 한 가지만 옳게 서술한 경우	20 %

Ⅲ 운동과 에너지

01 운동

개념 확인하기 p. 53

1 짧을수록 **2** 빠르다 **3** 8 m/s **4** 120 m **5** 일정하다
6 ㄴ, ㄷ **7** ㄱ, ㄴ **8** 20 m **9** 9.8, 중력 가속도
10 두 물체가 동시에

3 속력 = $\dfrac{\text{이동 거리}}{\text{걸린 시간}}$ = $\dfrac{400\,\text{m}}{50\,\text{s}}$ = 8 m/s

4 이동 거리 = 속력 × 걸린 시간 = 2 m/s × 60 s = 120 m

6 등속 운동을 하는 물체는 이동 거리가 시간에 비례하여 증가하므로 시간−이동 거리 그래프는 원점을 지나는 기울어진 직선 모양이고, 속력이 일정하므로 시간−속력 그래프는 시간축에 나란한 직선 모양이다.

7 ㄱ, ㄴ. 속력이 일정한 운동을 한다.
ㄷ. 속력이 증가하는 운동을 한다.
ㄹ. 속력이 변하는 운동을 한다.

8 시간−속력 그래프 아랫부분의 넓이는 이동 거리를 의미한다. 따라서 이동 거리는 4 m/s × 5 s = 20 m이다.

족집게 문제 p. 54~57

1 ③ **2** ① **3** ② **4** ③ **5** ⑤ **6** ③ **7** ①, ④ **8** ④, ⑤
9 ② **10** ⑤ **11** ④ **12** ① **13** ② **14** ⑤ **15** ③
16 ⑤ **17** ②, ④ **18** ① **19** ⑤ **20** ② **21** ③
22 ②, ③
[서술형 문제 23~25] 해설 참조

1 ㄱ, ㄴ. 속력은 일정한 시간 동안 이동한 거리이다. 속력 = $\dfrac{\text{이동 거리}}{\text{걸린 시간}}$로 구하며, 단위는 m/s, km/h를 사용한다.
ㄷ. 같은 시간 동안 이동한 거리가 길수록 속력이 빠르다.

2 ① 속력 = 50 m/s
② 속력 = $\dfrac{1000\,\text{m}}{60\,\text{s}}$ = 16.7 m/s
③ 속력 = $\dfrac{120\,\text{m}}{20\,\text{s}}$ = 6 m/s
④ 속력 = $\dfrac{108000\,\text{m}}{3600\,\text{s}}$ = 30 m/s
⑤ 속력 = $\dfrac{200000\,\text{m}}{(2×3600)\text{s}}$ = 27.8 m/s

3 자동차의 구간 이동 거리는 다음과 같다.

걸린 시간(h)	0	1	2	3	4	5
이동 거리(km)	0	30	90	120	170	200
구간 이동 거리(km)		30	60	30	50	30

속력$=\dfrac{\text{이동 거리}}{\text{걸린 시간}}$이므로 구간 이동 거리가 가장 긴 1시간~2시간 동안 자동차의 속력이 가장 빠르다.

4 평균 속력$=\dfrac{\text{전체 이동 거리}}{\text{걸린 시간}}=\dfrac{200\ \text{km}}{5\ \text{h}}=40\ \text{km/h}$

5 이동 거리=속력×걸린 시간$=90\ \text{km/h}\times3\ \text{h}=270\ \text{km}$

6 ① 다중 섬광 사진에서 공과 공 사이의 간격이 일정하므로 공은 속력이 일정한 등속 운동을 한다.

② 공의 평균 속력$=\dfrac{100\ \text{cm}}{0.5\ \text{s}}=200\ \text{cm/s}=2\ \text{m/s}$이다.

③ 등속 운동을 하는 공의 이동 거리는 시간에 따라 일정하게 증가한다.

④ 공이 지금보다 빠르게 운동하면 같은 시간 동안 이동하는 거리가 길어지므로 공과 공 사이의 간격이 넓어진다.

⑤ 걸린 시간$=\dfrac{\text{이동 거리}}{\text{속력}}=\dfrac{15\ \text{m}}{2\ \text{m/s}}=7.5\ \text{s}$

7 ①, ④ 등속 운동하는 물체의 시간-속력 그래프는 시간축에 나란한 직선 모양이고, 시간-이동 거리 그래프는 원점을 지나는 기울어진 직선 모양이다.

8 ① 속력이 감소하는 운동이다.

②, ③ 속력이 증가하는 운동이다.

④, ⑤ 속력이 일정한 등속 운동이다.

9 ①, ② A의 속력$=\dfrac{\text{이동 거리}}{\text{걸린 시간}}=\dfrac{120\ \text{m}}{2\ \text{s}}=60\ \text{m/s}$, B의 속력$=\dfrac{\text{이동 거리}}{\text{걸린 시간}}=\dfrac{60\ \text{m}}{2\ \text{s}}=30\ \text{m/s}$이므로 A의 속력은 B의 2배이다.

③ A와 B는 이동 거리가 시간에 비례하여 증가하므로 속력이 일정한 등속 운동을 한다.

⑤ 1초 동안 이동한 거리는 A가 60 m, B가 30 m이므로 B가 A보다 작다.

10 ① 자유 낙하 하는 공의 속력은 시간에 비례하여 증가한다.

② 자유 낙하 하는 물체에는 중력이 운동 방향으로 작용한다.

③ 공의 속력이 일정하게 증가하므로 공과 공 사이의 거리도 점점 증가한다.

④ 공의 속력이 일정하게 증가하므로 시간-속력 그래프는 기울어진 직선 모양이다.

⑤ 공에는 일정한 크기의 중력이 작용한다.

11 ② 다중 섬광 사진은 운동하는 물체를 일정한 시간 간격으로 찍은 것으로, 물체의 운동을 기록한 것이다.

③ 속력$=\dfrac{\text{이동 거리}}{\text{걸린 시간}}$이므로 같은 시간 동안 이동한 거리가 길수록 속력이 빠르다.

④ 같은 거리를 이동할 때 걸린 시간이 짧을수록 속력이 빠르다.

12 속력$=\dfrac{\text{이동 거리}}{\text{걸린 시간}}=\dfrac{480\ \text{m}}{(2\times60)\text{s}}=\dfrac{480\ \text{m}}{120\ \text{s}}=4\ \text{m/s}$

13 평균 속력$=\dfrac{\text{전체 이동 거리}}{\text{걸린 시간}}=\dfrac{(150+150)\text{m}}{(70+80)\text{s}}$
$=\dfrac{300\ \text{m}}{150\ \text{s}}=2\ \text{m/s}$

14 길이가 10 m인 버스가 길이가 350 m인 터널을 완전히 통과하려면 10 m+350 m=360 m를 이동해야 한다. 버스의 속력이 6 m/s이므로 걸린 시간$=\dfrac{\text{이동 거리}}{\text{속력}}=\dfrac{360\ \text{m}}{6\ \text{m/s}}=60\ \text{s}$이다.

15 ③ 물체의 위치가 시간에 따라 변하지 않으면 물체는 정지한 것이다. 등속 운동을 하는 물체의 위치는 시간에 따라 변한다.

16 ㄴ. 10초 동안 물체의 이동 거리는 그래프 아랫부분의 넓이이므로 4 m/s×10 s=40 m이다.

ㄷ. 시간-속력 그래프 아랫부분의 넓이는 시간과 속력의 곱이므로 물체의 이동 거리를 나타낸다. 시간이 지날수록 그래프 아랫부분의 넓이는 일정하게 증가하므로, 이동 거리는 시간에 비례하여 일정하게 증가한다.

17 ① (나)에서 그래프는 시간축에 나란한 직선 모양이므로, 이 물체는 속력이 일정한 등속 운동을 한다.

② (가)는 이동 거리가 시간에 비례하여 일정하게 증가하므로, 물체의 속력이 일정한 운동을 나타낸다.

③, ④ 시간-이동 거리 그래프의 기울기는 속력을 의미하므로 기울기가 클수록 물체의 속력이 빠르다.

⑤ (나)에서 색칠한 부분은 그래프 아랫부분의 넓이이므로 이동 거리를 의미한다.

18 ① 자유 낙하 하는 물체는 속력이 일정하게 증가하는 운동을 한다. 따라서 시간-속력 그래프는 기울어진 직선 모양이다.

19 공기 저항을 무시할 때, 같은 높이에서 동시에 낙하하는 물체는 질량에 관계없이 속력 변화가 9.8로 일정하므로 A~D는 모두 지면에 동시에 도달한다.

20 서울에서 대전까지의 거리를 s라고 하면, 왕복하는 전체 이동 거리는 $2s$이고, 갈 때 걸린 시간$=\dfrac{s}{40\ \text{km/h}}$, 올 때 걸린 시간$=\dfrac{s}{60\ \text{km/h}}$이다. 따라서 평균 속력$=\dfrac{\text{전체 이동 거리}}{\text{걸린 시간}}$
$=\dfrac{2s}{\dfrac{s}{40\ \text{km/h}}+\dfrac{s}{60\ \text{km/h}}}=48\ \text{km/h}$이다.

21 ① 시간-이동 거리 그래프의 기울기는 $\dfrac{\text{이동 거리}}{\text{걸린 시간}}$이므로 각 구간의 속력을 의미한다.

②, ③ A 구간의 속력은 $\dfrac{8\ \text{m}}{2\ \text{s}}=4\ \text{m/s}$,

B 구간의 속력은 $\dfrac{(10-8)\text{m}}{(5-2)\text{s}}=\dfrac{2\ \text{m}}{3\ \text{s}}=\dfrac{2}{3}\ \text{m/s}$,

C 구간의 속력은 $\dfrac{(14-10)\text{m}}{(7-5)\text{s}}=\dfrac{4\ \text{m}}{2\ \text{s}}=2\ \text{m/s}$이다. 따라서 속력이 가장 빠른 구간은 A 구간이다.

④ 7초 동안 물체가 이동한 거리는 14 m이므로 평균 속력 $=\dfrac{\text{전체 이동 거리}}{\text{걸린 시간}}=\dfrac{14\text{ m}}{7\text{ s}}=2$ m/s이다.

⑤ A 구간의 이동 거리는 8 m, C 구간의 이동 거리는 4 m이므로 물체가 이동한 거리는 A 구간이 C 구간의 2배이다.

22 ① (가)는 공기 중, (나)는 진공 중이다.

② (가)에는 중력과 공기 저항력이 작용하여 쇠구슬이 깃털보다 먼저 떨어진다.

③, ④ (나)에서 쇠구슬과 깃털에는 일정한 크기의 중력이 작용하므로 속력 변화가 일정하다. 따라서 쇠구슬과 깃털은 동시에 떨어진다.

⑤ 물체가 낙하할 때 속력 변화는 질량에 관계없다.

서술형 문제

23 | 모범 답안 | 버스의 평균 속력은 $\dfrac{\text{전체 이동 거리}}{\text{걸린 시간}}=\dfrac{60\text{ km}}{50\text{ min}}$ $=\dfrac{60000\text{ m}}{(50\times60)\text{s}}=\dfrac{60000\text{ m}}{3000\text{ s}}=20$ m/s이다.

| 해설 | 평균 속력은 운동 도중의 속력 변화는 생각하지 않고, 전체 이동 거리를 시간으로 나누어 구한다.

채점 기준	배점
평균 속도 구하는 식을 세우고, 값을 옳게 구한 경우	100 %
그 외의 경우	0 %

24 | 모범 답안 |

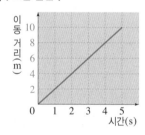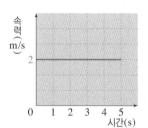

| 해설 | 에스컬레이터는 1초마다 2 m씩 이동 거리가 일정하게 증가하므로 에스컬레이터의 시간-이동 거리 그래프는 원점을 지나는 기울어진 직선 모양이다. 에스컬레이터의 속력은 $\dfrac{\text{이동 거리}}{\text{걸린 시간}}=\dfrac{2\text{ m}}{1\text{ s}}=2$ m/s로 일정하므로 에스컬레이터의 시간-속력 그래프는 시간축에 나란한 직선 모양이다.

채점 기준	배점
시간-이동 거리 그래프와 시간-속력 그래프를 모두 옳게 그린 경우	100 %
시간-이동 거리 그래프와 시간-속력 그래프 중 한 가지만 옳게 그린 경우	50 %

25 | 모범 답안 | 공에는 운동 방향으로 **중력**이 작용하여 속력이 **일정**하게 **증가**하는 운동을 한다.

채점 기준	배점
용어 세 가지 모두 포함하여 옳게 서술한 경우	100 %
용어 세 가지 중 두 가지만 포함하여 옳게 서술한 경우	60 %
용어 세 가지 중 한 가지만 포함하여 옳게 서술한 경우	30 %

02 일과 에너지

개념 확인하기
p. 59

1 힘, 힘　**2** (1) ○ (2) × (3) ×　**3** 0 J　**4** 30 J

5 490 J　**6** (1) ○ (2) × (3) ×　**7** 비례, 비례　**8** 19.6 J

9 9 J　**10** 80 J

2 (2) 힘의 방향으로 이동한 거리가 0이므로 일의 양이 0이다.

(3) 힘의 방향과 물체의 이동 방향이 수직이므로 일의 양이 0이다.

3 힘의 방향과 물체의 이동 방향이 수직이므로 힘의 방향으로 이동한 거리가 0이다. 따라서 한 일의 양은 0이다.

4 일의 양$=$힘$\times$이동 거리$=10$ N$\times3$ m$=30$ J

5 일의 양$=9.8mh=(9.8\times10)$N$\times5$ m$=490$ J

6 (2) 에너지의 단위는 J 또는 N · m를 사용한다.

(3) 일과 에너지는 서로 전환될 수 있다.

8 물체가 가진 위치 에너지만큼 일을 할 수 있다. 따라서 일의 양$=9.8mh=(9.8\times10)$N$\times0.2$ m$=19.6$ J이다.

9 운동 에너지$=\dfrac{1}{2}mv^2=\dfrac{1}{2}\times2$ kg$\times(3$ m/s$)^2=9$ J

10 운동 에너지는 질량과 속력의 제곱에 각각 비례하므로 질량과 속력이 각각 2배가 되면 운동 에너지는 10 J$\times2\times2^2=80$ J이다.

족집게 문제
p. 60~63

1 ③, ⑤　**2** ③　**3** ③　**4** ⑤　**5** ①　**6** ⑤　**7** ③　**8** ④

9 ③　**10** ②　**11** 2 : 1　**12** ③　**13** ②　**14** ④　**15** ⑤

16 ①, ④　**17** ⑤　**18** ③　**19** ⑤　**20** ⑤　**21** ③

[서술형 문제 22~24] 해설 참조

1 과학에서의 일은 물체에 힘을 작용하여 힘의 방향으로 물체가 이동한 경우이다.

① 정신적인 활동이다.

② 힘은 작용하였지만 이동 거리가 0이므로 과학에서의 일을 하지 않았다.

③, ⑤ 물체가 힘의 방향으로 이동하므로 과학에서의 일을 하였다.

④ 힘의 방향과 물체의 이동 방향이 수직이므로 가방이 힘의 방향으로 이동한 거리가 0이다. 따라서 과학에서의 일을 하지 않았다.

2 ㄱ. 물체를 메고 계단을 오르는 경우 물체에 수평 방향으로 작용한 힘은 0이고, 수직 방향으로 작용한 힘의 크기는 물체의 무게와 같다. 물체에 한 일은 중력에 대해 한 일과 같다. 따라서 물체는 일을 하였다.

ㄴ. 물체가 힘의 방향으로 이동하므로 일을 하였다.

ㄷ. 물체가 등속 운동을 하는 경우 물체에 작용하는 힘이 0이므로 일의 양은 0이다.

3 일의 양＝힘×이동 거리＝20 N×2 m＝40 J

4 • 수평 방향으로 이동시키는 동안 한 일의 양
＝2 N×5 m＝10 J

• 수직 방향으로 들어 올리는 동안 한 일의 양
＝(9.8×10)N×5 m＝490 J

이때 물체에 한 일의 양은 수평 방향으로 이동시키는 동안 한 일의 양과 수직 방향으로 물체를 들어 올릴 때 한 일의 양의 합이므로 10 J＋490 J＝500 J이다.

5 일의 양＝힘×이동 거리
＝마찰력의 크기×이동 거리
＝마찰력의 크기×3 m＝30 J

따라서 마찰력의 크기＝10 N이다.

6 ①, ② 물체에 일을 하면 물체가 에너지를 갖고, 물체가 가진 에너지는 일로 전환될 수 있다. 따라서 일과 에너지는 서로 전환될 수 있다.

③ 일과 에너지는 J(줄)을 단위로 사용한다.

⑤ 높은 곳에 정지해 있는 물체가 가진 에너지는 위치 에너지이다. 운동 에너지는 운동하는 물체가 가지는 에너지이다.

7

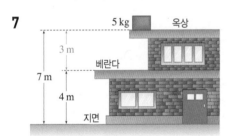

ㄱ. 베란다를 기준면으로 할 때, 물체의 높이가 3 m이므로 물체의 위치 에너지는 (9.8×5)N×3 m＝147 J이다.

ㄴ. 옥상을 기준면으로 할 때, 물체의 높이가 0이므로 물체의 위치 에너지는 0 J이다.

ㄷ. 물체를 베란다에서 옥상으로 들어 올릴 때 필요한 일의 양은 물체의 위치 에너지 변화량과 같으므로 (9.8×5)N×(7−4)m＝147 J이다.

8 추의 위치 에너지가 말뚝을 박는 일로 전환되므로 말뚝이 박히는 깊이는 추의 위치 에너지에 비례한다. 따라서 질량이 3배, 높이가 2배가 되면 위치 에너지는 3×2＝6배가 되므로 말뚝이 박히는 깊이는 5 cm×6＝30 cm이다.

9 ㄱ. 쇠구슬은 중력이 끌어당기는 힘 때문에 낙하한다. 따라서 중력은 쇠구슬에 일을 한다.

ㄴ. 중력이 쇠구슬에 한 일은 쇠구슬의 운동 에너지로 전환된다. 따라서 낙하할수록 쇠구슬의 운동 에너지가 증가하고 속력은 빨라진다.

ㄷ. 쇠구슬이 낙하하는 동안 중력이 쇠구슬에 한 일의 양은 (9.8×0.1)N×0.5 m＝0.49 J이다.

10 A의 운동 에너지＝$\frac{1}{2}mv^2＝\frac{1}{2}×2$ kg×(2 m/s)^2＝4 J.

B의 운동 에너지＝$\frac{1}{2}mv^2＝\frac{1}{2}×1$ kg×(4 m/s)^2＝8 J이다.

따라서 A의 운동 에너지는 B의 $\frac{1}{2}$배이다.

11 운동 에너지＝$\frac{1}{2}mv^2$이므로 질량이 일정할 때 운동 에너지는 물체의 (속력)^{2}에 비례한다. 질량이 2 kg으로 같을 때, A의 운동 에너지는 8 J, B의 운동 에너지는 2 J이므로 A의 운동 에너지가 B의 4배이다. 따라서 속력은 A가 B의 2배이다.

12 일의 양＝이동 거리−힘 그래프 아랫부분의 넓이
＝(10 N×3 m)＋(5 N×2 m)＝40 J

13 물체에 작용한 힘의 크기는 물체의 무게와 같으므로 9.8×0.5＝4.9(N)이고, 이때 일의 양은 물체의 무게×들어 올린 높이＝4.9 N×2 m＝9.8 J이다.

14 계단을 오르는 경우 가방에 한 일의 양은 중력에 대해 한 일과 같다. 이때 힘의 방향으로 이동한 거리는 계단을 올라간 높이이므로 0.5 m×4＝2 m이다.

∴ 가방에 한 일의 양＝가방의 무게×계단을 올라간 높이
＝100 N×2 m＝200 J

15 위치 에너지는 질량×높이에 비례한다. A~E의 질량×높이는 다음과 같다.

A : 1×1＝1　　　B : 3×1＝3　　　C : 1×3＝3

D : 2×2＝4　　　E : 3×2＝6

따라서 위치 에너지가 가장 큰 것은 E이다.

16 운동 에너지＝$\frac{1}{2}mv^2$이므로 물체의 질량과 (속력)^{2}에 각각 비례한다. 따라서 질량−운동 에너지, (속력)^2−운동 에너지 그래프는 모두 기울어진 직선 모양이다.

17 중력이 물체에 한 일의 양은 물체의 운동 에너지로 전환되므로 물체가 지면에 닿는 순간의 운동 에너지는 떨어지기 직전의 위치 에너지와 같다. 따라서 (9.8×4)N×5 m＝196 J이다.

18 수레의 운동 에너지는 나무 도막에 작용하는 마찰력에 대한 일로 전환되므로 나무 도막의 이동 거리는 질량×(속력)^{2}에 비례한다.

실험	수레의 질량(kg)	수레의 속력(m/s)	나무 도막의 이동 거리(m)
A	1	1	10
B	2	1	20
C	1	2	(가) 40
D	2	2	(나) 80

C는 A에 비해 속력이 2배이므로 이동 거리는 2^2＝4배이다.

D는 A에 비해 질량과 속력이 각각 2배이므로 이동 거리는 2×2^2＝8배이다.

19 ① 물체에 작용한 힘이 5 N이므로 물체의 무게도 5 N이다.
② 물체를 들어 올린 높이가 10 m이므로 물체의 이동 거리도 10 m이다.
③ 물체를 들어 올릴 때는 중력에 대하여 일을 한다.
④, ⑤ 높이-힘 그래프 아랫부분의 넓이=일의 양=5 N × 10 m=50 J

20 물체에 해 준 일의 양만큼 물체의 운동 에너지가 증가하므로 물체의 증가한 운동 에너지는 5 N × 10 m=50 J이다. 따라서 물체의 처음 운동 에너지는 0이므로 50 J=$\frac{1}{2}$ × 4 kg × v^2-0에서 물체의 속력 v=5 m/s이다.

21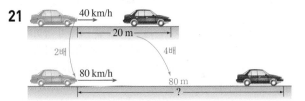

자동차의 속력이 2배가 되면 운동 에너지는 4배가 되므로 정지할 때 마찰력에 대한 일도 4배가 된다. 마찰력이 일정할 때 마찰력에 대한 일과 미끄러진 거리는 비례하므로 미끄러진 거리도 4배가 된다.

22 | 모범 답안 | 역기의 이동 거리가 0이기 때문이다.
| 해설 | 과학에서는 물체에 힘을 작용하더라도 물체가 힘의 방향으로 이동하지 않으면 한 일의 양은 0 J이다.

채점 기준	배점
일의 양을 까닭과 함께 옳게 서술한 경우	100 %
일의 양만 옳게 쓴 경우	30 %

23 | 모범 답안 | 수직 방향으로 물체를 들어 올리는 동안 한 일의 양=(9.8×10)N × 1 m=98 J이고, 수평 방향으로 이동시키는 동안 한 일의 양은 0 J이다. 따라서 일의 양은 98 J+0 J=98 J이다.
| 해설 | 물체에 한 일의 양은 물체를 수직 방향으로 들어 올릴 때 한 일의 양과 물체를 수평 방향으로 이동시킬 때 한 일의 양의 합이다.

채점 기준	배점
물체에 한 일의 양을 풀이 과정과 함께 옳게 구한 경우	100 %
수평 방향과 수직 방향으로 물체를 이동시킬 때 한 일의 양 중 한 가지만 옳게 구한 경우	50 %

24 | 모범 답안 | 일정하게 유지해야 하는 것은 수레의 질량이고, 변화시켜야 하는 것은 수레의 속력이다.
| 해설 | 수레의 운동 에너지는 나무 도막에 한 일로 전환된다.
$\frac{1}{2}$ × 수레의 질량 × 수레의 (속력)^2 = 나무 도막에 작용하는 마찰력 × 나무 도막의 이동 거리

채점 기준	배점
두 가지 모두 옳게 서술한 경우	100 %
두 가지 중 한 가지만 옳게 서술한 경우	50 %

Ⅳ 자극과 반응

01 감각 기관

개념 확인하기   p. 65

1 A : 섬모체, B : 홍채, C : 수정체, D : 맥락막, E : 망막
2 (1) ⓒ (2) ⓛ (3) ㉠   **3** 수정체, 망막   **4** 확장, 작아, 감소
5 수축, 두꺼워   **6** 고막, 귓속뼈, 달팽이관   **7** 반고리관, 전정 기관   **8** 기체, 액체   **9** 단맛, 신맛, 짠맛, 쓴맛, 감칠맛
10 (1) ○ (2) × (3) ×

9 혀에서 느끼는 기본 맛에는 단맛, 신맛, 짠맛, 쓴맛, 감칠맛이 있다. 매운맛과 떫은맛은 각각 혀와 입속 피부의 통점과 압점에서 자극을 받아들여 느끼는 피부 감각이다.

10 (2) 감각점이 많이 분포한 곳이 예민하다.
(3) 감각점은 몸 전체에 고르게 분포하지 않고, 몸의 부위에 따라 분포하는 정도가 다르다.

족집게 문제   p. 66~69

1 ②   **2** ⑤   **3** ①   **4** ③   **5** ③   **6** ③   **7** ③   **8** ④
9 ④   **10** ②   **11** ③   **12** ②   **13** ③   **14** ④   **15** ⑤
16 ⑤   **17** ⑤   **18** ④   **19** ③
[서술형 문제 20~22] 해설 참조

[1~2]

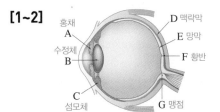

1 ① 홍채(A)는 동공의 크기를 변화시킨다.
③ 섬모체(C)는 수정체의 두께를 변화시킨다.
④ 맥락막(D)은 검은색 색소가 있어 눈 속을 어둡게 한다.
⑤ 망막(E)은 상이 맺히는 부위로, 시각 세포가 있다.

2 맹점(G)은 시각 신경이 모여 나가는 곳으로, 시각 세포가 없어서 상이 맺혀도 물체가 보이지 않는다.
④ 황반(F)은 시각 세포가 많이 모여 있어서 이곳에 상이 맺히면 물체가 선명하게 보인다.

3 (가)는 주변이 어두울 때 홍채가 수축되어 동공이 확대된 상태이고, (나)는 주변이 밝을 때 홍채가 확장되어 동공이 축소된 상태이다. 동공의 크기가 (가)에서 (나)로 변했다면 주변이 밝아져 눈으로 들어오는 빛의 양을 줄이기 위해 홍채가 확장되어 동공의 크기가 작아진 것이다.
②, ⑤ 주변이 어두워진 경우로, 이때는 동공의 크기가 (나)에서 (가)로 변한다.

③ 물체와의 거리가 가까워진 경우로, 주변 밝기에 따른 동공의 크기 변화와 관계가 없다.

4 A는 섬모체가 이완하여 수정체가 얇아진 상태이고, B는 섬모체가 수축하여 수정체가 두꺼워진 상태이다. 수정체의 두께가 A에서 B로 변하는 경우는 먼 곳을 보다가 가까운 곳을 보는 경우이다.

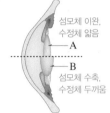
섬모체 이완,
수정체 얇음
A
B
섬모체 수축,
수정체 두꺼움

① 수정체의 두께가 A에서 B로 변할 때는 섬모체가 수축하여 수정체가 두꺼워진다.

② 가까운 곳을 보다가 먼 곳을 보는 경우에는 수정체의 두께가 B에서 A로 변한다.

④, ⑤ 주변 밝기가 변하는 경우로, 물체와의 거리에 따른 수정체의 두께 변화와 관계가 없다.

[5~6]

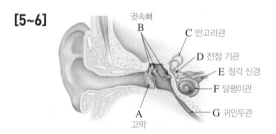
귓속뼈
B
C 반고리관
D 전정 기관
E 청각 신경
F 달팽이관
G 귀인두관
A
고막

5 ③ 달팽이관(F)의 청각 세포가 받아들인 자극을 뇌로 전달하는 것은 청각 신경(E)이다. .

6 반고리관(C)은 몸의 회전을 감지하고, 전정 기관(D)은 몸의 움직임이나 기울어짐을 감지하는 평형 감각 기관이다.

7 (가) 체조 선수가 평균대 위에서 몸의 균형을 유지하는 것은 전정 기관을 통해 몸의 기울어짐을 감지하는 것과 관계있다.
(나) 눈을 감고 있어도 몸이 회전하는 것을 알 수 있는 것은 반고리관을 통해 몸의 회전을 감지하는 것과 관계있다.

8 후각은 매우 민감하지만 쉽게 피로해진다. 따라서 같은 냄새를 오래 맡으면 나중에는 잘 느끼지 못한다.
④ 냄새의 종류는 후각 세포가 받아들이는 기체 물질의 종류에 따라 매우 다양하고, 냄새의 종류는 뇌에서 구별한다.

9 혀의 맛세포는 액체 상태의 물질을 자극으로 받아들인다.
④ 혀의 맛세포를 통해 느끼는 맛에는 단맛, 짠맛, 신맛, 쓴맛, 감칠맛이 있다. 매운맛은 통점을 통해 느끼는 피부 감각이다.

10 피부 감각점의 종류에는 통점, 압점, 촉점, 냉점, 온점이 있으며, 통점은 통증, 압점은 눌림, 촉점은 촉감, 냉점은 차가움, 온점은 따뜻함을 감지한다.
② 감각점은 몸의 부위에 따라 분포한 정도가 다르다.

11 시각은 빛 → 각막 → 수정체 → 유리체 → 망막의 시각 세포 → 시각 신경 → 뇌의 경로로 성립된다.

12 밝은 낮에 밖에 있다가 그늘진 방 안으로 들어왔으므로 주변이 어두워진 것이다. 따라서 홍채가 수축되고 동공이 확대되어 눈으로 들어오는 빛의 양을 늘린다. 또한, 먼 산을 바라보다가 가까운 곳의 책을 보았으므로 섬모체가 수축하여 수정체가 두꺼워진다.

13 ③ 반고리관(A)과 전정 기관(B)에서 받아들인 자극은 평형 감각 신경을 통해 뇌로 전달된다. 청각 신경은 달팽이관(C)에서 받아들인 자극을 뇌로 전달한다.
⑤ 전정 기관(B)은 몸의 움직임이나 기울어짐을 감지한다. 따라서 승강기를 탔을 때 몸의 움직임을 느끼는 것은 전정 기관(B)과 관계있다.

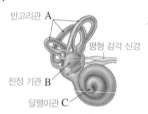
반고리관 A
평형 감각 신경
전정 기관 B
달팽이관 C

14 후각의 성립 경로는 '기체 상태의 화학 물질 → 후각 상피의 후각 세포(A) → 후각 신경(B) → 뇌'이고, 미각의 성립 경로는 '액체 상태의 화학 물질 → 맛봉오리의 맛세포(D) → 미각 신경(C) → 뇌'이다.
ㄴ. 후각 세포(A)는 기체 상태의 화학 물질을 자극으로 받아들이고, 맛세포(D)는 액체 상태의 화학 물질을 자극으로 받아들인다.

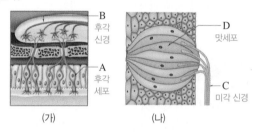
B
후각 신경
A
후각 세포
D
맛세포
C
미각 신경
(가)   (나)

15 후각 세포는 매우 민감하지만 쉽게 피로해지므로, 같은 냄새를 계속 맡으면 나중에는 그 냄새를 잘 느끼지 못하게 된다.

16 음식 맛은 혀를 통해 느끼는 맛(단맛, 짠맛, 신맛, 쓴맛, 감칠맛)과 코를 통해 느끼는 다양한 냄새가 종합적으로 작용하여 느껴진다. 즉, 음식 맛은 미각과 후각을 종합하여 느낀다. (가)와 달리 (나)에서는 코를 막지 않아 냄새도 맡을 수 있어서 포도 맛과 사과 맛을 느낀 것이다.

17 ①, ④ 우리 몸은 감각점이 많을수록 예민하다. 실험 결과에서 이쑤시개를 두 개로 느끼는 최소 거리가 가까울수록 감각점이 많은 곳이므로, 손가락 끝 부위가 가장 예민하다.
② 사람마다 예민한 부위가 다르다는 것은 이 실험을 통해서는 알 수 없다.
③ 몸의 부위에 따라 감각점의 수가 다르므로, 몸의 부위에 따라 예민한 정도는 다르다.
⑤ 두 개의 이쑤시개가 각각 다른 감각점을 자극했을 때 두 개로 느낄 수 있다. 따라서 두 개의 이쑤시개가 한 개로 느껴지는 까닭은 감각점 사이의 간격이 이쑤시개 사이의 간격보다 멀기 때문이다.

18 냉점과 온점은 상대적인 온도 변화를 감지하는 감각점으로, 처음보다 온도가 높아지면 온점이 자극을 받아들여 따뜻함을 느끼고, 처음보다 온도가 낮아지면 냉점이 자극을 받아들여 차가움을 느낀다. 따라서 실험 (나)에서 오른손은 따뜻함을, 왼손은 차가움을 느낀다.

19 혀끝이나 손가락 끝은 몸의 다른 부위에 비해 감각점의 수가 많기 때문에 감각이 더 예민하다.

20 | 모범 답안 | 홍채(B)가 확장되어 동공의 크기가 작아지면서 눈으로 들어오는 빛의 양이 줄어든다.

채점 기준	배점
홍채의 기호와 이름을 포함하여 눈의 조절 작용을 옳게 서술한 경우	100 %
홍채를 포함하지 않고 동공의 크기 변화만 옳게 서술한 경우	60 %
홍채의 기호와 이름만 옳게 쓴 경우	20 %

21 | 모범 답안 | 귀인두관, 고막 안쪽과 바깥쪽의 압력을 같게 조절한다.
| 해설 | 비행기가 이륙하여 높이 올라가면 기압이 낮아서 고막 안쪽과 바깥쪽 사이에 압력 차이가 생겨 귀가 먹먹해진다. 이때 침을 삼키거나 입을 크게 벌리면 귀인두관의 작용으로 먹먹한 느낌이 사라진다.

채점 기준	배점
관계있는 귀의 구조와 기능을 모두 옳게 서술한 경우	100 %
관계있는 귀의 구조만 옳게 쓴 경우	40 %

22 | 모범 답안 | 음식 맛은 미각과 후각을 종합하여 느끼기 때문이다.

채점 기준	배점
미각과 후각을 언급하여 옳게 서술한 경우	100 %
냄새를 맡지 못하기 때문이라고만 서술한 경우	30 %

02 신경계와 호르몬

개념 확인하기
p. 72

1 가지   2 (가) 감각 뉴런, (나) 연합 뉴런, (다) 운동 뉴런
3 뇌, 척수   4 A : 대뇌, B : 간뇌, C : 중간뇌, D : 연수, E : 소뇌   5 (1) ㉠ (2) ㉡ (3) ㉢   6 의식적 반응, 무조건 반사
7 호르몬, 내분비샘   8 (1) × (2) ○ (3) ○   9 증가, 감소
10 인슐린, 글루카곤

5 (1) 대뇌는 감각 기관에서 받아들인 자극을 느끼고 판단하여 적절한 명령을 내리고, 기억, 추리, 감정 등 다양한 정신 활동을 담당한다.
(2) 간뇌는 체온, 체액의 농도 등 몸속 상태를 일정하게 유지한다.
(3) 연수는 심장 박동, 호흡 운동, 소화 운동 등을 조절한다.

8 (1) 인슐린은 혈당량을 감소시키고, 글루카곤은 혈당량을 증가시킨다.
(3) 생장 호르몬이 결핍될 경우 소인증이 나타날 수 있고, 과다 분비될 경우 거인증이나 말단 비대증이 나타날 수 있다.

족집게 문제
p. 74~78

1 ④   2 ②   3 ④   4 ③   5 ①   6 ②   7 ⑤   8 ④
9 ③   10 ⑤   11 ④   12 ⑤   13 ①   14 ④   15 ③
16 ①   17 ④   18 ④   19 ④   20 ⑤   21 ②   22 ④
23 ③   24 ②   25 A : 인슐린, B : 글루카곤   26 ④
27 ③   28 ㄷ   29 ⑤   30 ③
[서술형 문제 31~34] 해설 참조

1 ②, ④ 다른 뉴런이나 기관에서 자극을 받아들이는 곳은 가지 돌기(B)이고, 축삭 돌기(C)는 다른 뉴런이나 기관으로 자극을 전달한다. 따라서 자극은 (가) 방향(가지 돌기 → 신경 세포체 → 축삭 돌기)으로만 전달된다.

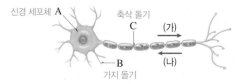

2 (가)는 감각 기관과 연결되어 있는 것으로 보아 감각 뉴런, (나)는 서로 다른 두 뉴런을 연결하는 것으로 보아 연합 뉴런, (다)는 반응 기관과 연결되어 있는 것으로 보아 운동 뉴런이다.

3 ① 자극의 전달 방향은 감각 뉴런(가) → 연합 뉴런(나) → 운동 뉴런(다)이다.
② 감각 뉴런(가)은 감각 신경을, 운동 뉴런(다)은 운동 신경을 구성한다.
③ 연합 뉴런(나)은 중추 신경계를 구성하고, 감각 뉴런(가)과 운동 뉴런(다)은 말초 신경계를 구성한다.
④, ⑤ 감각 뉴런(가)은 감각 기관(피부)에서 받아들인 자극을 연합 뉴런(나)으로 전달하고, 연합 뉴런(나)은 자극을 느끼고 판단하여 명령을 내리며, 운동 뉴런(다)은 연합 뉴런의 명령을 반응 기관(근육)에 전달한다.

[4~5]

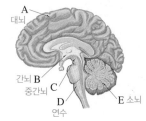

4 ① 체온 유지는 간뇌(B)에서 담당한다.
② 몸의 자세와 균형 유지는 소뇌(E)에서 담당한다.
④ 뇌와 몸의 각 부분 사이의 신호 전달 통로는 척수이다.
⑤ 다양한 정신 활동은 대뇌(A)에서 담당한다.

5 (가) 어려운 수학 문제를 푸는 것과 같은 정신 활동은 대뇌(A)와 관계있다.

(나) 더울 때 땀이 나서 체온을 유지하는 것은 간뇌(B)와 관계있다.

(다) 호흡과 심장 박동이 빨라지는 것은 연수(D)와 관계있다.

6 ②는 척수가 중추가 되어 일어나는 무조건 반사이다.

①, ③, ④, ⑤는 대뇌의 판단 과정을 거쳐 일어나는 의식적 반응이다.

[7~8]

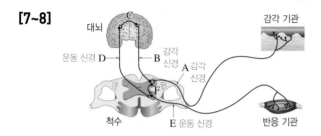

7 ① A는 감각 신경이므로, 감각 뉴런으로 이루어진다.

② B는 대뇌로 연결되는 감각 신경이므로, 의식적 반응에 관여한다.

③ E는 운동 신경으로, 중추 신경계의 명령을 반응 기관으로 전달한다.

④ D는 대뇌와 연결되는 운동 신경으로, 척수 반사의 경로에는 D가 포함되지 않는다. 따라서 D가 손상되어도 척수 반사는 일어난다.

⑤ 운동 신경(E)만 손상되고 감각 신경은 손상되지 않았으므로, 감각을 느낄 수 있으나 움직일 수는 없다.

8 (가)는 대뇌의 판단 과정을 거쳐 일어나는 의식적 반응이므로 반응 경로에 대뇌(C)가 포함되지만, (나)는 대뇌의 판단 과정을 거치지 않고 척수가 중추가 되어 일어나는 무조건 반사이므로 반응 경로에 대뇌(C)가 포함되지 않는다.

9 ② 무릎뼈 아래를 고무망치로 쳤을 때 다리에 고무망치가 닿는 자극은 대뇌로도 전달되어 느낄 수 있다.

③, ④, ⑤ 다리가 저절로 들리는 반응은 척수가 중추가 되어 일어나는 무조건 반사로, 자극 수용 → 감각 신경 → 척수 → 운동 신경 → 반응 기관의 경로로 일어난다. 팔을 드는 반응은 대뇌의 판단 과정을 거쳐 일어나는 의식적 반응으로, 자극 수용 → 감각 신경 → 척수 → 대뇌 → 척수 → 운동 신경 → 반응 기관의 경로로 일어난다. 이와 같이 다리가 들리는 반응은 반응 경로가 짧고 단순하기 때문에 다리가 들리는 반응이 팔을 드는 반응보다 빨리 일어난다.

10 ⑤ 호르몬의 분비량이 너무 적으면 결핍증이 나타나고, 반대로 분비량이 너무 많으면 과다증이 나타난다.

[11~12]

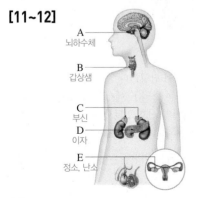

11 ① 티록신은 갑상샘(B)에서 분비한다.

② 글루카곤은 이자(D)에서 분비한다.

③, ⑤ 생장 호르몬과 항이뇨 호르몬은 뇌하수체(A)에서 분비한다.

12 ① 혈당량 조절에 관여하는 호르몬은 인슐린, 글루카곤으로, 이자(D)에서 분비한다.

②, ③ 갑상샘(B)에서 티록신을 분비하며, 체온이 낮을 때 티록신 분비량이 증가하여 세포 호흡을 촉진한다.

④ 콩팥에서 물의 재흡수를 촉진하는 호르몬은 항이뇨 호르몬으로, 뇌하수체(A)에서 분비한다.

13 ② 거인증은 성장기에 생장 호르몬이 과다 분비될 경우 나타난다.

③ 소인증은 성장기에 생장 호르몬이 결핍될 경우 나타난다.

④ 말단 비대증은 성장기 이후에 생장 호르몬이 과다 분비될 경우 나타난다.

⑤ 갑상샘 기능 저하증은 티록신이 결핍될 경우, 갑상샘 기능 항진증은 티록신이 과다 분비될 경우 나타난다.

14 체온과 혈당량을 일정하게 유지하는 것은 항상성 유지의 예이지만, 2차 성징이 나타나는 것은 항상성 유지의 예가 아니다.

②, ⑤ 체온을 일정하게 유지하기 위해 나타나는 현상이다.

15 ①, ② 호르몬은 신경보다 신호 전달 속도가 느리고, 작용 범위가 넓다.

④ 호르몬은 혈액을 통해, 신경은 뉴런을 통해 신호를 전달한다.

⑤ 호르몬은 표적 세포에 작용하고, 신경은 반응 기관에 작용한다.

16 추울 때는 근육이 떨리고, 갑상샘에서 티록신 분비량이 늘어나 열 발생량이 증가한다. 또, 피부 근처 혈관이 수축하여 피부를 흐르는 혈액의 양이 줄어들어 열 방출량이 감소한다.

②, ④, ⑤ 더울 때 우리 몸에서 일어나는 변화이다.

17 (다) 체온이 낮아진 것을 간뇌에서 감지한다. → (라) 뇌하수체에서 갑상샘 자극 호르몬의 분비량이 증가한다. → (나) 갑상샘에서 티록신의 분비량이 증가한다. → (마) 티록신의 작용으로 세포 호흡이 촉진되어 열 발생량이 증가한다. → (가) 체온이 상승한다.

18 ① 이자에서 분비되는 호르몬 A는 인슐린, B는 글루카곤이다.

② 인슐린(A)과 글루카곤(B)은 모두 간에 작용한다.

③, ⑤ 식사 후 혈당량이 높아지면(가) 인슐린(A)이 분비되어 혈당량을 낮추고, 혈당량이 낮아지면(나) 글루카곤(B)이 분비되어 혈당량을 높인다.

④ 당뇨병은 인슐린(A)이 결핍될 경우 나타난다.

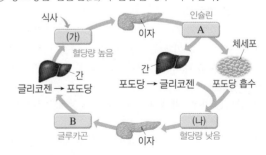

19 연수는 심장 박동, 호흡 운동, 소화 운동 등을 조절하는 중추로 생명 유지에 중요한 역할을 한다. 또한 재채기, 딸꾹질, 침 분비와 같은 무조건 반사의 중추이다.

20 신경계는 중추 신경계와 말초 신경계로 구분된다. 중추 신경계는 뇌와 척수로 구성되고, 말초 신경계는 감각 신경과 운동 신경으로 구성된다.
⑤ 말초 신경계 중 자율 신경은 대뇌의 직접적인 명령 없이 내장 기관의 운동을 조절한다.

21 긴장하거나 위기 상황에 처했을 때는 자율 신경 중 교감 신경이 흥분한다. 그 결과 심장 박동과 호흡 운동이 촉진되고, 동공이 확대되며, 소화 운동이 억제된다.
② 심장 박동을 억제하는 것은 부교감 신경의 작용이다. 부교감 신경은 교감 신경과 반대 작용을 하여 긴장했던 몸을 다시 원래의 안정된 상태로 만든다.

22 ④ 자극의 종류에 따라 받아들이는 감각 기관이 달라져 반응 경로가 달라지기 때문에 반응 시간에 차이가 난다. (나)의 반응 경로는 빛 자극 → 눈 → 시각 신경 → 대뇌 → 척수 → 운동 신경 → 손의 근육 → 자를 잡음이고, (다)의 반응 경로는 소리 자극 → 귀 → 청각 신경 → 대뇌 → 척수 → 운동 신경 → 손의 근육 → 자를 잡음이다.

23 혈압을 상승시키고 심장 박동을 촉진하는 호르몬은 에피네프린으로, 부신에서 분비한다.

24 (가)는 성장기 이후에 생장 호르몬이 과다 분비되어 나타나는 말단 비대증의 증상이고, (나)는 티록신이 결핍되어 나타나는 갑상샘 기능 저하증의 증상이다.

[25~26]

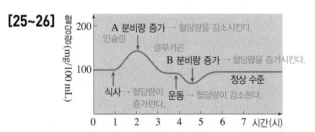

25 식사를 하면 소장에서 포도당을 흡수하므로 혈당량이 높아지고, 운동을 하면 세포에서 포도당을 사용하므로 혈당량이 낮아진다. 이자에서 분비되는 인슐린(A)은 식사 후 혈당량이 높아졌을 때 분비량이 증가하여 혈당량을 감소시키고, 글루카곤(B)은 운동 후 혈당량이 낮아졌을 때 분비량이 증가하여 혈당량을 증가시킨다.

26 인슐린(A)과 글루카곤(B)은 서로 반대되는 작용을 한다. 즉, 인슐린(A)은 간에서 포도당을 글리코젠으로 합성하여 저장하는 과정을 촉진함으로써 혈당량을 낮추고, 글루카곤(B)은 간에 저장된 글리코젠을 포도당으로 분해하여 혈액으로 내보내는 과정을 촉진함으로써 혈당량을 높인다.

27 ① 재채기는 연수가 중추가 되어 일어나는 무조건 반사이다.
② 대뇌가 중추가 되어 일어나는 의식적 반응이다.
③ 딸꾹질은 연수가 중추가 되어 일어나는 무조건 반사이다.
④ 동공 반사는 중간뇌가 중추가 되어 일어나는 무조건 반사이다.

⑤ 척수가 중추가 되어 일어나는 무조건 반사이다.

28 뇌하수체에서 분비하는 갑상샘 자극 호르몬은 갑상샘을 자극하여 티록신의 분비를 촉진한다.
ㄴ. 콩팥은 호르몬을 분비하는 기관이 아니다.

29 ⑤ 뇌하수체에서 분비하는 항이뇨 호르몬은 콩팥에서 물의 재흡수를 촉진한다. 땀을 많이 흘리면 몸속 물의 양이 부족해지기 때문에 항이뇨 호르몬의 분비가 촉진되어 콩팥에서 물의 재흡수량이 늘어난다.

30 ①, ② 건강한 사람은 식사 후 혈당량이 높아지면 인슐린 농도가 크게 높아지고, 혈당량이 정상으로 돌아오면 인슐린 농도가 낮아진다.
③ 당뇨병 환자는 인슐린 분비에 이상이 있어 혈액 속 인슐린 농도가 낮으므로 건강한 사람보다 혈당량이 높게 유지된다.

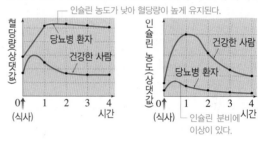

서술형 문제

31 | 모범 답안 | E−소뇌, 근육 운동을 조절하여 몸의 자세와 균형을 유지한다.

채점 기준	배점
관계 깊은 뇌 구조의 기호와 이름, 기능을 모두 옳게 서술한 경우	100 %
관계 깊은 뇌 구조의 기호와 이름만 옳게 쓴 경우	40 %

32 | 모범 답안 | 무조건 반사는 반응이 매우 빠르게 일어나 위험한 상황에서 우리 몸을 보호하는 데 중요한 역할을 한다.

채점 기준	배점
반응이 빠르게 일어나 위험한 상황에서 우리 몸을 보호하는 데 중요한 역할을 한다고 옳게 서술한 경우	100 %
반응이 빠르게 일어난다고만 서술한 경우	50 %

33 | 모범 답안 | 땀 분비량이 늘어난다. 피부 근처 혈관이 확장된다.

채점 기준	배점
두 가지를 모두 옳게 서술한 경우	100 %
두 가지 중 한 가지만 옳게 서술한 경우	50 %

34 | 모범 답안 | (1) A : 글루카곤, B : 인슐린
(2) 인슐린(B)에 의해 **간**에서 **포도당**을 글리코젠으로 합성하여 저장하는 과정과 **세포**에서 **포도당** 흡수가 촉진된다.

	채점 기준	배점
(1)	호르몬 A와 B를 모두 옳게 쓴 경우	40 %
(2)	제시된 용어 네 가지를 모두 포함하여 옳게 서술한 경우	60 %
	제시된 용어를 세 가지만 포함하여 서술한 경우	50 %
	제시된 용어를 두 가지만 포함하여 서술한 경우	40 %
	제시된 용어를 한 가지만 포함하여 서술한 경우	30 %

중단원별 핵심 문제

Ⅰ 화학 반응의 규칙과 에너지 변화

01 물질 변화와 화학 반응식 p. 80~81

1 ①, ② 2 ① 3 ④ 4 ② 5 ④ 6 ③, ⑤ 7 ①, ③
8 ② 9 ④ 10 ⑤ 11 ① 12 ①

1 화학 변화가 일어나면 원자의 종류와 개수는 변하지 않지만, 원자의 배열이 달라져 물질의 종류가 변한다. 즉, 화학 변화가 일어나면 새로운 성질을 가진 물질이 생성된다.

2 설탕을 물에 녹이면 설탕 분자가 물 분자 사이로 퍼져 나가 섞이므로 설탕물 전체에서 단맛이 난다. 즉, 분자의 배열이 달라질 뿐, 설탕 분자와 물 분자를 이루는 원자의 종류와 배열은 변하지 않으므로 분자의 종류와 수도 변하지 않는다. 따라서 각 물질의 성질은 그대로 유지된다.

3 오이가 썩는 것, 과일이 익는 것, 석회암 동굴이 형성되는 것, 식물의 광합성은 모두 화학 변화이다. 물이 끓어 수증기가 될 때 물 분자를 이루는 원자의 배열은 변하지 않고 물 분자 사이의 거리가 달라진다. 이와 같은 상태 변화는 물리 변화이다.

4 ① 마그네슘 리본을 구부려도 마그네슘의 성질은 변하지 않으므로 마그네슘 리본이 구부러지는 것은 물리 변화이다.
②, ④ 구부린 마그네슘 리본은 마그네슘의 성질을 그대로 가지고 있지만, 마그네슘 리본을 태운 재는 마그네슘과는 성질이 다른 물질이다. 자석에 붙는 것은 금속의 성질이다. 마그네슘 리본을 태운 재는 금속이 산소와 결합한 물질로 금속이 아니므로 자석에 붙지 않는다.
③ 마그네슘 리본이 연소하면 공기 중의 산소와 반응하여 새로운 물질로 변하는 화학 변화가 일어난다. 따라서 (가)와 (나)는 원자의 종류와 배열이 다르다.
⑤ 구부린 마그네슘이 묽은 염산과 반응하면 기체가 발생하지만, 마그네슘을 태운 재는 묽은 염산과 반응해도 기체가 발생하지 않는다.

5 (가)에서 물 분자의 배열이 달라질 뿐 분자의 종류가 달라지지 않으므로 (가)는 물리 변화이다. 발포정이 물에 녹아 기포가 발생하는 것과 앙금이 생성되는 반응은 화학 변화이다.

6 ① (가)는 물이 얼음으로 되는 상태 변화로, 일정량의 물질의 상태가 변할 때 원자의 종류와 수가 변하지 않으므로 질량이 변하지 않는다.
②, ③ (나)는 물 분자를 구성하는 원자의 배열이 달라져 새로운 물질이 생성되는 화학 변화이다. 물을 전기 분해하면 수소와 산소가 생성된다.
④ (가)에서는 원자의 배열이 달라지지 않으므로 분자의 종류가 변하지 않지만, (나)에서는 원자의 배열이 달라져 분자의 종류가 달라진다. (나)에서 물 분자(H_2O)가 수소 분자(H_2)와 산소 분자(O_2)로 변한다.
⑤ (가)와 (나)에서 원자의 종류와 수는 변하지 않는다.

7 ① 반응물이나 생성물이 두 가지 이상이면 각 물질을 '+'로 연결하고, '→'를 써서 반응물과 생성물을 구분한다. 화학 반응식에서 화살표(→)의 좌우는 반응 전후를 나타내는 것으로, 반응 전후 반응물과 생성물의 원자의 종류와 수가 같지만 화학 반응식에서는 등호(=)를 사용하지 않는다.
② 화학식은 물질을 구성하는 원자의 종류와 수를 원소 기호를 이용하여 나타낸 식이다.
③ 화학 반응 전후에 원자의 종류와 수가 같게 화학식 앞의 계수를 맞춘다.

8 반응 전후의 탄소 원자, 수소 원자, 산소 원자의 개수가 같도록 계수를 맞춰야 한다. 우선, 반응 전후에 탄소 원자는 1개로 같으므로 수소 원자의 개수를 맞춘다. 수소 원자의 개수는 반응 전 4개이므로 반응 후에도 4개가 되도록 H_2O의 계수를 2로 한다.
➡ $CH_4 + O_2 \longrightarrow 2H_2O + CO_2$
이때 산소 원자의 개수는 반응 전 2개이지만 반응 후 4개이므로 O_2의 계수를 2로 하여 반응 전후의 산소 원자의 개수를 같게 맞춘다.
➡ $CH_4 + 2O_2 \longrightarrow 2H_2O + CO_2$
위의 완성된 화학 반응식에서 계수 1은 생략되었으므로 빈칸에 알맞은 계수는 1, 2, 2, 1 순이다.

9 각 물질의 화학식은 수소 H_2, 질소 N_2, 암모니아 NH_3이고, 물질이 모두 기체이므로 화학 반응식의 계수비=분자 수비=부피비이다. 모형에서 분자 수비와 부피비는 수소(H_2) : 질소(N_2) : 암모니아(NH_3)=3 : 1 : 2이므로 이 반응의 화학 반응식은 $3H_2 + N_2 \longrightarrow 2NH_3$이다.

10 ㄱ. 수소(H_2)와 염소(Cl_2)가 반응하여 염화 수소(HCl)를 생성하는 반응의 화학 반응식은 $H_2 + Cl_2 \longrightarrow 2HCl$이다.

11 수소와 산소가 결합하여 물이 생성되는 반응으로, 반응 전후에 원자의 종류와 개수가 변하지 않으므로 물질의 총질량이 일정하다. 그러나 원자가 재배열하여 새로운 분자가 생성되므로 분자의 종류가 변하며, 물 생성 반응에서는 반응 전후 분자 수도 변한다.

12 ㄱ. 반응물을 구성하는 원소는 수소와 산소이다.
ㄴ. 생성물은 물 한 종류이다.
ㄷ. 화학 반응식의 계수비는 반응하거나 생성되는 물질의 입자 수비로, 물 생성 반응에서는 분자 수비이다. 즉, 반응하거나 생성되는 물질의 분자 수비가 2 : 1 : 2이다. 원자 수비는 수소 : 산소 : 물=4 : 2 : 6=2 : 1 : 3이다.
ㄹ. 수소 분자 2개와 산소 분자 1개가 반응하여 물 분자 2개가 생성되므로 반응하는 총 분자 수(3개)보다 생성되는 분자 수(2개)가 적다. 따라서 반응 후 총 분자 수가 감소한다.

02 질량 보존 법칙, 일정 성분비 법칙 p. 82~83

1 ② 2 ④ 3 4.4 g 4 ①, ③ 5 ① 6 ⑤ 7 ③, ⑤
8 ④ 9 ③ 10 ③ 11 ②

1 ㄱ. 탄산 나트륨 수용액과 염화 칼슘 수용액이 반응하면 흰색 앙금인 탄산 칼슘이 생성된다.
ㄴ. 화학 반응이 일어날 때 반응 전후 질량은 변하지 않으므로 (가)와 (나)의 질량은 같다.
ㄷ. 앙금 생성 반응은 화학 반응으로, 반응 결과 원자의 배열이 달라져 새로운 물질이 생성된다.
ㄹ. 앙금 생성 반응은 밀폐된 용기뿐만 아니라 열린 용기에서 일어나도 반응 전후에 질량이 변하지 않는다.

2 탄산 칼슘과 묽은 염산이 반응하면 염화 칼슘, 물, 이산화 탄소가 생성되는데, 생성물 중 이산화 탄소는 기체이다. 따라서 이 반응이 밀폐된 병 안에서 일어나면 반응 전후에 질량이 변하지 않지만, 반응 후 뚜껑을 열면 생성된 이산화 탄소 기체가 공기 중으로 날아가므로 질량이 감소한다.

3 화학 반응에서 질량이 보존되므로 (묽은 염산+탄산 칼슘)의 질량은 (염화 칼슘+물+이산화 탄소)의 질량과 같다.
27.3 g+10.0 g=32.9 g+이산화 탄소의 질량
이산화 탄소의 질량=27.3 g+10.0 g−32.9 g=4.4 g

4 화학 반응이 일어날 때 원자의 배열이 달라져도 물질을 구성하는 원자의 종류와 수가 변하지 않으므로 질량 보존 법칙이 성립한다.
② 염화 나트륨 수용액과 질산 은 수용액 반응의 화학 반응식에서 계수비는 반응하거나 생성되는 물질의 입자 수의 비이다. 화학 반응식의 계수비가 부피비와 같은 반응은 일정한 온도와 압력에서 기체가 반응하여 새로운 기체가 생성되는 반응, 즉 반응물과 생성물이 모두 기체인 반응이다.
④ 질량 보존 법칙은 반응물의 총질량과 생성물의 총질량이 같다는 것이므로, (염화 나트륨+질산 은)의 질량이 (염화 은+질산 나트륨)의 질량과 같다.
⑤ 앙금 생성 반응이므로 용기의 밀폐 여부에 관계없이 반응 전후 질량이 같다.

5 숯(탄소)이 연소하면 공기 중의 산소와 결합하여 이산화 탄소를 생성하는데, 생성된 이산화 탄소가 공기 중으로 날아가므로 연소 전보다 질량이 감소한다.
강철 솜은 공기 중의 산소와 결합하여 산화 철이 되므로, 결합한 산소의 질량만큼 연소 전보다 질량이 증가한다.

6 실험 1에서 구리 1.0 g과 산소가 반응하여 산화 구리(Ⅱ) 1.25 g이 생성되므로 반응한 산소는 0.25(=1.25−1.0) g이다. 따라서 구리 : 산소 : 산화 구리(Ⅱ)의 질량비는 1.0 g : 0.25 g : 1.25 g=4 : 1 : 5이다.
산화 구리(Ⅱ)의 질량이 25 g일 때 구리의 질량(x)과 산소의 질량(y)은 다음과 같다.
4 : 1 : 5=x : y : 25 g ∴ x=20 g, y=5 g

7 구리 가루의 질량을 달리하여 가열하면 구리와 반응하는 산소의 질량도 달라지지만, 구리와 산소는 항상 4 : 1의 질량비로 반응하므로, 산화 구리(Ⅱ)를 구성하는 구리와 산소의 질량비도 4 : 1로 일정하다.

8 마그네슘 3 g을 연소시킬 때 산화 마그네슘 5 g이 생성되므로 반응하는 산소의 질량은 2 g이다. 따라서 마그네슘 : 산소 : 산화 마그네슘의 질량비는 3 : 2 : 5이다.

	마그네슘	+	산소	⟶	산화 마그네슘
질량비	3	:	2	:	5
②	6 g	:	4 g	:	10 g
③	15 g	:	10 g	:	25 g
④	12 g	:	8 g	:	20 g

9 실험 1을 통해 반응하는 수소와 산소의 질량비를 알 수 있다.
수소 : 산소=0.2 g : 1.6 g(=2.4 g−0.8 g)=1 : 8
실험 2와 3에서 산소 1.6 g과 반응하는 수소는 0.2 g이므로 (가)는 0.3이고, (나)는 수소, 0.2이다. 이때 생성된 물의 질량은 반응한 (수소+산소)의 질량과 같으므로 1.8 g이다.

10 암모니아 분자는 질소 원자 1개와 수소 원자 3개로 이루어져 있다. 이때 원자 1개의 질량비가 질소(N) : 수소(H)=14 : 1이므로, 암모니아 분자를 구성하는 질소와 수소의 질량비는 14×1 : 1×3=14 : 3이다. 따라서 암모니아 25.5 g을 구성하는 질소와 수소의 질량은 질소 : 수소=21 g : 4.5 g=14 : 3이다.

11 화합물 모형 BN₃ 1개는 볼트 1개와 너트 3개로 구성되므로 볼트 10개와 너트 30개를 사용하여 최대 10개의 BN₃을 만들 수 있다. 이때 볼트 20개의 질량이 20 g이므로 볼트 1개의 질량은 1 g이고, BN₃ 10개의 전체 질량이 25 g이므로 BN₃ 1개의 질량은 2.5 g이다. 따라서 너트 3개의 질량은 1.5 g(=BN₃의 질량 2.5 g−볼트의 질량 1 g)이다. BN₃을 구성하는 볼트와 너트의 질량비는 1 g : 1.5 g=2 : 3이다.

---

03 기체 반응 법칙 / 화학 반응에서의 에너지 출입 p.84~85

1 ② **2** 2 : 1 : 2 **3** ③ **4** ④ **5** ⑤ **6** ①, ⑤ **7** ⑤
8 ③ **9** ① **10** ③ **11** ③, ④ **12** (라)

1 일정한 온도와 압력에서 기체가 반응하여 새로운 기체를 생성할 때 각 기체의 부피 사이에 간단한 정수비가 성립하는데, 이를 기체 반응 법칙이라고 한다.

2 실험 1~3에서 부피비는 수소 : 산소 : 수증기=10 mL (=15 mL−5 mL) : 5 mL : 10 mL=20 mL : 10 mL (=20 mL−10 mL) : 20 mL=40 mL : 20 mL (=30 mL−10 mL) : 40 mL=2 : 1 : 2이다.

3 암모니아가 생성될 때 각 기체의 부피비는 수소 : 질소 : 암모니아=3 : 1 : 2이다. 따라서 수소 60 mL와 질소 20 mL가 반응하여 암모니아 40 mL가 생성되고, 질소 10 mL는 반응하지 않고 남는다.

4 실험 2에서 A 20 mL와 B 30 mL가 반응했을 때 A 5 mL가 남으므로 A는 15 mL가 반응한 것이다. 이때 C 30 mL가 생성되므로, 기체의 부피비가 A : B : C=1 : 2 : 2이다.
따라서 실험 1과 3에서 기체의 부피비는 A : B : C=10 mL : 20 mL : 20 mL이다.

5 온도와 압력이 같을 때 기체는 종류에 관계없이 같은 부피 속에 같은 수의 분자가 들어 있다. 따라서 기체 사이의 반응에서 부피비와 분자 수의 비가 같다.

6 ② 반응이 일어날 때 물질을 이루는 원자의 배열이 변해 새로운 분자가 생성되므로 반응 전후에 분자의 개수는 달라질 수 있다. 수증기 생성 반응에서 분자 수는 감소한다.

③ 반응물과 생성물이 모두 기체이므로 수소와 산소의 분자 수비와 부피비는 2 : 1이다. 수소와 산소의 질량비는 1 : 8이지만, 이 모형만으로는 알 수 없다.

④ 같은 부피 속에 들어 있는 분자의 개수는 같지만, 원자의 개수는 분자의 종류에 따라 다르다. 같은 부피 속에 들어 있는 원자 수의 비는 수소 : 산소 : 수증기=2 : 2 : 3이다.

7 ①, ③, ④ 기체 사이의 반응에서 화학 반응식의 계수비=분자 수비=부피비이다.

$$CH_4 + 2O_2 \longrightarrow 2H_2O + CO_2$$

분자 수비=부피비 1 : 2 : 2 : 1

② 이산화 탄소가 생성될 때 탄소 원자와 산소 원자는 1 : 2의 개수비로 결합한다. 원자의 질량비가 탄소 : 산소=3 : 4이므로, 이산화 탄소를 구성하는 탄소와 산소의 질량비는 $1 \times 3 : 2 \times 4 = 3 : 8$이다.

⑤ 반응하는 메테인과 산소의 부피비가 1 : 2이므로, 메테인 기체 20 mL가 모두 연소하려면 산소 기체가 최소 40 mL 필요하다.

8 발열 반응이 일어날 때 에너지를 방출하므로 주변의 온도가 높아진다. 호흡은 발열 반응으로, 포도당과 산소가 반응할 때 방출하는 에너지는 우리 몸의 체온을 유지하거나 운동 등에 사용된다.

ㄹ. 수산화 바륨과 염화 암모늄의 반응은 흡열 반응으로, 반응이 일어나면 열을 흡수해 주변의 온도가 낮아진다.

9 ㄱ, ㄷ. 소금과 물이 반응하면 열을 흡수하는 흡열 반응이 일어나 주변의 온도가 낮아진다. 전기 분해는 물질이 가해 준 전기 에너지를 흡수하여 일어나는 흡열 반응이다.

ㄴ, ㄹ. 산인 염산과 염기인 수산화 나트륨의 중화 반응, 연소 반응은 발열 반응이다.

10 철 가루와 공기 중의 산소가 반응할 때 에너지를 방출하므로 주변의 온도가 높아진다. 손난로는 이를 이용한 온열 장치이다.

④ 공기 중의 산소가 부직포의 미세한 구멍을 통해 주머니 안쪽으로 들어와 철 가루와 반응한다. 따라서 공기가 통과할 수 없는 비닐 팩을 사용하면 손난로를 만들 수 없다.

11 질산 암모늄과 물이 반응하면 에너지를 흡수하는 흡열 반응이 일어난다. 따라서 반응이 일어날 때 주변의 온도가 낮아지는 것을 이용하여 휴대용 냉각 장치를 만들 수 있다.

⑤ 산이나 염기가 물과 반응할 때는 열에너지를 방출한다. 따라서 질산 암모늄 대신 염기인 수산화 나트륨을 사용하면 냉각 장치를 만들 수 없다.

12 (가), (나), (다)는 발열 반응이 일어날 때 에너지를 방출하는 것을 이용한 예이다. 염화 칼슘이 물과 반응할 때 에너지를 방출하여 주변의 온도가 높아지므로 눈이 빨리 녹는다.

(라)는 흡열 반응을 이용한 예이다. 베이킹파우더의 주성분은 탄산수소 나트륨으로, 탄산수소 나트륨이 열을 흡수하여 분해되면서 이산화 탄소 기체가 발생하여 빵이 부풀어 오른다.

Ⅱ 기권과 날씨

01 기권과 지구 기온 p. 86~87

1 ④	2 ②	3 ⑤	4 ⑤	5 ④	6 ③	7 ①	8 ④
9 ④	10 ②	11 ⑤	12 ①	13 ②	14 ③		

1 ① 공기는 대부분 대류권에 분포한다.

② 지표면에서 높이 약 1000 km까지 공기가 분포한다.

③ 질소가 약 78 %로 가장 많은 양을 차지하고, 산소가 약 21 %로 두 번째로 많은 양을 차지한다.

⑤ 기권은 높이에 따른 기온 변화에 따라 4개 층으로 구분된다.

2 A는 대류권, B는 성층권, C는 중간권, D는 열권이다.

3 대류권(A)에서는 지표면에서 멀어질수록, 즉 높이 올라갈수록 지구 복사 에너지가 적게 도달하여 기온이 낮아진다.

② 성층권(B)에서는 오존이 자외선을 흡수하기 때문에 높이 올라갈수록 기온이 높아진다.

③ 열권(D)에서는 태양 에너지에 의해 직접 가열되기 때문에 높이 올라갈수록 기온이 높아진다.

4 B는 성층권으로, 성층권(B)에는 오존층이 존재한다.

①, ②, ③ 유성은 중간권(C), 기상 현상은 대류권(A), 오로라는 열권(D)에서 일어나는 현상이다.

④ 대류가 일어나는 층은 대류권(A)과 중간권(C)이다.

5 대류가 일어나지 않는 층은 높이 올라갈수록 기온이 높아지는 B와 D이다. B와 D 중 밤낮의 기온 차이가 매우 크고 인공위성의 궤도로 이용되는 층은 D 열권이다.

6 ① A 구간에서 컵이 방출하는 복사 에너지양은 컵이 흡수하는 복사 에너지양보다 적지만 0은 아니다.

②, ④ B 구간은 복사 평형 상태로, 컵이 흡수하는 복사 에너지양은 컵이 방출하는 복사 에너지양과 같다.

③ 복사 평형이 이루어지기 전(A 구간)까지는 컵이 흡수하는 복사 에너지양이 방출하는 복사 에너지양보다 많아서 온도가 상승한다.

⑤ 컵과 적외선등 사이의 거리를 멀리하면 복사 평형에 더 늦게 도달한다.

7 지구에 대기가 없다면 온실 효과가 일어나지 않아 지구의 평균 기온은 현재보다 낮을 것이다.

8 지구는 복사 평형 상태이므로 지구에서 우주로 방출하는 복사 에너지의 양(B)은 지구가 흡수한 태양 복사 에너지의 양과 같다. 따라서 지표에 흡수된 양(50 %)과 대기에 흡수된 양(20 %)을 더한 값(70 %)과 같다.

9 지구가 흡수하는 태양 복사 에너지의 양은 방출하는 지구 복사 에너지의 양과 70 %로 같다.

10 수성과 금성에서는 모두 복사 평형이 일어난다. 수성에는 대기가 거의 없고, 금성에는 두꺼운 이산화 탄소 대기가 있다. 따라서 수성에서는 온실 효과가 일어나지 않고 금성에서는 온실 효과가 일어나 표면 온도는 금성이 수성보다 높다.

11 산소는 온실 기체가 아니며, 오존, 메테인, 수증기, 이산화 탄소 등의 온실 기체 중 지구 온난화에 가장 큰 영향을 미치는 온실 기체는 이산화 탄소이다.

12 산업 활동이 활발해지면서 석탄, 석유 등 화석 연료의 사용량이 증가하여 대기 중으로 이산화 탄소가 배출되는 양이 점점 증가하였다.

13 대기 중 온실 기체인 이산화 탄소의 농도가 증가하면 온실 효과가 강화되어 지구의 평균 기온이 상승한다.
ㄴ. 기온이 상승하면 극지방의 빙하가 녹아서 줄어든다.
ㄹ. 해수면이 높아짐에 따라 해발 고도가 낮은 지역이 바닷물에 잠겨 육지가 줄어든다.
ㅂ. 기온이 상승하면 수온도 상승하므로 동해의 한류성 어종은 감소하고 난류성 어종은 증가한다.

14 화석 연료를 사용하면 이산화 탄소가 배출되므로 지구 온난화를 줄이기 위해서는 화석 연료의 사용을 줄여야 한다.

02 구름과 강수 p. 88~89

1 ③ 2 ② 3 ④ 4 ② 5 ① 6 ④ 7 ⑤ 8 ②
9 ④ 10 ③ 11 ③ 12 ⑤

1 공기 중에 포함되어 있는 실제 수증기량이 많을수록 이슬점이 높다. 따라서 이슬점을 비교하면 A>B=C이다. ➡ A의 이슬점은 20 °C이고, B와 C의 이슬점은 10 °C이다.

2 이 공기의 이슬점은 현재 포함되어 있는 실제 수증기량이 포화 수증기량과 같아지는 10 °C이다.

3 응결량=실제 수증기량(이슬점에서의 포화 수증기량)−냉각된 기온의 포화 수증기량=14.7 g/kg−5.4 g/kg=9.3 g/kg

4 ① A와 B 공기는 포화 상태이므로 상대 습도가 높아서 빨래가 잘 마르지 않는다.
② B와 C 공기는 기온이 다르므로 포화 수증기량도 다르다. 포화 상태인 B 공기의 상대 습도는 100 %이고, C 공기의 상대 습도는 $\frac{14.7}{27.1}×100≒54.2$ %이다.
③ C와 E 공기는 기온이 같으므로 포화 수증기량이 같지만, 이슬점은 C가 20 °C, E가 10 °C로 E 공기가 더 낮다.
④ 3 kg×(27.1 g/kg−7.6 g/kg)=58.5 g
⑤ E 공기의 상대 습도=$\frac{7.6}{27.1}×100≒28$ %

5 ② 기온이 일정할 때는 이슬점이 높을수록, 즉 공기 중의 실제 수증기량이 많을수록 상대 습도가 높다.
③, ④ 수증기량이 일정할 때, 대기가 가열되면 포화 수증기량이 증가하므로 상대 습도는 낮아지고, 대기가 냉각되면 포화 수증기량이 감소하므로 상대 습도는 높아진다.
⑤ 상대 습도(%)=$\frac{현재 공기 중의 실제 수증기량}{현재 기온의 포화 수증기량}×100$이므로 기온과 수증기량 모두의 영향을 받는다.

6 ① 기온은 낮에 가장 높으므로 B가 기온, A는 상대 습도이다.
② 기온과 상대 습도의 변화는 반대로 나타난다. 기온(B)이 낮아지면 상대 습도(A)는 높아진다.
③ 6시경에 기온(B)이 가장 낮으므로 포화 수증기량도 가장 적다. 기온이 가장 높은 15시경에 포화 수증기량이 가장 많다.
④ 상대 습도가 낮을수록 증발이 잘 일어나므로 15시경에 빨래가 가장 잘 마른다.
⑤ 맑은 날은 수증기량의 변화가 적으므로 이슬점은 거의 일정하다.

7 지표 부근의 공기가 상승하면 주변 공기의 압력이 낮아지므로 부피가 팽창한다(단열 팽창). 이때 기온이 하강하여 이슬점에 도달하면 공기 속에 있던 수증기가 응결하여 구름이 만들어진다.

8 ② 뚜껑을 열었을 때가 구름이 발생하는 원리에 해당한다.
④ 뚜껑을 열었다가 닫은 후 압축 펌프를 다시 누르면 플라스틱 병 내부 공기의 부피가 압축되어 기온이 상승하므로 플라스틱 병 내부가 맑아진다.

9 구름은 공기가 상승할 때 단열 팽창하여 만들어진다.
④ 공기가 산 사면을 따라 하강하면 공기가 압축되어 기온이 상승하므로 구름이 생성되지 않는다.

10 적운형 구름은 한랭 전선 뒤에서 공기가 강하게 상승할 때 수직으로 높이 발달하며, 좁은 지역에 소나기성 비를 내린다. 층운형 구름은 온난 전선 앞에서 공기가 약하게 상승할 때 옆으로 퍼진 모양으로 발달하며, 넓은 지역에 지속적인 비를 내린다.

11 저위도 지방(열대 지방)의 강수 이론인 병합설에 대한 설명이다. 저위도 지방(열대 지방)에서 구름의 온도는 0 °C 이상이므로 구름이 물방울로만 이루어져 있어 눈은 내리지 않는다.

12 (가)는 저위도 지방(열대 지방)의 강수 과정인 병합설, (나)는 중위도나 고위도 지방의 강수 과정인 빙정설을 나타낸 것이다. (가)에서는 크고 작은 물방울이 합쳐져 따뜻한 비가 내린다. (나)에서는 물방울에서 증발한 수증기가 얼음 알갱이에 달라붙어 물방울은 작아지고 얼음 알갱이는 커지며, 얼음 알갱이가 떨어지면 눈이 내리고, 떨어지다 녹으면 찬비가 내린다.

03 기압과 바람 p. 90~91

1 ① 2 ② 3 ④ 4 ⑤ 5 (나) - (가) - (다) 6 ③ 7 ⑤
8 ② 9 ① 10 ③ 11 ⑤ 12 ③

1 ① 1기압은 1013 hPa이다.
⑤ 공기가 끊임없이 움직이므로 기압은 측정하는 장소와 시간에 따라 변한다.

2 ① 1기압은 수은 기둥의 높이 76 cm의 압력과 같으므로 실험 장소의 기압은 1기압이다.
③, ④ 수은 기둥의 높이는 유리관의 굵기나 기울기에 상관없으므로 유리관을 기울이거나 굵기를 다르게 해도 76 cm이다.
⑤ 고도가 높아지면 기압이 낮아지므로 수은 기둥의 높이가 낮아진다.

3 수은 기둥의 높이는 유리관의 굵기나 기울기에 관계가 없으며, 기압이 높을수록 수직 높이가 높아진다. 따라서 기압이 가장 높은 곳에서 측정한 것은 수은 면으로부터 수은 기둥의 수직 높이가 가장 높은 D이다. ➡ 기압 : D>A=C=E>B

4 ①, ④ 1기압일 때, $h_1=h_2=76$ cm이다. 유리관을 기울여도 수은 기둥의 높이는 변함없다.
② A와 B 지점에 작용하는 압력의 크기가 같기 때문에 수은 기둥이 h_1에서 더 이상 내려오지 않고 멈춘다.
③ C 지점의 위쪽은 진공 상태이다.
⑤ 물은 수은보다 밀도가 작으므로 수은 대신 물을 사용할 경우 물기둥의 높이는 약 10 m로 높아진다.

5 1기압은 76 cmHg와 같고, 물기둥 10 m가 누르는 압력과 같으므로 (나)는 1기압보다 크고, (다)는 1기압보다 작다. 따라서 기압의 크기를 비교하면 (나)>(가)>(다)이다.

6 대부분의 공기는 지표 부근에 모여 있고, 지표면에서 높이 올라갈수록 공기의 양이 적어지므로 공기 밀도가 급격히 작아진다.

7 바람은 기압의 차이 때문에 발생하는 공기의 수평적인 흐름으로, 기압 차이가 클수록 바람이 세게 분다.

8 육지에서 바다로 육풍이 불고 있다. 육풍은 밤에 육지가 바다보다 빨리 냉각되어 기온이 낮아지면서 기압이 높아져 육지에서 바다로 부는 바람이다.

9 연기가 서쪽에서 동쪽으로 이동하고 있으므로 바람은 서쪽에서 불어온다. 낮에는 바다의 기압이 더 높아 해풍(바다에서 불어오는 바람)이 불므로 서쪽에 바다가, 동쪽에 육지가 있다.

10 ①, ② (가)는 여름철에 부는 남동 계절풍, (나)는 겨울철에 부는 북서 계절풍이다.
④ (나)에서 바람이 대륙에서 해양으로 불므로 대륙 쪽의 기압이 해양 쪽보다 높다.
⑤ 계절풍은 1년을 주기로 풍향이 바뀐다.

11 모래는 물보다 빨리 가열되고 빨리 냉각된다. 따라서 적외선등을 끌 경우에는 모래의 온도가 물의 온도보다 빨리 낮아진다.

12 해안에서는 낮에 바다에서 육지로 해풍이 불고, 밤에 육지에서 바다로 육풍이 분다. 우리나라 여름에는 해양에서 대륙으로 남동 계절풍이 불고, 겨울에는 대륙에서 해양으로 북서 계절풍이 분다.

---

04 날씨의 변화
p. 92~93

1 ⑤	2 ①	3 ②	4 ⑤	5 ②	6 ③	7 ②	8 ②
9 ③	10 ④	11 ③	12 ②				

1 건조한 기단이 해양 쪽으로 이동하면 해양에서 수증기를 공급받아 습도가 높아진다.

2 대륙에서 발생한 기단(A, B)은 건조하고, 해양에서 발생한 기단(C, D)은 습하다.

3 (가)는 시베리아 기단(A)의 영향으로 나타나고, (나)는 북태평양 기단(D)의 영향으로 나타나며, (다)는 오호츠크해 기단(C)의 영향으로 나타난다. B는 우리나라 봄, 가을의 맑고 건조한 날씨에 영향을 주는 양쯔강 기단이다.

4 그림은 따뜻한 기단이 찬 기단 위로 오르며 만들어진 온난 전선이다. 온난 전선은 전선면의 기울기가 완만하기 때문에 층운형 구름이 만들어져 넓은 지역에 지속적인 비를 내린다. 온난 전선 앞에는 찬 공기, 뒤에는 따뜻한 공기가 위치하므로 온난 전선이 통과하면 기온이 높아진다.

5 그림은 찬 기단이 따뜻한 기단을 파고들며 만들어진 한랭 전선이다. 한랭 전선은 전선면의 기울기가 급하기 때문에 적운형 구름이 만들어져 좁은 지역에 소나기성 비를 내린다. 한랭 전선 앞에는 따뜻한 공기, 뒤에는 찬 공기가 위치하므로 한랭 전선이 통과하면 기온이 낮아진다.

6 저기압은 주위보다 기압이 상대적으로 낮은 곳을 말한다. 기압이 1000 hPa보다 낮아도 주위보다 기압이 높으면 고기압이다.

7 ① A 지역은 좁은 지역에서 소나기성 비가 내린다.
② B 지역은 온난 전선과 한랭 전선 사이로, 따뜻한 공기가 있어 기온이 높고 날씨가 맑으며 남서풍이 분다.
③ C 지역은 찬 공기가 위치하여 B 지역보다 기온이 낮고, 층운형 구름이 형성되어 넓은 지역에 지속적인 비가 내린다.
④, ⑤ D 지역은 찬 공기가 위치하여 기온이 낮고, 저기압 중심이므로 대체로 흐리다.

8 A와 B 사이에 한랭 전선, B와 C 사이에 온난 전선이 위치한다.
① A 지역은 찬 공기가 위치하여 기온이 낮다.
② A 지역은 적운형 구름이 발달하여 현재 소나기가 내린다.
③ B 지역은 현재 맑은 날씨가 나타난다.
④ 온대 저기압은 동쪽으로 이동하므로 C 지역은 현재 온난 전선이 통과하기 전이다.
⑤ C 지역에서는 층운형 구름이 발달한다.

9 C 지역은 현재 비가 내리고 있지만, 온대 저기압은 서쪽에서 동쪽으로 이동하므로 앞으로 온난 전선과 한랭 전선 사이에 위치하여 날씨가 맑아지고 기온이 높아질 것이다.

10 A 지역은 주변 지역에 비해 기압이 높은 고기압이다. 고기압 중심에서는 하강 기류가 나타나며, 지상에서 시계 방향(북반구)으로 바람이 불어 나간다.

11 남고북저형의 기압 배치를 보이는 여름철 일기도이다. 여름에는 북태평양 기단의 영향을 크게 받아 날씨가 덥고 습하다.
①은 가을, ②는 봄, ④는 겨울, ⑤는 봄, 가을의 특징이다.

12 ①, ② 여름에는 고온 다습한 북태평양 기단의 영향으로 습도가 높고, 겨울에는 한랭 건조한 시베리아 기단의 영향으로 습도가 낮다.
③, ④ 여름에는 남고북저형 기압 배치가 나타나 남동 계절풍이 불고, 겨울에는 서고동저형 기압 배치가 나타나 북서 계절풍이 분다.
⑤ 이동성 고기압은 봄, 가을 날씨의 특징이다.

III 운동과 에너지

01 운동
p. 94~95

1 ④ 2 ③ 3 ④ 4 ④ 5 ② 6 ③ 7 ③ 8 ⑤
9 ① 10 ① 11 ③ 12 ①, ⑤ 13 ④ 14 ④

1 ④ 같은 거리를 이동하는 데 걸리는 시간이 짧을수록 속력이 빠르다.

2 A에서 B까지 이동하는 데 0.2초×5=1초가 걸렸다. 따라서 평균 속력=$\dfrac{\text{전체 이동 거리}}{\text{걸린 시간}}$=$\dfrac{100\,\text{cm}}{1\,\text{s}}$=$\dfrac{1\,\text{m}}{1\,\text{s}}$=1 m/s이다.

3 평균 속력=$\dfrac{\text{전체 이동 거리}}{\text{걸린 시간}}$=$\dfrac{10\,\text{m}+50\,\text{m}}{5\,\text{s}+10\,\text{s}}$=$\dfrac{60\,\text{m}}{15\,\text{s}}$
=4 m/s

4 72 km/h=$\dfrac{(72\times1000)\text{m}}{(1\times60\times60)\text{s}}$=$\dfrac{72000\,\text{m}}{3600\,\text{s}}$=20 m/s이다. 따라서 걸린 시간=$\dfrac{\text{이동 거리}}{\text{속력}}$=$\dfrac{50\,\text{m}}{20\,\text{m/s}}$=2.5초이다.

5 (가) $\dfrac{\text{이동 거리}}{\text{걸린 시간}}$=$\dfrac{50\,\text{m}}{5\,\text{s}}$=10 m/s

(나) $\dfrac{\text{이동 거리}}{\text{걸린 시간}}$=$\dfrac{120\,\text{m}}{(2\times60)\text{s}}$=$\dfrac{120\,\text{m}}{120\,\text{s}}$=1 m/s

(다) $\dfrac{\text{이동 거리}}{\text{걸린 시간}}$=$\dfrac{(7.2\times1000)\text{m}}{(1\times60\times60)\text{s}}$=$\dfrac{7200\,\text{m}}{3600\,\text{s}}$=2 m/s

6 소리가 8초 동안 이동한 거리는 소리가 산 정상에서 맞은편 산봉우리까지 왕복한 거리이므로 속력×시간=340 m/s×8 s =2720 m이다. 산 정상에서 맞은편 산봉우리까지의 거리는 소리가 왕복한 거리의 절반이므로 $\dfrac{1}{2}$×2720 m=1360 m이다.

7 ㄱ. 물체의 간격이 일정하므로 같은 시간 동안 물체가 이동한 거리가 일정하다. 따라서 물체는 속력이 일정한 운동을 한다.
ㄴ. 등속 운동을 하는 물체는 이동 거리가 시간에 따라 일정하게 증가한다.
ㄷ. 이동 거리=속력×시간이므로 시간−속력 그래프 아랫부분의 넓이는 이동 거리를 나타낸다.

8 ① 영수의 속력=$\dfrac{\text{이동 거리}}{\text{걸린 시간}}$=$\dfrac{4\,\text{m}}{1\,\text{s}}$=4 m/s
② 민수의 속력=$\dfrac{\text{이동 거리}}{\text{걸린 시간}}$=$\dfrac{2\,\text{m}}{1\,\text{s}}$=2 m/s
③ 영수의 이동 거리=속력×걸린 시간=4 m/s×2 s=8 m
④ 영수의 평균 속력=$\dfrac{\text{전체 이동 거리}}{\text{걸린 시간}}$=$\dfrac{8\,\text{m}}{2\,\text{s}}$=4 m/s
⑤ 민수의 평균 속력=$\dfrac{\text{전체 이동 거리}}{\text{걸린 시간}}$=$\dfrac{4\,\text{m}}{2\,\text{s}}$=2 m/s

9 시간−이동 거리 그래프의 기울기는 속력이므로, 기울기가 클수록 속력이 빠르다.

10 ㄱ, ㄷ. 자유 낙하 하는 물체에는 운동 방향과 같은 방향인 연직 아래 방향으로 크기가 일정한 중력이 작용하므로 물체는 속력이 일정하게 증가하는 운동을 한다.

ㄴ. 자유 낙하 하는 물체의 속력 변화는 질량에 관계없이 9.8로 일정하다.

11 자유 낙하 운동 하는 공의 4초 후의 속력은 9.8×4=39.2 m이다. 4초 동안 물체가 이동한 거리는 시간−속력 그래프의 아랫부분의 넓이와 같으므로 $\dfrac{1}{2}$×39.2 m×4 s=78.4 m 이다.

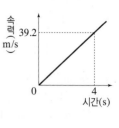

12 ② B 구간에서 물체의 속력은 10 m/s로 일정하므로 물체는 등속 운동을 한다.
③ 시간−속력 그래프 아랫부분의 넓이는 이동 거리를 의미하므로 10초 동안 이동한 거리는 $\left(\dfrac{1}{2}\times4\times10\right)$+(4×10)+$\left(\dfrac{1}{2}\times2\times10\right)$=70(m)이다. 따라서 평균 속력=$\dfrac{\text{전체 이동 거리}}{\text{걸린 시간}}$
=$\dfrac{70\,\text{m}}{10\,\text{s}}$=7 m/s이다.
④ 8초 동안 이동한 거리는 그래프 아랫부분의 넓이이므로 $\left(\dfrac{1}{2}\times4\times10\right)$+(4×10)=60(m)이다.
⑤ A 구간에서 평균 속력=$\dfrac{\text{전체 이동 거리}}{\text{걸린 시간}}$=$\dfrac{20\,\text{m}}{4\,\text{s}}$=5 m/s, C 구간에서 평균 속력=$\dfrac{\text{전체 이동 거리}}{\text{걸린 시간}}$=$\dfrac{10\,\text{m}}{2\,\text{s}}$=5 m/s이므로 A 구간과 C 구간에서 평균 속력은 같다.

13 ①, ⑤ A~D는 모두 등속 운동을 하므로 각각의 이동 거리는 시간에 비례하여 증가한다.
②, ③ A의 속력은 $\dfrac{60\,\text{m}}{2\,\text{s}}$=30 m/s, B의 속력은 $\dfrac{30\,\text{m}}{2\,\text{s}}$=15 m/s이다. 따라서 A의 속력과 C의 속력은 30 m/s로 같고, B의 속력과 D의 속력은 15 m/s로 같다.
④ A의 속력이 D의 2배이므로 같은 시간 동안 이동한 거리도 A가 D의 2배이다.

14 ① A는 시간−속력 그래프가 시간축에 나란한 직선 모양이므로 속력이 10 m/s로 일정한 등속 운동을 한다.
② B는 속력이 일정하게 증가하는 운동을 한다.
③, ④ 시간−속력 그래프에서 아랫부분의 넓이는 이동 거리를 의미한다. A의 이동 거리는 10 m/s×5 s=50 m, B의 이동 거리는 $\dfrac{1}{2}$×10 m/s×5 s=25 m이다. 따라서 A의 평균 속력=$\dfrac{50\,\text{m}}{5\,\text{s}}$=10 m/s, B의 평균 속력=$\dfrac{25\,\text{m}}{5\,\text{s}}$=5 m/s이므로 평균 속력은 A가 B의 2배이다.
⑤ 5초 동안 A는 50 m, B는 25 m를 이동하였으므로 5초인 순간 A와 B는 다시 만나지 않는다.

02 일과 에너지
p. 96~97

1 ①, ④ 2 ③ 3 ④ 4 ⑤ 5 ② 6 ② 7 ③, ⑤
8 ①, ⑤ 9 ③ 10 ③ 11 ③ 12 ⑤

1 ①, ④ 물체가 힘의 방향으로 이동한 거리가 0이므로 일의 양은 0이다.

2 일의 양=이동 거리─힘 그래프 아랫부분의 넓이
$$=\left(\frac{1}{2}\times10\,N\times10\,m\right)+(10\,N\times10\,m)=150\,J$$

3 (가) $(9.8\times5)N\times1\,m=49\,J$
(나) 힘의 방향과 이동 방향이 수직이므로 한 일의 양은 0 J이다.
(다) $20\,N\times2\,m=40\,J$
(라) $100\,N\times4\,m=400\,J$

4 일의 양=수평 방향으로 한 일의 양+수직 방향으로 한 일의 양
$$=(1\,N\times2\,m)+\{(9.8\times10)N\times1\,m\}=100\,J$$

5 A점에서 B점까지 이동할 때 한 일의 양은 0 J이고, B점에서 D점까지 이동할 때 한 일의 양은 $100\,N\times10\,m=1000\,J$이다. 따라서 A~D점까지 상자에 한 일의 양은 $0\,J+1000\,J=1000\,J$이다.

6 주어진 실험에서 낙하 높이를 달리하며 나무 도막이 밀려난 거리를 측정하였으므로 위치 에너지와 낙하 높이의 관계를 알아보고자 하는 것이다.

7 ③, ⑤ 위치 에너지는 물체의 질량과 높이에 각각 비례한다. 따라서 그래프는 원점을 지나는 기울어진 직선 모양이다.

8 ① 지면을 기준면으로 할 때 물체의 위치 에너지 변화량
$$=(9.8\times10)N\times(5-3)m=196\,J$$
② 선반 A를 기준면으로 할 때 물체의 높이는 2 m이므로 물체의 위치 에너지=$(9.8\times10)N\times2\,m=196\,J$
③ 선반 B를 기준면으로 할 때 물체의 높이는 0이므로 물체의 위치 에너지는 0 J이다.
④ 지면을 기준면으로 할 때 물체의 위치 에너지
$$=(9.8\times10)N\times5\,m=490\,J$$
⑤ 기준면이 다르더라도 물체의 높이 변화는 2 m로 같다. 따라서 위치 에너지 변화량은 같다.

9 쇠구슬의 위치 에너지는 마찰력에 대해 한 일과 같다. 따라서 쇠구슬의 무게×쇠구슬의 높이=마찰력×나무 도막의 이동 거리이므로 마찰력=쇠구슬의 무게×쇠구슬의 높이÷나무 도막의 이동 거리이다.

10 운동 에너지∝질량×(속력)²
$$\therefore A:B=2\times3^2:3\times2^2=18:12=3:2$$

11 물체에 해 준 일의 양은 물체의 운동 에너지로 전환된다. 따라서 물체에 작용한 힘을 F라고 할 때, $F\times2\,m=\frac{1}{2}\times4\,kg\times(4\,m/s)^2$이므로 $F=16\,N$이다.

12 ㄱ. A와 B의 질량이 1 kg일 때, A의 운동 에너지는 36 J, B의 운동 에너지는 4 J이므로 A의 운동 에너지는 B의 9배이다.
ㄴ. B의 속력을 v라고 할 때, B의 운동 에너지는 4 J이므로 $\frac{1}{2}\times1\,kg\times v^2=4\,J$이다. 따라서 $v=2\sqrt{2}\,m/s$이다.
ㄷ. A와 B의 질량이 1 kg일 때, A의 운동 에너지는 B의 9배이다. 운동 에너지∝질량×(속력)²이므로 A의 속력은 B의 3배이다.

Ⅳ 자극과 반응

0I 감각 기관
p.98~99

1 ③ **2** ⑤ **3** ③ **4** ㉠ 얇아, ㉡ 확장, ㉢ 작아 **5** ⑤
6 E, 달팽이관 **7** ② **8** ③ **9** ① **10** ① **11** ④ **12** ③
13 ⑤

1 후각은 다른 감각에 비해 매우 민감한 감각이지만 쉽게 피로해져 같은 냄새를 오래 맡고 있으면 나중에는 잘 느끼지 못하게 된다.

2 ①은 피부 감각의 성립 경로, ②는 미각의 성립 경로, ③은 후각의 성립 경로, ④는 시각의 성립 경로이다.
⑤ 청각은 소리 → 귓바퀴 → 외이도 → 고막 → 귓속뼈 → 달팽이관의 청각 세포 → 청각 신경 → 뇌의 경로로 성립된다.
귀인두관은 고막 안쪽과 바깥쪽의 압력을 같게 조절하는 곳으로, 청각과 직접적인 관계가 없다.

3 (가) 시각 세포가 있으며, 상이 맺히는 곳은 망막(D)이다.
(나) 눈으로 들어오는 빛의 양을 조절하는 곳은 홍채(B)이다.
(다) 수정체의 두께를 조절하는 곳은 섬모체(C)이다.

4 멀리 있는 물체를 볼 때는 섬모체가 이완하여 수정체가 얇아지고, 가까이 있는 물체를 볼 때는 섬모체가 수축하여 수정체가 두꺼워진다.
밝은 곳에서는 홍채가 확장되어 동공의 크기가 작아져 눈으로 들어오는 빛의 양이 감소하고, 어두운 곳에서는 홍채가 수축되어 동공의 크기가 커져 눈으로 들어오는 빛의 양이 증가한다.

5 A는 고막, B는 귓속뼈, C는 반고리관, D는 전정 기관, E는 달팽이관, F는 귀인두관이다.
⑤ 외이도는 귓바퀴와 고막 사이에 위치하며, 소리가 이동하는 통로이다.

6 달팽이관(E)은 청각 세포가 분포하여 소리를 자극으로 받아들인다.

7 소리는 외이도를 통해 이동하여 고막(A)을 진동시키고, 이 진동은 귓속뼈(B)를 통해 증폭되어 달팽이관(E)의 청각 세포로 전달된 후 청각 신경을 통해 뇌로 전달된다.
반고리관(C)과 전정 기관(D)은 평형 감각 기관이고, 귀인두관(F)은 고막 안팎의 압력 조절에 관여한다.

8 (가)는 전정 기관이 몸의 움직임을 감지하여 나타나는 현상이다.
(나)는 반고리관이 몸의 회전을 감지하여 나타나는 현상이다.
(다)에서 증상이 사라진 것은 귀인두관이 고막 안쪽의 압력을 바깥쪽과 같게 조절하면서 나타나는 현상이다.

9 ① 후각은 다른 감각에 비해 매우 민감하다.
② 후각 세포는 기체 상태의 물질을 자극으로 받아들인다.
③ 음식 맛은 미각과 후각을 종합하여 느낀다.
④ 후각 세포는 쉽게 피로해져 같은 냄새를 오래 맡으면 나중에는 잘 느끼지 못한다.

10 ㄱ. 맛봉오리(A)는 유두 옆면에 분포하며, 맛세포(B)가 있다.
ㄴ. 맛세포(B)는 액체 상태의 물질을 자극으로 받아들인다.
ㄷ. 미각의 성립 경로는 액체 상태의 화학 물질 → 맛봉오리(A)의 맛세포(B) → 미각 신경 → 뇌이다.

11 혀를 통해 느끼는 기본 맛에는 짠맛, 신맛, 단맛, 쓴맛, 감칠맛이 있다.
④ 떫은맛은 피부의 압점을 통해 느끼는 피부 감각이고, 매운맛은 피부의 통점을 통해 느끼는 피부 감각이다.

12 ② 냉점은 온도가 낮아지는 변화를 감지하고, 온점은 온도가 높아지는 변화를 감지한다.
③ 통증은 통점, 눌림은 압점, 촉감은 촉점, 차가움은 냉점, 따뜻함은 온점에서 받아들인다.
⑤ 감각점의 분포 정도는 몸의 부위에 따라 다르며, 감각점이 많이 분포한 곳이 더 예민하다.

13 감각점이 많이 분포할수록 이쑤시개를 두 개로 느끼는 최소 거리가 짧고 예민한 부위이다. 따라서 두 개로 느끼는 최소 거리가 가장 짧은 손가락 끝(2 mm)이 가장 예민한 부위이고, 최소 거리가 가장 긴 손등(8 mm)이 가장 둔한 부위이다.

02 신경계와 호르몬   p. 100~101

1 ⑤　2 ⑤　3 ④　4 ⑤　5 ③　6 ④　7 ②　8 ①, ③
9 ③　10 ③　11 ②　12 ㄱ, ㄷ　13 ④

1 ⑤ 뉴런 내에서 자극의 전달은 가지 돌기(B) → 신경 세포체(A) → 축삭 돌기(C)의 순서로 이루어진다.

2 ① ㉠은 감각 뉴런, ㉡은 연합 뉴런, ㉢은 운동 뉴런이다.
② 감각 뉴런(㉠)은 감각 기관(피부)에서 받아들인 자극을 연합 뉴런(㉡)으로 전달한다.
③ 연합 뉴런(㉡)은 중추 신경계를 구성한다.
④ 운동 뉴런(㉢)은 중추 신경계의 명령을 반응 기관(근육)으로 전달한다.
⑤ 자극이 전달되는 경로는 자극 → 감각 기관(피부) → ㉠ 감각 뉴런 → ㉡ 연합 뉴런 → ㉢ 운동 뉴런 → 반응 기관(근육) → 반응이다.

3 ④ 받아들인 자극을 느끼고 판단하여 적절한 명령을 내리는 곳은 중추 신경계(A)이다. 말초 신경계(B)는 감각 기관에서 받아들인 자극을 중추 신경계로 전달하거나 중추 신경계에서 내린 명령을 반응 기관으로 전달한다.

4 ① 근육 운동 조절과 몸의 균형 유지는 소뇌(F)에서 담당한다.
② 기억, 추리, 감정 등 다양한 정신 활동은 대뇌(A)에서 담당한다.
③ 재채기, 딸꾹질, 침 분비와 같은 무조건 반사의 중추는 연수(D)이다.
④ 눈의 움직임과 동공의 크기 조절은 중간뇌(C)에서 담당한다.

5 (가)는 간뇌(B)가 손상되어 체온이 제대로 조절되지 않은 것이다.

(나)는 대뇌(A)가 손상되어 부분적인 기억 상실증이 일어난 것이다.
(다)는 중간뇌(C)가 손상되어 동공의 크기 조절이 제대로 일어나지 않은 것이다.

6 D → C → A → B → F의 반응 경로는 대뇌를 거치므로 의식적 반응의 경로이다.
①, ③ 연수가 중추가 되어 일어나는 무조건 반사이다.
②, ⑤ 척수가 중추가 되어 일어나는 무조건 반사로, D → E → F의 경로로 반응이 일어난다.
④ 손에서 피부 감각을 느끼고 일어나는 의식적 반응이다. 즉, 자극(저온 자극) → 감각 기관(피부의 냉점) → 감각 신경 → 대뇌 → 운동 신경 → 반응 기관(팔의 근육) → 반응(손을 주머니에 넣음)의 경로로 반응이 일어난다.

7 의식적 반응은 대뇌의 판단 과정을 거쳐 자신의 의지에 따라 일어나는 반응이다. 무조건 반사는 대뇌의 판단 과정을 거치지 않아 자신의 의지와 관계없이 일어나는 무의식적 반응이다.
① 연수가 중추가 되어 일어나는 무조건 반사이다.
③ 중간뇌가 중추가 되어 일어나는 무조건 반사이다.
④, ⑤ 척수가 중추가 되어 일어나는 무조건 반사이다.

8 ②, ④ 호르몬은 매우 적은 양으로 작용하며, 너무 많이 분비되면 과다증, 너무 적게 분비되면 결핍증이 나타난다.
⑤ 호르몬은 표적 세포나 표적 기관에만 작용한다.

9 ① 테스토스테론은 정소(E)에서 분비되고, 남자의 2차 성징을 발현시킨다.
② 티록신은 갑상샘(B)에서 분비되고, 세포 호흡을 촉진한다.
④ 글루카곤은 이자(D)에서 분비되고, 혈당량을 증가시킨다.
⑤ 생장 호르몬은 뇌하수체(A)에서 분비되고, 몸의 생장을 촉진한다.

10 ② 성장기에 생장 호르몬이 결핍되면 소인증이 생길 수 있고, 성장기에 생장 호르몬이 과다 분비되면 거인증이 생길 수 있다.
③ 티록신이 과다 분비되면 갑상샘 기능 항진증이 생길 수 있다.
④ 티록신이 결핍되면 쉽게 피로해지고, 추위를 잘 타며, 체중이 증가하는 갑상샘 기능 저하증이 생길 수 있다.
⑤ 성장기 이후에 생장 호르몬이 과다 분비되면 코와 턱이 두꺼워지고 손과 발이 커지는 말단 비대증이 생길 수 있다.

11 호르몬은 혈액을 통해 이동하여 신호를 전달하므로 반응 속도가 느리고, 작용 범위가 넓다. 신경은 뉴런을 통해 신호를 전달하므로 반응 속도가 빠르고, 작용 범위가 좁다.

12 체온이 낮아졌을 때 체온을 높이기 위해 근육을 떨리게 하여 열 발생량을 증가시키고, 피부 근처 혈관이 수축하여 열 방출량을 감소시킨다.

13 글루카곤(가)은 혈당량이 감소하면 분비되어 혈당량을 증가시키고, 인슐린(나)은 혈당량이 증가하면 분비되어 혈당량을 감소시킨다.
④ 인슐린(나)이 결핍되면 당뇨병에 걸릴 수 있다.
⑤ 글루카곤(가)은 간에서 글리코젠을 포도당으로 분해하는 과정을 촉진하고, 인슐린(나)은 간에서 포도당을 글리코젠으로 합성하는 과정을 촉진한다.

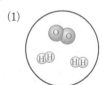 대단원별 서술형 문제

I 화학 반응의 규칙과 에너지 변화

01 물질 변화와 화학 반응식   p. 102

01 | 모범 답안 | (1) 마그네슘 리본과 구부린 마그네슘 리본에서 모두 기체가 발생한다. 따라서 마그네슘 리본을 구부려도 마그네슘의 성질이 변하지 않으므로 마그네슘 리본이 구부러지는 것은 물리 변화이다.
(2) 물이 끓어 수증기가 된다. 알루미늄 캔이 찌그러진다. 물에 잉크가 퍼진다. 등
| 해설 | 마그네슘 리본과 구부린 마그네슘 리본에 묽은 염산을 떨어뜨리면 모두 수소 기체가 발생한다.

	채점 기준	배점
(1)	실험 결과를 이용하여 물리 변화를 옳게 서술한 경우	60 %
	물리 변화라고만 서술한 경우	20 %
(2)	물리 변화 예 세 가지를 옳게 서술한 경우	40 %
	물리 변화 예 두 가지를 옳게 서술한 경우	20 %

02 | 모범 답안 | 설탕이 물에 녹는 것, 각설탕이 가루가 되는 것은 물리 변화이다. 설탕을 가열했을 때 색이 변하는 것은 화학 변화이다.

채점 기준	배점
물리 변화와 화학 변화의 예를 각각 한 가지씩 옳게 서술한 경우	100 %
물리 변화와 화학 변화 중 하나의 예만 옳게 서술한 경우	50 %

03 | 모범 답안 |

(1)

(2) 물을 전기 분해하면 원자의 종류와 수는 변하지 않지만, 원자의 배열이 달라져 분자의 종류가 달라진다.

| 해설 | 물(H_2O)을 전기 분해하면 수소(H_2)와 산소(O_2)로 분해된다. 이때 물 분자 2개는 수소 분자 2개와 산소 분자 1개로 분해된다.
$$2H_2O \longrightarrow 2H_2 + O_2$$

	채점 기준	배점
(1)	수소 분자와 산소 분자의 모형과 개수를 모두 옳게 나타낸 경우	40 %
	수소 분자와 산소 분자의 모형만 옳게 나타낸 경우	20 %
(2)	물을 전기 분해할 때 변하는 것과 변하지 않는 것을 모두 옳게 서술한 경우	60 %
	물을 전기 분해할 때 변하는 것과 변하지 않는 것 중 한 가지만 옳게 서술한 경우	30 %

04 | 모범 답안 | $2A + B_2 \longrightarrow 2AB$

채점 기준	배점
화학 반응식을 옳게 쓴 경우	100 %
반응물과 생성물의 화학식은 옳게 썼으나 계수가 맞지 않은 경우	20 %

05 | 모범 답안 | (1) $2H_2O_2 \longrightarrow 2H_2O + O_2$
(2) 반응 전후 원자의 종류와 수가 같도록 계수를 맞춘다. 계수가 1이면 생략한다.

	채점 기준	배점
(1)	화학 반응식을 옳게 쓴 경우	50 %
(2)	화학 반응식의 계수를 나타내는 방법 두 가지를 모두 옳게 서술한 경우	50 %
	화학 반응식의 계수를 나타내는 방법 한 가지를 옳게 서술한 경우	20 %

06 | 모범 답안 | 화학 반응에 관여하는 반응물과 생성물의 **종류**를 알 수 있다. 화학 반응식의 **계수비**로 반응하거나 생성되는 물질의 **입자 수**의 비를 알 수 있다.

채점 기준	배점
화학 반응식으로 알 수 있는 것을 제시한 용어 세 가지를 모두 포함하여 옳게 서술한 경우	100 %
화학 반응식으로 알 수 있는 것을 제시한 용어 두 가지를 포함하여 옳게 서술한 경우	60 %
화학 반응식으로 알 수 있는 것을 제시한 용어 한 가지를 포함하여 옳게 서술한 경우	30 %

07 | 모범 답안 | 반응 후 분자 수가 감소한다. 화학 반응식이 $N_2 + 3H_2 \longrightarrow 2NH_3$이므로 반응물과 생성물의 분자 수의 비가 (질소＋수소) : 암모니아＝2 : 1이다. 즉, 반응하는 질소와 수소 분자 수보다 생성되는 암모니아 분자 수가 적다.
| 해설 | 화학 반응식의 계수비가 반응물($N_2 + H_2$) : 생성물(NH_3)＝4 : 2＝2 : 1이므로, 반응하여 없어지는 분자 수가 생성되는 분자 수보다 많으므로 반응 후 분자 수가 감소한다.

채점 기준	배점
반응 후 분자 수가 감소하는 것을 화학 반응식의 계수비를 이용하여 옳게 서술한 경우	100 %
반응 후 분자 수가 감소한다고만 서술한 경우	40 %

02 질량 보존 법칙, 일정 성분비 법칙   p. 103

01 | 모범 답안 | 이산화 탄소 : ⊙Ⓒ⊙   물 : (HⓄH)

화학 반응이 일어날 때 원자의 종류와 개수가 변하지 않으므로 반응 전후에 총질량이 변하지 않는다.

채점 기준	배점
이산화 탄소와 물의 분자 모형을 옳게 나타내고, 원자의 종류와 수를 근거로 질량이 보존됨을 옳게 서술한 경우	100 %
이산화 탄소와 물 중 하나의 분자 모형만 옳게 나타내고, 원자의 종류와 수를 근거로 질량이 보존됨을 옳게 서술한 경우	60 %
이산화 탄소와 물의 분자 모형만 옳게 나타낸 경우	30 %

02 | 모범 답안 | 저울은 수평을 유지한다. 밀폐된 유리병 안에서 반응이 일어나므로 양초가 연소될 때 발생한 수증기와 이산화 탄소가 빠져나가지 못해 반응 전후에 유리병 속 물질의 총질량이 변하지 않는다.

채점 기준	배점
저울의 변화와 그 까닭을 옳게 서술한 경우	100 %
저울의 변화만 옳게 서술한 경우	40 %

03 | 모범 답안 | 산화 철은 강철 솜보다 질량이 크다. 강철 솜과 반응한 산소의 질량까지 포함하면 연소 반응 전후에 질량은 같으므로 질량 보존 법칙이 성립한다.

채점 기준	배점
연소 전의 강철 솜의 질량 변화와 강철 솜 연소 반응에서의 질량 보존 법칙을 산소의 질량을 언급하여 옳게 서술한 경우	100 %
연소 전의 강철 솜의 질량 변화만 옳게 서술하고, 산소의 질량을 언급하지 않고 질량 보존 법칙이 성립한다고만 서술한 경우	50 %
연소 전의 강철 솜의 질량 변화만 옳게 서술한 경우	20 %

04 | 모범 답안 | 구리 16 g, 산소 4 g, 구리 2.0 g과 반응하는 산소는 0.5(=2.5−2.0) g이므로, 반응하는 구리와 산소의 질량비는 4 : 1이다. 따라서 구리 16 g과 산소 4 g이 반응하면 산화 구리(Ⅱ) 20 g이 생성된다.

| 해설 | 구리 2.0 g이 산소와 반응하여 생성된 산화 구리(Ⅱ)의 질량이 2.5 g이다. 질량 보존 법칙에 따라 반응 전후 질량은 같으므로, 구리 2.0 g과 반응한 산소의 질량이 0.5 g이라는 것을 알 수 있다.

채점 기준	배점
구리와 산소의 최소 질량을 옳게 구하고, 풀이 과정을 옳게 서술한 경우	100 %
구리와 산소의 최소 질량만 옳게 구한 경우	50 %

05 | 모범 답안 | (1) 탄소 : 산소=3 : 8
(2) 44 g, 이산화 탄소를 구성하는 탄소와 산소의 질량비가 3 : 8이므로 탄소 12 g은 산소 32 g과 반응하여 이산화 탄소 44 g을 생성한다.

| 해설 | (1) 이산화 탄소를 구성하는 탄소와 산소의 질량비는 탄소 : 산소=1×3 : 2×4=3 : 8이다.

채점 기준		배점
(1)	이산화 탄소를 구성하는 탄소와 산소의 질량비를 옳게 구한 경우	30 %
(2)	이산화 탄소의 질량을 옳게 구하고, 풀이 과정을 옳게 서술한 경우	70 %
	이산화 탄소의 질량만 옳게 구한 경우	40 %

06 | 모범 답안 | 8 g, B 1개의 질량은 1.2 g이고 N 1개의 질량은 0.8 g이므로 BN 1개의 질량은 2 g이다. 만들 수 있는 BN은 총 4개이므로 BN의 총질량은 8 g이다.

채점 기준	배점
BN의 총질량을 옳게 구하고, 풀이 과정을 옳게 서술한 경우	100 %
BN의 총질량만 옳게 구한 경우	40 %

03 **기체 반응 법칙 / 화학 반응에서의 에너지 출입** p. 104

01 | 모범 답안 | 80 mL, 암모니아가 생성될 때 각 기체의 부피비는 수소 : 질소 : 암모니아=3 : 1 : 2이므로 수소 기체 120 mL와 질소 기체 40 mL가 반응하여 암모니아 기체 80 mL가 생성된다.

채점 기준	배점
암모니아의 부피를 옳게 구하고, 풀이 과정을 옳게 서술한 경우	100 %
암모니아의 부피만 옳게 구한 경우	40 %

02 | 모범 답안 | 5N개, 온도와 압력이 같을 때 기체는 종류에 관계없이 같은 부피 속에 같은 개수의 분자가 들어 있다.

| 해설 | 0 ℃, 1기압에서 20 mL의 부피 속에 수소 분자 N개가 들어 있다면 같은 온도와 압력에서 100 mL에는 5N개가 들어 있다.

채점 기준	배점
산소 분자의 개수를 옳게 구하고, 그 까닭을 옳게 서술한 경우	100 %
산소 분자의 개수만 옳게 구한 경우	40 %

03 | 모범 답안 | (1) $H_2 + Cl_2 \longrightarrow 2HCl$
(2) 1 : 1 : 2, 물질이 모두 기체이므로 각 물질의 부피비는 화학 반응식의 계수비와 같다.

채점 기준		배점
(1)	화학 반응식을 옳게 쓴 경우	40 %
(2)	부피비를 옳게 구하고, 그 까닭을 화학 반응식의 계수와 관련지어 옳게 서술한 경우	60 %
	부피비만 옳게 구한 경우	30 %

04 | 모범 답안 | (1) 발열 반응, 용액의 온도가 높아지므로 묽은 염산과 마그네슘 조각이 반응할 때 에너지를 방출한다.
(2) 나무가 연소하는 반응, 산화 칼슘과 물의 반응, 염산과 수산화 나트륨 수용액의 반응 등

채점 기준		배점
(1)	발열 반응을 쓰고, 그 까닭을 실험 결과를 근거로 한 에너지 출입으로 옳게 서술한 경우	70 %
	발열 반응을 썼지만, 그 까닭에 대한 서술이 미흡한 경우	40 %
	발열 반응만 옳게 쓴 경우	20 %
(2)	발열 반응의 예 두 가지를 옳게 서술한 경우	30 %
	발열 반응의 예 한 가지를 옳게 서술한 경우	10 %

05 | 모범 답안 | (1) 삼각 플라스크를 들어 올리면 나무판이 함께 들린다. 나무판 위의 물이 얼어 나무판이 삼각 플라스크에 달라붙기 때문이다.
(2) 수산화 바륨과 염화 암모늄이 반응할 때 에너지를 흡수하여 주변의 온도가 낮아지므로 나무판 위의 물이 언다.

채점 기준		배점
(1)	나무판이 함께 들리는 것을 물의 상태 변화를 이용하여 옳게 서술한 경우	50 %
	나무판이 함께 들리는 것만 서술한 경우	20 %
(2)	실험 결과가 나타난 까닭을 에너지 출입과 온도 변화와 관련지어 옳게 서술한 경우	50 %
	실험 결과가 나타난 까닭을 에너지 출입과 온도 변화 중 한 가지만 관련지어 옳게 서술한 경우	20 %

06 | 모범 답안 | 철 가루와 공기 중의 산소가 반응할 때 에너지를 방출하므로 주변의 온도가 높아져 손난로가 따뜻해진다.

채점 기준	배점
손난로의 원리를 반응하는 물질, 에너지 출입, 온도 변화에 대한 내용을 모두 포함하여 옳게 서술한 경우	100 %
손난로의 원리를 반응하는 물질, 에너지 출입, 온도 변화 중 두 가지에 대한 내용을 포함하여 옳게 서술한 경우	60 %
손난로의 원리를 반응하는 물질, 에너지 출입, 온도 변화 중 한 가지에 대한 내용만 포함하여 옳게 서술한 경우	30 %

Ⅱ 기권과 날씨

01 기권과 지구 기온
p. 105

01 | 모범 답안 | (1) A, C

(2) 높이 올라갈수록 지표면에서 방출되는 복사 에너지가 적게 도달하기 때문이다.

(3) • 공통점 : 높이 올라갈수록 기온이 낮아져 대류가 일어난다.
• 차이점 : A는 기상 현상이 일어나지만, C는 기상 현상이 일어나지 않는다.

	채점 기준	배점
(1)	A와 C를 모두 옳게 고른 경우	30 %
(2)	지표면에서 방출되는 복사 에너지로 옳게 서술한 경우	30 %
(3)	공통점과 차이점을 모두 옳게 서술한 경우	40 %
	공통점과 차이점 중 한 가지만 옳게 서술한 경우	20 %

02 | 모범 답안 | 2개

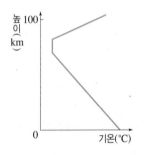

| 해설 | 지표면으로부터 지구 복사 에너지의 영향을 크게 받는 높이까지는 높이 올라갈수록 기온이 낮아지다가 그 이후에는 태양 복사 에너지의 영향으로 기온이 높아진다.

채점 기준	배점
그래프를 옳게 그리고, 2개 층으로 구분된다고 쓴 경우	100 %
그래프만 옳게 그린 경우	50 %

03 | 모범 답안 | 지구가 방출하는 **지구 복사 에너지**의 양과 지구가 흡수하는 **태양 복사 에너지**의 양이 같아서 **복사 평형**을 이루기 때문에 지구의 연평균 기온이 일정하다.

채점 기준	배점
세 용어를 모두 포함하여 옳게 서술한 경우	100 %
두 용어를 포함하여 지구가 방출하는 지구 복사 에너지의 양과 지구가 흡수하는 태양 복사 에너지의 양이 같기 때문이라고만 서술한 경우	60 %
한 용어만 포함하여 복사 평형이 이루어지기 때문이라고만 서술한 경우	40 %

04 | 모범 답안 | (1) 처음에는 온도가 높아지다가 시간이 지나면 일정하게 유지된다.

(2) 컵이 흡수하는 복사 에너지양과 방출하는 복사 에너지양이 같아져서 복사 평형에 도달하기 때문이다.

	채점 기준	배점
(1)	온도 변화를 옳게 서술한 경우	50 %
	시간이 지난 후 온도가 일정해진다는 내용이 빠진 경우 오답 처리	0 %
(2)	복사 평형의 내용을 포함하여 옳게 서술한 경우	50 %
	복사 평형에 대한 내용이 빠진 경우 오답 처리	0 %

05 | 모범 답안 | A＝B＋C

| 해설 | 지구는 태양으로부터 흡수한 에너지양만큼 지구 복사 에너지를 방출하여 복사 평형을 이룬다. 지구가 태양으로부터 흡수한 에너지양은 태양으로부터 지구에 들어오는 양 A에서 지표와 대기에서 반사되는 양 B를 뺀 값이고, 지구가 방출하는 지구 복사 에너지양은 C이다. 따라서 (A－B)는 C와 같다.

채점 기준	배점
A－B＝C라고 나타낸 경우	
A＝B＋C라고 나타낸 경우	100 %
A－C＝B라고 나타낸 경우	
A, B, C의 관계를 수식으로 옳게 나타내지 못한 경우	0 %

06 | 모범 답안 | • 해수면이 상승한다.
• 육지 면적이 감소한다.
• 만년설이 감소한다.
• 빙하가 녹는다.
• 기상 이변이 나타난다.
• 재배 작물이 변한다.
• 물 부족 현상이 나타난다. 등

채점 기준	배점
다양한 지구 환경의 변화 중 세 가지를 옳게 서술한 경우	100 %
다양한 지구 환경의 변화 중 두 가지를 옳게 서술한 경우	60 %
지구 환경의 변화를 한 가지만 옳게 서술한 경우	30 %

07 | 모범 답안 | • 화석 연료의 사용을 줄인다.
• 온실 기체의 배출량을 줄인다.
• 삼림을 보존한다.
• 자원을 재활용한다.
• 친환경 에너지를 개발한다. 등

채점 기준	배점
대책 세 가지를 옳게 서술한 경우	100 %
대책 두 가지를 옳게 서술한 경우	60 %
대책을 한 가지만 옳게 서술한 경우	30 %

02 구름과 강수
p. 106

01 | 모범 답안 | (1) A＝B＝C

(2) $\dfrac{7.6\,g/kg}{14.7\,g/kg} \times 100 ≒ 52\%$

| 해설 | (1) 세 공기의 실제 수증기량이 7.6 g으로 모두 같으므로 이슬점도 모두 같다.

(2) 상대 습도(%)＝$\dfrac{\text{현재 공기 중의 실제 수증기량}}{\text{현재 기온의 포화 수증기량}} \times 100$

	채점 기준	배점
(1)	등호를 사용하여 세 공기의 이슬점을 옳게 비교한 경우	50 %
	등호를 사용하지 않고 세 공기의 이슬점이 모두 같다고 서술한 경우	40 %
(2)	식을 세워 상대 습도를 옳게 구한 경우	50 %
	식을 옳게 세웠지만 답이 틀린 경우	25 %

02 | 모범 답안 | (1) 15 ℃

(2) 5.2 g

(3) $\dfrac{10.6\ \text{g/kg}}{20.0\ \text{g/kg}} \times 100 = 53\ \%$

| 해설 | (1) 이슬점은 실제 수증기량으로 포화 상태가 되는 온도이다. 이 공기 1 kg에 포함된 실제 수증기량이 10.6 g이므로 10.6 g/kg이 포화 수증기량인 15 ℃가 이슬점이다.

(2) 이 공기 1 kg의 응결량＝실제 수증기량(10.6 g)－냉각된 온도의 포화 수증기량(5.4 g)＝5.2 g

(3) 현재 기온(25 ℃)에서의 포화 수증기량이 20.0 g/kg이고, 실제 수증기량이 10.6 g/kg이므로 상대 습도는 $\dfrac{10.6\ \text{g/kg}}{20.0\ \text{g/kg}}$ ×100＝53 %이다.

	채점 기준	배점
(1)	이슬점을 옳게 구한 경우	30 %
(2)	응결량을 옳게 구한 경우	30 %
(3)	식을 세워 상대 습도를 옳게 구한 경우	40 %
	식을 옳게 세웠지만 답이 틀린 경우	20 %

03 | 모범 답안 | 기온 변화와 반대로 새벽에는 높아지고, 낮에는 낮아졌다.

| 해설 | 이슬점이 일정하므로 실제 수증기량이 일정하다. 실제 수증기량이 일정하므로 기온이 낮아진 새벽에는 포화 수증기량이 감소하여 상대 습도가 높아지고, 기온이 높아진 낮에는 포화 수증기량이 증가하여 상대 습도가 낮아진다.

채점 기준	배점
상대 습도의 변화를 옳게 서술한 경우	100 %
밤과 낮의 경우를 반대로 서술한 경우 오답 처리	0 %

04 | 모범 답안 | (가) 이슬점 도달 (나) 수증기 응결

채점 기준	배점
(가)와 (나) 과정을 모두 옳게 쓴 경우	100 %
(가)와 (나) 과정 중 한 가지만 옳게 쓴 경우	50 %

05 | 모범 답안 | • 지표면이 부분적으로 가열되는 경우

• 이동하는 공기가 산을 만나 상승하는 경우

• 따뜻한 공기와 찬 공기가 만나는 경우

• 주변보다 기압이 낮은 곳으로 공기가 모여드는 경우

채점 기준	배점
공기 덩어리가 상승하는 경우 세 가지를 모두 옳게 서술한 경우	100 %
한 가지당 부분 점수	30 %

06 | 모범 답안 | (1) 구름의 발생 원리

(2) 뿌옇게 흐려진다. 단열 팽창이 일어나 병 내부의 기온이 낮아지면서 수증기의 응결이 일어나기 때문이다.

(3) 수증기의 응결을 돕는다. 응결핵

	채점 기준	배점
(1)	구름의 발생 원리라고 옳게 쓴 경우	20 %
(2)	현상과 원인을 모두 옳게 서술한 경우	40 %
	현상만 옳게 서술한 경우	20 %
(3)	역할을 옳게 서술하고, 응결핵을 옳게 쓴 경우	40 %
	역할과 응결핵 중 한 가지만 옳게 쓴 경우	20 %

07 | 모범 답안 | 빙정설, 물방울에서 증발한 수증기가 얼음 알갱이에 달라붙어 눈 결정이 커진다.

채점 기준	배점
빙정설이라 쓰고, 눈 결정의 성장 과정을 옳게 서술한 경우	100 %
눈 결정의 성장 과정만 옳게 서술한 경우	60 %
빙정설만 옳게 쓴 경우	40 %

03 기압과 바람   p. 107

01 | 모범 답안 | 기압은 모든 방향으로 작용한다.

| 해설 | 플라스틱 병을 얼음물 속에 담그면 병 속의 수증기가 응결하면서 병 내부의 기압이 외부보다 낮아진다. 이때 플라스틱 병은 모든 방향에서 기압을 받아 사방으로 찌그러진다.

채점 기준	배점
기압의 작용 방향을 옳게 서술한 경우	100 %
그 외의 경우	0 %

02 | 모범 답안 | (1) 76 cm

(2) 공기가 수은 면에 작용하는 압력(기압)과 수은 기둥이 수은 면에 작용하는 압력이 같기 때문이다.

(3) 수은 기둥의 높이는 기압이 높을수록 높아지고, 기압이 낮을수록 낮아진다.

| 해설 | (1) 1기압의 크기는 수은 기둥 76 cm의 압력과 같다.

	채점 기준	배점
(1)	수은 기둥의 높이를 옳게 쓴 경우	30 %
(2)	수은 기둥이 멈추는 까닭을 옳게 서술한 경우	30 %
(3)	기압에 따른 수은 기둥의 높이를 옳게 서술한 경우	40 %
	기압이 높을 때와 낮을 때의 경우를 반대로 서술한 경우 오답 처리	0 %

03 | 모범 답안 | 높이 올라갈수록 공기의 양이 적어지기 때문이다.

채점 기준	배점
산소마스크가 필요한 까닭을 옳게 서술한 경우	100 %
높이를 언급하지 않고 공기의 양이 적어지기 때문이라고만 서술한 경우	80 %

04 | 모범 답안 | 지표면의 가열과 냉각 차이에 의해 나타나는 기압 차이 때문에 바람이 분다.

채점 기준	배점
바람이 부는 원인을 지표면의 가열과 냉각 차이(지표면의 차등 가열)와 기압 차이를 포함하여 옳게 서술한 경우	100 %
바람이 부는 원인을 지표면의 가열과 냉각 차이나 기압 차이 중 한 가지만 포함하여 서술한 경우	50 %

05 | 모범 답안 | 육지의 기온은 바다보다 높고, 기압은 바다보다 낮다.

| 해설 | 낮에 육지가 바다보다 빨리 가열되어 기압이 낮아지므로 바다에서 육지로 해풍이 부는 모습이다.

채점 기준	배점
육지의 기온과 기압을 바다와 비교하여 모두 옳게 서술한 경우	100 %
기온과 기압 중 한 가지만 옳게 비교하여 서술한 경우	50 %

06 | 모범 답안 | (1) (가), 남동 계절풍

(2) 대륙의 기온은 해양보다 낮고, 기압은 해양보다 높다.

| 해설 | (2) (나)는 겨울철에 부는 북서 계절풍이다. 겨울철에는 대륙이 해양보다 빨리 냉각되어 기압이 높아지므로 대륙에서 해양으로 북서 계절풍이 분다.

채점 기준		배점
(1)	계절풍을 옳게 고르고, 이름을 옳게 쓴 경우	50 %
	계절풍만 옳게 고른 경우	25 %
(2)	대륙과 해양의 기온과 기압을 모두 옳게 비교하여 서술한 경우	50 %
	기압만 옳게 비교하여 서술한 경우	25 %

07 | 모범 답안 | (1) ㉠, 해풍

(2) 모래가 물보다 기온이 높으므로 기압은 물이 모래보다 높다. 따라서 물에서 모래 쪽으로 공기가 이동하여 향 연기가 이동한다.

채점 기준		배점
(1)	향 연기의 이동 방향과 해당하는 해륙풍을 모두 옳게 쓴 경우	40 %
	향 연기의 이동 방향만 옳게 쓴 경우	20 %
(2)	향 연기의 이동을 기온과 기압을 모두 옳게 비교하여 서술한 경우	60 %
	향 연기의 이동을 기온과 기압 중 한 가지만 옳게 비교하여 서술한 경우	30 %

04 날씨의 변화　　　p. 108

01 | 모범 답안 | 기온은 상승하고, 습도는 높아진다.

| 해설 | 기단은 발생지와 성질이 다른 곳으로 이동하면 기온과 수증기량 등의 성질이 이동한 곳의 지표면과 비슷하게 변한다. 기단이 따뜻한 바다 위를 지나면, 기온이 상승하고 수증기를 공급받아 습도가 높아진다.

채점 기준	배점
기온과 습도의 변화를 모두 옳게 서술한 경우	100 %
기온과 습도의 변화 중 한 가지만 옳게 서술한 경우	50 %

02 | 모범 답안 | B, 양쯔강 기단, 온난 건조하다.

채점 기준	배점
기단의 기호와 이름을 옳게 쓰고, 기단의 성질을 옳게 서술한 경우	100 %
기단의 기호와 이름만 옳게 쓴 경우	50 %
기단의 기호만 옳게 쓴 경우	25 %

03 | 모범 답안 | 한랭 전선은 찬 기단이 따뜻한 기단 아래로 파고들면서 만들어지고, 온난 전선은 따뜻한 기단이 찬 기단 위로 올라가면서 만들어진다.

채점 기준	배점
한랭 전선과 온난 전선이 만들어지는 과정을 모두 옳게 서술한 경우	100 %
한 가지 전선이 만들어지는 과정만 옳게 서술한 경우	50 %

04 | 모범 답안 | 온난 전선, 전선면의 기울기가 완만하고, 전선의 이동 속도가 느리며, 층운형 구름이 형성되어 넓은 지역에 지속적인 비가 내린다.

| 해설 | 따뜻한 공기가 찬 공기 위를 오르고 있고, 전선면의 기울기가 완만하므로 온난 전선의 모습이다.

채점 기준	배점
전선의 이름, 전선면의 기울기, 전선의 이동 속도, 구름의 모양, 강수 범위와 형태를 모두 옳게 서술한 경우	100 %
전선의 이름, 전선면의 기울기, 전선의 이동 속도, 구름의 모양, 강수 범위와 형태 중 한 가지 당 부분 점수	20 %

05 | 모범 답안 | 상승 기류가 나타나고, 지상에서 바람은 시계 반대 방향으로 불어 들어온다.

| 해설 | 저기압 중심부에서는 주변보다 기압이 낮아 주변에서 바람이 불어 들어오므로 모여든 공기가 상승하여 상승 기류가 나타난다.

채점 기준	배점
기류와 바람을 모두 옳게 서술한 경우	100 %
기류와 바람 중 한 가지만 옳게 서술한 경우	50 %

06 | 모범 답안 | (1) A 지역에서는 적운형 구름이 발달하여 좁은 지역에 소나기성 비가 내린다. B 지역에서는 층운형 구름이 발달하여 넓은 지역에 지속적인 비가 내린다.

(2) 서쪽에서 동쪽으로 이동한다. 편서풍의 영향을 받기 때문이다.

| 해설 | (1) A는 한랭 전선의 뒤에, B는 온난 전선의 앞에 위치한다.

(2) 온대 저기압은 중위도에서 발생하며, 중위도에서는 서쪽에서 동쪽으로 편서풍이 분다.

채점 기준		배점
(1)	A와 B 지역의 구름의 종류, 강수 범위, 강수 형태를 모두 옳게 서술한 경우	50 %
	A와 B 지역 중 한 지역의 구름의 종류, 강수 범위, 강수 형태만 옳게 서술한 경우	25 %
(2)	온대 저기압의 이동 방향과 까닭을 모두 옳게 서술한 경우	50 %
	온대 저기압의 이동 방향만 옳게 쓴 경우	30 %

07 | 모범 답안 | 현재 남서풍이 불고 있으며, 온대 저기압이 통과하면서 풍향은 북서풍으로 변하고, 기온은 낮아진다.

| 해설 | A 지역은 현재 한랭 전선 앞, 온난 전선의 뒤에 위치한다. 온대 저기압은 서쪽에서 동쪽으로 이동하므로 A 지역은 앞으로 한랭 전선이 통과한다.

채점 기준	배점
풍향과 기온 변화를 모두 옳게 서술한 경우	100 %
풍향과 기온 변화 중 한 가지만 옳게 서술한 경우	50 %

08 | 모범 답안 | 이동성 고기압과 저기압이 자주 지나가기 때문에 날씨가 자주 변한다.

| 해설 | 이동성 고기압이 지나간 후에는 저기압이 지나가며, 고기압이 지나갈 때는 날씨가 맑고, 저기압이 지나갈 때는 날씨가 흐리다.

채점 기준	배점
이동성 고기압과 저기압을 포함하여 옳게 서술한 경우	100 %
이동성 고기압과 저기압을 포함하지 않고 서술한 경우	0 %

III 운동과 에너지

01 운동
p. 109

01 | 모범 답안 | 속력 : A>B, A와 B는 등속 운동을 한다.
| 해설 | 사진에서 물체와 물체 사이의 간격이 넓을수록 속력이 빠르다. A와 B 모두 물체와 물체 사이의 간격이 일정하므로 A와 B는 속력이 일정한 등속 운동을 한다.

채점 기준	배점
A, B의 속력을 옳게 비교하고, 등속 운동을 한다고 서술한 경우	100 %
A, B의 속력만 옳게 비교한 경우	40 %

02 | 모범 답안 | 다리 길이+기차 길이=25 m/s×24 s=600 m이므로 다리 길이는 600 m−100 m=500 m이다.
| 해설 | 기차가 다리를 완전히 통과하는 동안 이동한 거리는 기차가 다리를 진입하는 곳부터 완전히 빠져나오는 곳까지의 거리이므로, 기차의 이동 거리는 기차 길이와 다리 길이의 합이다.

채점 기준	배점
식을 세우고, 다리 길이를 옳게 구한 경우	100 %
다리 길이만 옳게 쓴 경우	30 %

03 | 모범 답안 | 기차의 이동 거리=165 km, 걸린 시간=2시간 30분=2.5 h이므로 평균 속력= $\frac{165 \text{ km}}{2.5 \text{ h}}$ =66 km/h이다.

채점 기준	배점
식을 세우고, 평균 속력을 옳게 구한 경우	100 %
그 외의 경우	0 %

04 | 모범 답안 | (1) 등속 운동, 속력이 일정하다. 이동 거리가 시간에 비례하여 증가한다.

(2) A의 속력은 $\frac{180 \text{ m}}{3 \text{ s}}$ =60 m/s이고, B의 속력은 $\frac{60 \text{ m}}{3 \text{ s}}$ =20 m/s이다.

채점 기준	배점	
(1)	A, B의 운동을 쓰고, 운동의 특징을 한 가지 옳게 서술한 경우	50 %
	A, B의 운동만 옳게 쓴 경우	20 %
(2)	식을 세우고, A, B의 속력을 옳게 구한 경우	50 %

05 | 모범 답안 | 자유 낙하 하는 공은 1초에 9.8 m/s씩 속력이 증가하므로 3초일 때 공의 속력은 9.8 m/s×3=29.4 m/s이다.

채점 기준	배점
식을 세우고, 공의 속력을 옳게 구한 경우	100 %
그 외의 경우	0 %

06 | 모범 답안 | (1) 중력
(2) 동시에 도달한다. 공기 저항이 없을 때 자유 낙하 하는 물체는 질량에 관계없이 속력이 1초에 9.8 m/s씩 빨라지기 때문이다.

채점 기준	배점	
(1)	물체에 작용하는 힘을 옳게 쓴 경우	30 %
(2)	동시에 도달한다라고 쓰고, 그 까닭을 옳게 서술한 경우	70 %
	동시에 도달한다라고만 쓴 경우	30 %

02 일과 에너지
p. 110

01 | 모범 답안 | 물체에 힘을 작용하여 물체를 힘의 방향으로 이동시키는 것이다.

채점 기준	배점
힘을 작용한다는 내용과 힘의 방향으로 이동시킨다는 내용을 모두 포함하여 옳게 서술한 경우	100 %
힘을 작용하거나 힘의 방향으로 이동시키는 것 중 한 가지만 서술한 경우	50 %

02 | 모범 답안 | 일의 양=힘×이동 거리=20 N×2 m=40 J이다.

채점 기준	배점
식을 세우고, 일의 양을 옳게 계산한 경우	100 %
그 외의 경우	0 %

03 | 모범 답안 | 일의 양=이동거리−힘 그래프 아랫부분의 넓이 =(5 N×5 m)+(20 N×2 m)=65 J

채점 기준	배점
식을 세우고, 일의 양을 옳게 구한 경우	100 %
그 외의 경우	0 %

04 | 모범 답안 | 현진이가 올라간 높이는 0.3 m×20=6 m이므로 한 일의 양은 몸무게×올라간 높이=(9.8×60)N×6 m =3528 J이다.

채점 기준	배점
식을 세우고, 일의 양을 옳게 구한 경우	100 %
그 외의 경우	0 %

05 | 모범 답안 | 추의 위치 에너지, 추의 질량(무게), 추의 낙하 높이

채점 기준	배점
세 가지 모두 옳게 서술한 경우	100 %
세 가지 중 두 가지만 옳게 서술한 경우	60 %
세 가지 중 한 가지만 옳게 서술한 경우	30 %

06 | 모범 답안 | 수레의 운동 에너지는 모두 마찰력에 대한 일로 전환된다. 따라서 $\frac{1}{2}$ ×1 kg×(2 m/s)^2=F×0.2 m이므로 마찰력 F=10 N이다.

채점 기준	배점
마찰력의 크기를 풀이 과정과 함께 옳게 구한 경우	100 %
그 외의 경우	0 %

07 | 모범 답안 | **제동 거리**는 자동차의 **속력**의 제곱에 비례하는데, **고속도로**에서 자동차의 **속력**은 **일반도로**에서보다 빠르다. 따라서 **고속도로**에서 자동차의 **제동 거리**가 일반도로에서보다 길기 때문이다.

채점 기준	배점
제시된 용어를 모두 포함하여 옳게 서술한 경우	100 %
제시된 용어 중 세 가지만 포함하여 서술한 경우	75 %
제시된 용어 중 두 가지만 포함하여 서술한 경우	50 %
제시된 용어 중 한 가지만 포함하여 서술한 경우	25 %

Ⅳ 자극과 반응

01 감각 기관   p. 111

01 | 모범 답안 | (1) A : 동공, B : 홍채
(2) 홍채(B)가 수축되어 동공(A)의 크기가 커진다.

	채점 기준	배점
(1)	A와 B의 이름을 모두 옳게 쓴 경우	40 %
(2)	A와 B의 변화를 모두 옳게 서술한 경우	60 %
	A와 B의 변화 중 한 가지만 옳게 서술한 경우	30 %

02 | 모범 답안 | (1) 수정체, 빛을 굴절시켜 망막에 상이 맺히게 한다.
(2) 섬모체(C)가 이완하여 수정체(A)가 얇아진다.

	채점 기준	배점
(1)	A의 이름과 기능을 모두 옳게 서술한 경우	50 %
	A의 이름만 옳게 쓴 경우	20 %
(2)	A와 C의 변화를 모두 옳게 서술한 경우	50 %
	A와 C의 변화 중 한 가지만 옳게 서술한 경우	25 %

03 | 모범 답안 | 시각 세포가 없는 맹점에 병아리의 상이 맺혔기 때문이다.

채점 기준	배점
시각 세포가 없는 맹점에 상이 맺혔기 때문이라고 옳게 서술한 경우	100 %
맹점에 상이 맺혔기 때문이라고만 서술한 경우	80 %

04 | 모범 답안 | (1) A → B → E
(2) D−전정 기관, 몸의 움직임이나 기울어짐을 감지한다.
| 해설 | 반고리관(C)은 몸의 회전을 감지한다.

	채점 기준	배점
(1)	소리가 전달되는 경로를 옳게 서술한 경우	50 %
(2)	관계있는 구조의 기호와 이름 및 기능을 모두 옳게 서술한 경우	50 %
	관계있는 구조의 기호와 이름만 옳게 쓴 경우	20 %

05 | 모범 답안 | 후각, 후각 세포가 쉽게 피로해지기 때문이다.

채점 기준	배점
감각의 종류와 현상이 나타나는 까닭을 모두 옳게 서술한 경우	100 %
감각의 종류만 옳게 쓴 경우	40 %

06 | 모범 답안 | 음식 맛은 미각과 후각을 종합하여 느끼기 때문이다.

채점 기준	배점
미각과 후각을 포함하여 옳게 서술한 경우	100 %
후각이 관여하기 때문이라고만 서술한 경우	50 %

07 | 모범 답안 | 손가락 끝은 다른 부위에 비해 감각점의 수가 많기 때문이다.

채점 기준	배점
감각점의 분포와 관련지어 옳게 서술한 경우	100 %
감각점을 포함하지 않은 경우	0 %

02 신경계와 호르몬   p. 112

01 | 모범 답안 | 동공이 커진다. 심장 박동이 빨라진다. 호흡이 빨라진다. 소화 운동이 억제된다. 중 두 가지

채점 기준	배점
우리 몸의 변화를 두 가지 모두 옳게 서술한 경우	100 %
우리 몸의 변화를 한 가지만 옳게 서술한 경우	50 %

02 | 모범 답안 | (1) (가) D → C → A → B → F
(나) D → E → F
(2) (나), 반응이 매우 빠르게 일어나 위험한 상황에서 우리 몸을 보호하는 데 유리하다.

	채점 기준	배점
(1)	(가)와 (나)의 반응 경로를 모두 옳게 서술한 경우	50 %
	(가)와 (나)의 반응 경로 중 한 가지만 옳게 서술한 경우	25 %
(2)	(나)라고 쓰고, 그 반응의 유리한 점을 옳게 서술한 경우	50 %
	(나)라고만 쓴 경우	20 %

03 | 모범 답안 | A : 척수, B : 운동 신경, C : 반응 기관(근육)

채점 기준	배점
A~C를 모두 옳게 쓴 경우	100 %
A~C 중 한 가지라도 틀리게 쓴 경우	0 %

04 | 모범 답안 | 인슐린, 혈당량을 감소시킨다.

채점 기준	배점
호르몬의 이름과 기능을 모두 옳게 서술한 경우	100 %
호르몬의 이름만 옳게 쓴 경우	50 %

05 | 모범 답안 | 호르몬은 신호 전달 속도가 느리고, 신경은 신호 전달 속도가 빠르다. 호르몬은 작용 범위가 넓고, 신경은 작용 범위가 좁다.

채점 기준	배점
신호 전달 속도와 작용 범위를 모두 옳게 서술한 경우	100 %
신호 전달 속도와 작용 범위 중 한 가지만 옳게 서술한 경우	50 %

06 | 모범 답안 | (가) 뇌하수체에서 갑상샘 자극 호르몬의 분비량이 증가한다.
(나) 갑상샘에서 티록신의 분비량이 증가한다.
(다) 세포 호흡이 촉진된다.

채점 기준	배점
(가)~(다)를 모두 옳게 서술한 경우	100 %
(가)~(다) 중 두 가지만 옳게 서술한 경우	70 %
(가)~(다) 중 한 가지만 옳게 서술한 경우	40 %

07 | 모범 답안 | (1) (가) 인슐린, (나) 글루카곤
(2) (가) 간에서 포도당이 글리코젠으로 합성되어 저장된다.
(나) 간에서 글리코젠이 포도당으로 분해되어 혈액으로 방출된다.

	채점 기준	배점
(1)	(가)와 (나)에서 분비되는 호르몬을 모두 옳게 쓴 경우	40 %
(2)	간에서 일어나는 작용을 (가)와 (나) 모두 옳게 서술한 경우	60 %
	(가)와 (나) 중 한 가지만 옳게 서술한 경우	30 %

MEMO